大学生公共基础课系列教材

计算思维与大数据基础

尹建新　胡彦蓉　黄美丽　主　编
卢文伟　夏其表　翁　翔　副主编

電子工業出版社
Publishing House of Electronics Industry
北京 · BEIJING

内 容 简 介

本书紧跟计算机技术发展潮流，是计算思维通识教育类课程的最新教材，以“基础性、系统性、先进性、通俗易懂”为指导思想，将蕴含在计算机学科中的经典计算思维和信息时代人们应具备的大数据、互联网和人工智能等新思维、新技术进行了全面介绍。本书共分为7章，主要内容包括计算与计算思维；计算机中的0与1；计算机硬件系统组成及工作原理；计算机软件、语言与算法；互联网与物联网；数据科学与大数据技术和人工智能。

本书充分吸收计算机领域的新知识、新技术、新方法和“四新”人才培养目标，对非计算机专业计算机公共课的基本教学内容进行了面向计算思维培养的组织与构建，通过丰富示例引导读者思考，讲解清晰，通俗易懂，可读性好。本书适合高等学校非计算机专业作为计算机课程的教材使用，同时也可供对计算机感兴趣的读者自学使用。

图书在版编目（CIP）数据

计算思维与大数据基础 / 尹建新，胡彦蓉，黄美丽主编. —北京：电子工业出版社，2021.10
ISBN 978-7-121-41973-7

Ⅰ. ①计… Ⅱ. ①尹… ②胡… ③黄… Ⅲ. ①计算方法—思维方法—高等学校—教材②数据处理—高等学校—教材 Ⅳ. ①O241②TP274

中国版本图书馆 CIP 数据核字（2021）第 180786 号

责任编辑：康 静
印 刷：保定市中画美凯印刷有限公司
装 订：保定市中画美凯印刷有限公司
出版发行：电子工业出版社
北京市海淀区万寿路 173 信箱 邮编：100036
开 本：787×1092 1/16 印张：12 字数：307.2 千字
版 次：2021 年 10 月第 1 版
印 次：2022 年 7 月第 3 次印刷
定 价：39.00 元

凡所购买电子工业出版社图书有缺损问题，请向购买书店调换。若书店售缺，请与本社发行部联系，联系及邮购电话：（010）88254888，88258888。

质量投诉请发邮件至 zlts@phei.com.cn，盗版侵权举报请发邮件至 dbqq@phei.com.cn。

本书咨询联系方式：（010）88254609，hzh@phei.com.cn。

前　言

计算思维是建立在计算学科基础之上的，自古至今都是人类分析问题、求解问题的过程和思想。既要充分利用计算机的计算和存储能力，又不能超出计算机的能力范围，在大数据和人工智能的推动下，新时代计算思维被赋予了新的内涵。2017 年 2 月，教育部针对高等工程教育发展战略新工科的“复旦共识”已经形成，随后的“天大行动”“北京指南”陆续推出了以融合创新为鲜明特征的“新农科、新医科、新文科”人才培养战略。因此，计算思维与其他学科思维相互融合，对于其他专业创造性思维的形成和创新能力的提升有着显著作用。新时代的大学生应当具备：大数据处理的基本能力；了解人工智能基本原理；运用计算机解决问题的能力。

党的“十九大”报告指出，要推动互联网、大数据、人工智能和实体经济深度融合。2019 年政府工作报告中指出，要深化大数据、人工智能等研发应用，因此，大数据对社会各行各业的支撑和影响会继续加强。在“大数据”和“互联网+”社会环境中，新时代计算思维同时要吸收数学思维、设计思维和工程思维，使人类能够更好地预测未来和理解世界。

基于上述背景，浙江农林大学计算机基础课程教学团队在尹建新老师的组织下，编写了本书。本书的编写团队均是教学经验丰富的一线教师。该书根据计算机初学者知识背景，从计算思维角度组织教学内容，挖掘蕴含于计算发展、计算机硬件构造和软件编程思想中的计算思维。通过本书的学习，读者不仅能够了解计算思维内涵，而且能够理解和运用计算思维；不仅能够了解大数据与人工智能概念，还能在“互联网+”经济模式中，理解与运用计算机学科与自身专业的融合创新、开拓思想。本书在培养读者的计算思维与大数据、人工智能应用能力方面具有基础性和引导性作用。

全书共分为 7 章，由尹建新、胡彦蓉、黄美丽老师担任主编，并负责统稿。具体编写分工如下：第 1 章由尹建新编写；第 2 章由夏其表编写；第 3 章由翁翔编写；第 4 章由黄美丽编写；第 5 章由卢文伟、尹建新编写；第 6 章和第 7 章由胡彦蓉编写。同时，参与本书编写工作的还有王国省等。在此对整个编写团队的齐心协力、鼎力配合和辛苦付出表示衷心的感谢。另外，特别感谢浙江农林大学数学与计算机学院和教务处领导对本书编写过程中的支持和关注。

由于时间仓促，且计算机技术的发展日新月异，加之编者水平有限，书中难免有欠妥和疏漏之处，恳请专家和读者批评指正。

编　者

2021 年 7 月

目　录

第 1 章　计算与计算思维

1.1　计算思维的发展

1.1.1　计算工具的发展演变

自古以来，人类都在不断地发明和改进计算工具，从古老的“结绳记事”，到算盘、计算尺、差分机，直到 1946 年第一台电子计算机诞生，计算工具经历了从简单到复杂、从低级到高级、从手动到机械再到电动的发展过程。

1. 手动式计算工具

（1）算筹

人类最初用手指进行计算。人有两只手，10 个手指头，所以，习惯用手指记数并采用十进制记数法。用手指进行计算虽然很方便，但计算范围有限，计算结果也无法存储。于是人们用绳子、石子等作为工具来延伸手指的计算能力。

最原始的手动计算工具是算筹，我国古代劳动人民最先创造和使用了这种简单的计算工具。在春秋战国时期，算筹的使用已经非常普遍。根据史书的记载，算筹是一根根同样长短和粗细的小棍子，一般长为 13～14cm，径粗 0.2～0.3cm，多用竹子制成，也有用木头、兽骨、象牙、金属等材料制成的，如图 1-1 所示。算筹采用十进制记数法，有纵式和横式两种摆法，这两种摆法都可以表示 1、2、3、4、5、6、7、8、9 九个数字，数字 0 用空位表示。算筹的记数方法为个位用纵式，十位用横式，百位用纵式，千位用横式……这样从右到左，纵横相间，就可以表示任意大的自然数了。

图 1-1　古代算筹与数的表示

（2）对数计算尺

1621 年，英国数学家威廉·奥特雷德根据对数原理发明了圆形计算尺，也称对数计算尺。对数计算尺不仅能进行加、减、乘、除、乘方、开方运算，甚至可以计算三角函数、指数函数和对数函数。它一直被使用到袖珍电子计算器面世。即使在 20 世纪 60 年代，对数计算尺仍然是理工科大学生经常使用的计算工具，是工程师身份的一种象征。图 1-2 所示的是 1968 年由上海计算尺厂生产的对数计算尺。

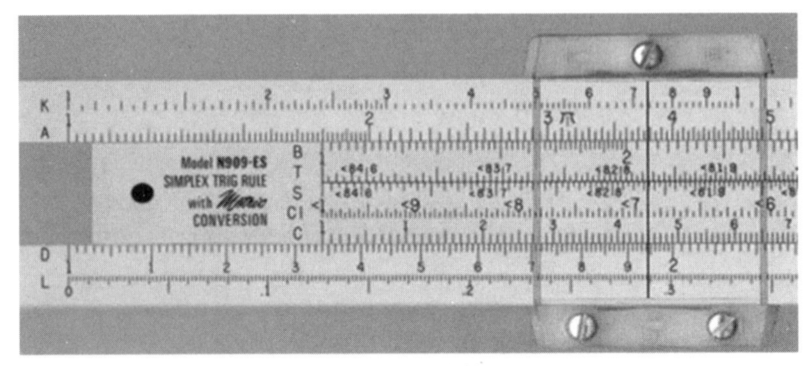

图 1-2　对数计算尺

（3）算盘

计算工具发展史上的第一次重大改革是算盘，也是我国古代劳动人民创造和使用的。算盘由算筹演变而来，并且和算筹并存竞争了一个时期，终于在元代后期取代了算筹。算盘轻巧灵活、携带方便，应用极为广泛，先后流传到日本、朝鲜和东南亚等国家和地区，后来又传入西方。算盘采用十进制记数法并有一整套计算口诀，如“三下五除二”“七上八下”等，这是最早的体系化算法。算盘能够进行基本的算术运算，是公认的最早使用的计算工具。

2. 机械计算工具

（1）帕斯卡加法器

1642 年，法国数学家帕斯卡（Blaise Pascal）发明了帕斯卡加法器，这是人类历史上第一台机械式计算工具，其原理对后来的计算工具产生了持久的影响。如图 1-3 所示，帕斯卡加法器是由齿轮组成、以发条为动力、通过转动齿轮来实现加减运算、用连杆实现进位的计算装置。帕斯卡从加法器的成功中得出结论：人的某些思维过程与机械过程没有差别，因此可以设想用机械来模拟人的思维活动。

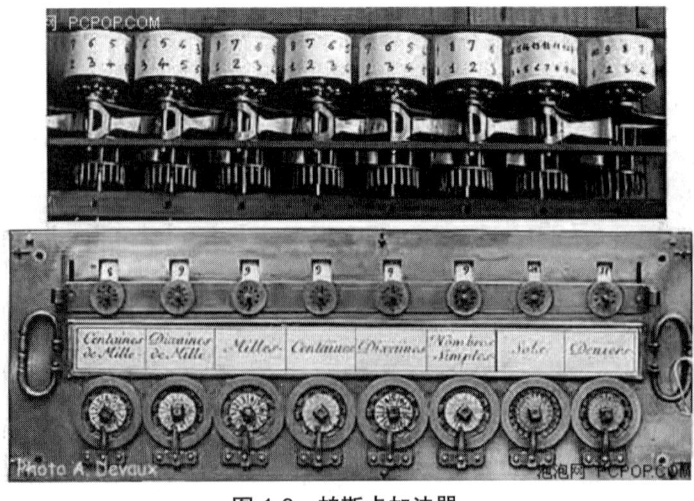

图 1-3　帕斯卡加法器

（2）莱布尼兹四则运算器

1673 年，德国人莱布尼兹（Leibnitz）改进了帕斯卡的设计，增加了乘、除运算，称为莱布尼兹四则运算器，如图 1-4 所示。该运算器乘法运算时采用进位加的方法，后来演化为二进制，被现代计算机采用。莱布尼兹四则运算器在计算工具的发展史上是一个小高潮，此后的一百多年中，虽出现了不少类似的计算工具，但除了在灵活性上有所改进外，都没有突破手动机械的框架，使用齿轮、连杆组装起来的计算设备限制了它的功能、速度及可靠性。

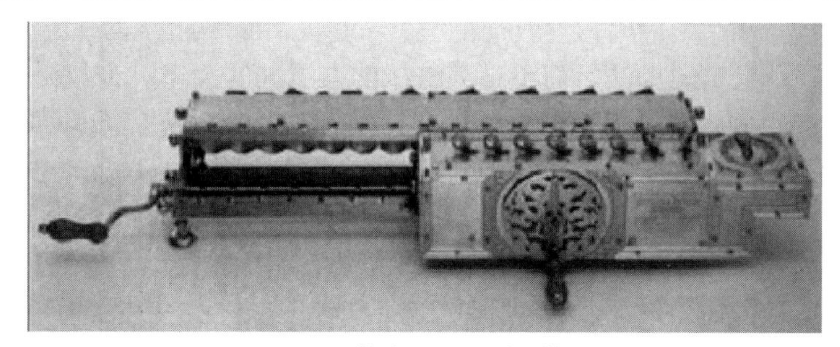

图 1-4　莱布尼兹四则运算器

（3）巴贝奇差分机与分析机

1822 年，英国科学家巴贝奇开始研制差分机（见图 1-5），用于航海和天文计算，在英国政府的支持下，差分机历时 10 年研制成功，这是最早采用寄存器来存储数据的计算工具，体现了早期程序设计思想的萌芽，使计算工具从手动机械跃入自动机械的新时代。

图 1-5　巴贝奇差分机

差分机是一种具有特殊用途的计算机器，1834～1936 年，巴贝奇产生了构思功能上更强大、更通用的机器的想法，开始进行分析机的研究，在分析机的设计中，巴贝奇采用了 3 个具有现代意义的装置。

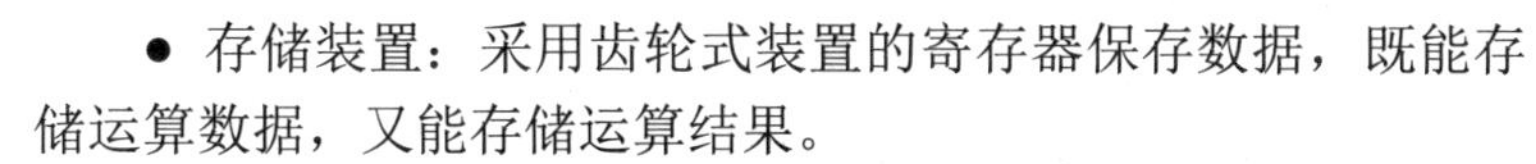

- 存储装置：采用齿轮式装置的寄存器保存数据，既能存储运算数据，又能存储运算结果。
- 运算装置：从寄存器取出数据进行加、减、乘、除运算，并且乘法是以累次加法来实现的，还能根据运算结果的状态改变计算的进程，用现代术语来说，就是条件转移。
- 控制装置：使用指令自动控制操作顺序、选择所需处理的数据及输出结果。

巴贝奇的分析机是可编程计算机的设计蓝图，实际上，我们今天使用的每一台计算机都遵循着巴贝奇的基本设计方案。但是巴贝奇先进的设计思想超越了当时的客观现实，由于当时的机械加工技术还达不到所要求的精度，使得这部以齿轮为元件、以蒸汽为动力的分析机一直到巴贝奇去世也没有完成，但为现代计算机设计思想的发展奠定了基础。

3. 电动计算工具

1886 年，美国统计学家赫尔曼・霍勒瑞斯（Herman Hollerith）借鉴雅卡尔织布机的穿孔卡原理，用穿孔卡片存储数据，采用机电技术取代纯机械装置，制造了第一台可以自动进行加减四则运算、累计存档、制作报表的制表机，应用在美国 1890 年的人口普查工作中，使预计需要 10 年才能完成的统计工作仅用 1 年零 7 个月就完成了，这是人类历史上第一次利用计算机进行大规模的数据处理。

1938 年，德国工程师朱斯研制出 Z-1 计算机，这是第一台采用二进制的计算机。在接下来的 4 年中，朱斯先后研制出采用继电器的计算机 Z-2、Z-3、Z-4。Z-3 是世界上第一台真正的通用程序控制计算机，不仅全部采用继电器，同时采用了浮点记数法、二进制运算、带存储地址的指令形式等。

1936 年，美国哈佛大学应用数学教授霍华德 • 艾肯（Howard Aiken）受巴贝奇设计的启发与影响，提出了用机电的方法，而不是纯机械的方法来实现巴贝奇的分析机。在 IBM 公司的资助下，1944 年研制成功了机电式计算机 Mark-I。Mark-I 长 15.5m，高 2.4m，由 75 万个零部件组成，使用了大量的继电器作为开关元件，存储容量为 72 个 23 位十进制数，采用了穿孔纸带进行程序控制。它的计算速度很慢，执行一次加法操作需要 0.3s，并且噪声很大。尽管它的可靠性不高，但仍然在哈佛大学使用了 15 年。Mark-I 只是部分使用了继电器，1947 年研制成功的计算机 Mark-II全部使用继电器。

4. 电子计算机

第二次世界大战中，美国宾夕法尼亚大学物理学教授约翰·莫克利和他的研究生普雷斯帕·埃克特受军械部的委托，为计算弹道启动了研制 ENIAC（Electronic Numerical Integratorand Computer）的计划。1946 年 2 月 15 日，这台标志人类计算工具历史性变革的巨型机器宣告竣工，如图 1-6 所示。ENIAC 共使用了 18000 多个电子管、1500 多个继电器、10000 多个电容和 7000 多个电阻，占地 167m^2，重达 30t。ENIAC 的最大特点就是采用电子器件代替机械齿轮或电动机械来执行算术运算、逻辑运算和存储信息，因此，同以往的计算机相比，ENIAC 最突出的优点就是速度快。ENIAC 每秒能完成 5000 次加法、300 多次乘法，比当时最快的计算工具快 1000 多倍。ENIAC 是世界上第一台能真正运转的大型电子计算机，ENIAC 的诞生标志着电子计算机时代的到来。

图 1-6 第一台电子计算机 ENIAC

人类通过思考自身的计算方式，不断地促进科技进步和发展。在此思想的指引下，还产生了人工智能，用外部机器模仿和实现我们人类的智能活动。随着计算机的日益“强大”，它在很多应用领域中所表现出的智能也日益突出，成为人脑的延伸。与此同时，人类所制造出的计算机在不断强大和普及的过程中，反过来对人类的学习、工作和生活都产生了深远的影响，同时也大大增强了人类的思维能力和认识能力。

1.1.2　现代计算机计算环境的发展变迁

自 1946 年第一台电子计算机诞生至今，短短 70 多年，现代计算机发生了翻天覆地的变化，其计算环境发展变迁如图 1-7 所示。

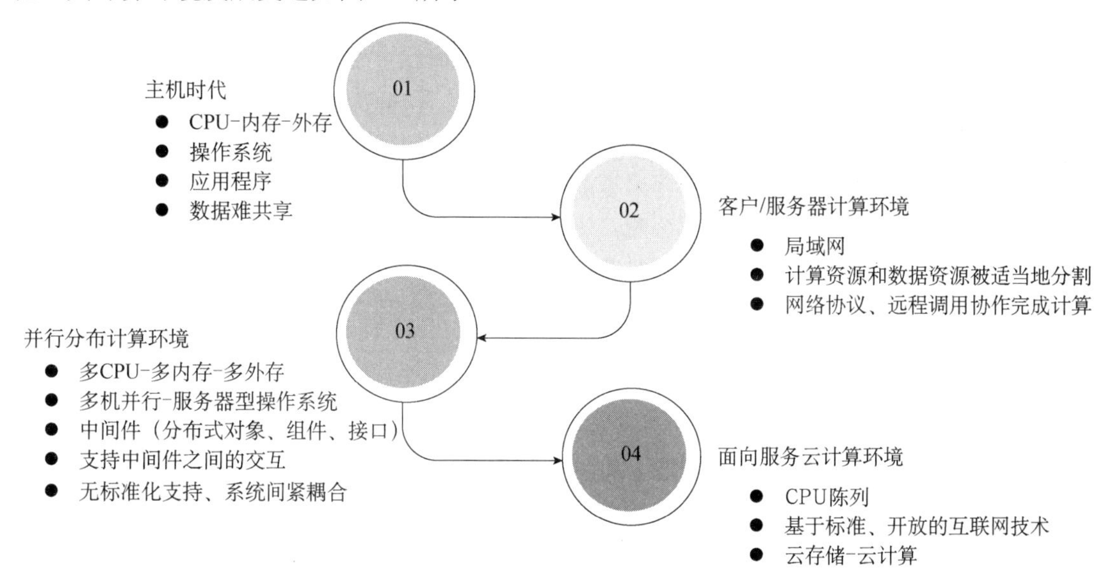

图 1-7　现代计算机计算环境的发展变迁

（1）主机时代，即“CPU-内存-外存”的计算环境。冯·诺依曼计算机采用存储程序原理，建立了利用内存储程序和数据，由 CPU 逐条从内存中读取指令并执行，实现程序的连续自动执行。随着进一步的发展，出现了“CPU-内存-外存”的个人计算环境，实现了内存、外存相结合的存储体系，程序被存储在永久的外存储器上，在执行时被装入内存由 CPU 执行。由操作系统负责将存储在外存上的程序装入内存并调度 CPU 执行该程序。其特点是，几乎所有的计算功能和系统的组成部分，都包括在一台机器里，各个主机之间的数据、功能很难共享和相互调用。

（2）客户/服务器计算环境。在 20 世纪 80 年代，随着 PC 的繁荣，计算环境发生了很大的变化。通过局域网相互连接的计算设备构成客户/服务器计算环境，计算资源和数据资源被适当地分割，客户和服务器通过网络协议、远程调用或消息等方式来相互协作，完成计算。

（3）并行分布计算环境，即“多 CPU-多内存-多外存”的并行计算环境。计算机硬件技术的进一步发展，促进了多核处理器的出现，即一个微处理中集成多个 CPU，同时存储设施由单一的软盘、硬盘发展为磁盘阵列，计算和存储能力大大增强，操作系统把任务队列分布于多个 CPU 之上执行、与多个存储设施协同工作。中间件迅速发展，开始出现分布式对象、组件和接口等概念，用于在计算环境中更好地分割运算逻辑和数据资源。计算环境中不同部分之间的交互，也从原有相对低层的网络协议、远程调用和消息机制的基础上，发展到支持分布式对象、组件和接口之间的交互，这种交互在名字服务（Naming Service）等的支持下，通常位置是“透明”的，但由于缺乏普遍的标准化支持，很难做到技术透明，系统间是紧耦合的。

（4）面向服务云计算环境，即“超多 CPU-超多内存-超多外存”，基于标准、开放的互联网技术，以服务为基本单位和抽象手段的计算环境。随着互联网（Internet）的发展，开放和标准的网络协议被普遍支持，所有底层计算平台都开始支持这些标准和协议，数据和功能的表示与交互在 XML、Web 服务（Web Service）技术和标准的基础上，保证了通用性和最大的交互能力。在这样的计算环境中，各个部分可以采用异构的底层技术，它们使用 XML 来描述和表示自己的数据与功能，采用开放的网络协议（如 HTTP）来握手，在此之上，基于 Web 服务来互操作和交换数据。

换个角度来说，云计算就是实现对资源的管理，管理硬盘空间、管理 CPU 算力、管理网络带宽，是与信息技术、软件、互联网相关的一种服务，这种计算资源共享池叫作“云”。也就是说，计算能力作为一种商品，可以在互联网上流通，就像水、电、煤气一样，可以方便地取用，让你的计算机配置更灵活，想要多少就有多少。云计算最大的优点是它有两个灵活性：一是时间的灵活性，可以随时按需要分配；第二是空间灵活性，按需分配云空间。因此，使用户通过网络就可以获取无限的资源，同时获取的资源不受时间和空间的限制。云计算改变了人们的思维和生活习惯，也创造了新的经济模式，如互联网经济、共享经济等。

1.1.3 计算思维的传承与发展

早在 1972 年，图灵奖得主艾兹格·迪科斯彻就曾说：“我们所使用的工具影响着我们的思维方式和思维习惯，从而也深刻地影响着我们的思维能力。”计算思维不是一个新生事物，也不是随着计算机的出现而出现的，这一理念与思维活动一直随着计算工具与计算环境的发展而发展。

1. 中国古算具时期的计算思维

中国古算具，如算筹、算盘，如图 1-8 所示，就是体现计算思维这一思想的典型实例。在中国古代，古算具用途仅限于数学计算，人们通过熟记相关口诀，然后以古算具为工具，来进行一些简单的数学计算。这一阶段的计算思维被称为中国古代计算思维。我国的古算具是我国先辈们智慧的结晶，十进位计数制是我国古人在计算理论方面的重要发明之一。

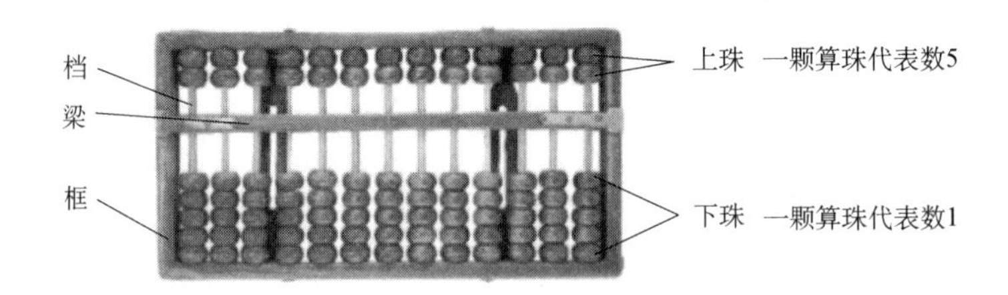

（a）算盘

	1	2	3	4	5	6	7	8	9
纵式：	𝍠	𝍡	𝍢	𝍣	𝍤	𝍥	𝍦	𝍧	𝍨
横式：	𝍩	𝍪	𝍫	𝍬	𝍭	𝍮	𝍯	𝍰	𝍱

（b）算筹

加几	不进位		进位	
加一	一上一	一下五去四	一去九进一	
加二	二上二	二下五去三	二去八进一	
加三	三上三	三下五去二	三去七进一	
加四	四上四	四下五去一	四去六进一	
加五	五上五		五去五进一	
加六	六上六		六去四进一	六上一去五进一
加七	七上七		七去三进一	七上二去五进一
加八	八上八		八去二进一	八上三去五进一
加九	九上九		九去一进一	九上四去五进一

（c）珠算口诀

图 1-8 算筹与算盘

在世界数学史上，我国是最早使用十进制的国家，早在商代时就已形成了完善的十进制计数系统。这种计数方法后来逐渐成为算筹和珠算中“逢十进一”十进位计数制，并在秦汉时期形成了完整的十进位十进制，这是计算领域的革命性创造和发明。马克思在其撰写的《数学手稿》中称十进位计数法为“最妙的发明之一”。唐朝末年出现的算盘结合了十进位计数法和珠算口诀，在计算复杂度问题和计算速度及便携性上都有着不可比拟的优势，并一直沿用至今。吴文俊院士认为：“数学机械化思想来源于中国古算。”对算筹而言，珠算可以更加突出我国古代数学算法机械化特色。珠算充分利用汉语单字发音特点，将几个计算步骤概括为若干字一句的珠算口诀，计算时呼出口诀即可拨出计算结果，整个计算过程类似于计算机通过已编写好的程序来执行计算的过程，吴文俊教授将算盘算筹称为“没有存储设备的简易计算机”。我们把中国古代计算思维认为是处于萌芽时期的计算思维，这个阶段的计算思维仅仅应用于解决数值计算问题，还未涉及逻辑计算等其他计算问题，而且还未建立起系统的理论和方法体系。

2. 图灵机时期的计算思维

英国科学家艾伦·麦迪森·图灵（Alan Mathison Turing）是现代计算机科学和人工智能的奠基者。1936 年，图灵发表了奠定电子计算机模型和理论的文章《论可计算数及其在判定问题中的应用》，提出了著名的理论计算机的抽象模型——“图灵机”（Turing Machine）和图灵机理论。

图灵机是一个逻辑计算机的通用模型，如图 1-9 所示。它可以通过编写有限的指令序列完成各种演算过程，通用图灵机正是现代数字计算机的理论原型。图灵证明，凡是图灵机能求解的计算问题便是可计算性问题，实际计算机能够求解；图灵机不能求解的计算问题便是不可计算的问题，即使是大型计算机也无法求解，这就是著名的“可计算性理论”。“判定问题”是数理逻辑中的一个重要问题，它是判断是否存在一种有效可行算法能求解某一类问题中的任何具体问题的研究课题。现代解决不可判定问题的理论来源于图灵对图灵机“停机问题”的不可判定性证明。1936 年图灵证明，解决“停机问题”的通用算法是不存在的，即不存在一个通用图灵机可以判定任意给定的图灵机对任意输入是否会停机。此外，“判定问题”与“可计算性理论”之间关系密切：可计算的问题，一定可判定；可判定的问题未必可计算。

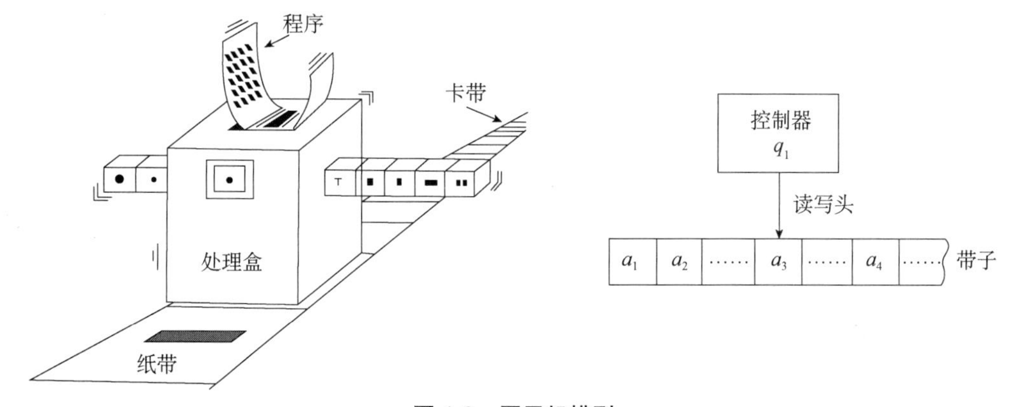

图 1-9　图灵机模型

相比中国古算具而言，图灵机首次实现了用机器来模拟人类思维进行数值计算的过程，实现了手工计算向机器自动机械化计算的跨越式发展。算筹和算盘等古算具是将“程序”放入到演算者的大脑中，然后手工完成整个计算过程。图灵机是将预先编好的程序存储于控制器内存，将其成为计算机自身的一部分，然后在程序的控制下自动完成计算过程，这是两者之间最重要的区别。此外，中国古算具所能执行的计算任务非常有限，而图灵机的工作过程虽是符号逻辑推理过程，如将存储磁带上的符号换为数字，那整个过程便是数值计算过程。所有的计算和算法都可以通过图灵机来完成。此外，图灵机和中国古算具，体现了一种共同的计算思维方式：面对复杂问题，先将问题数值化，转化为可计算问题，然后寻求有效可行的算法并编写程序，在程序控制下由“计算机”进行运算并在有限步骤内得出最终结果。

3. 计算思维的发展历程

从中国古算具的算法化思想到 20 世纪 30 年代问世的图灵机和图灵理论，我们可以看出：计算思维不是计算机思维，它不是计算机的产物，更不是一个新概念，而是千百年来计算学科在发展过程中一直遵循传承的一种科学思维方法。在历史的长河中，计算思维必将经历一个由低级到高级逐步成熟完善的过程。从古至今，计算思维是人人都具备的一种技能，并且在实际生产和生活中，人们早已能够利用计算思维去分析问题和解决问题，只不过这种计算思维是无意识的，所以在很长的一段历史时期内，计算思维“深藏闺中无人识”，并未受到人们的重视。直到 2006 年 3 月，美国卡内基·梅隆大学周以真（Jeannette M. Wing）教授在美国计算机权威杂志 ACM 上对计算思维概念进行了清晰系统的阐述：“计算思维是运用计算机科学的基础概念进行问题求解、系统设计及人类行为理解等涵盖计算机科学之广度的一系列思维活动。”这一概念的提出才引起人们的关注。自此以来，计算思维的概念逐步渗透到大学的各个专业，并进一步延伸到中学、小学，成为新时代人们的基本素质教育。与此同时，对于计算思维的概念与内涵的研究也不断深入，特别是随着大数据、人工智能等领域的兴起，计算思维的深刻内涵被进一步挖掘，人们对于计算思维的认识，无论从概念内容上，还是从应用实践上，都已经有了新的飞跃。

近几年来，由于信息技术的快速发展，人类社会由传统的物理世界和人类世界组成的二元空间，进入了物理世界、人类世界和信息世界的三元空间，并且正在向物理世界、人类世界、信息世界和智能体世界的四元空间变化。大数据和人工智能等新领域迈入了科学和社会舞台的中心，促进了 AI 赋能的新时代发展。针对大范围和大数量的信息分析，以及各种人工智能体的研究、设计和应用，产生了许多新的计算模型、算法形式和计算技术，这些进展推动了对计算思维更加系统和深刻的认知，使人类进入了计算思维 2.0 时代。在这个时代，人们观念由以物质为本转变到以信息为本，整个社会、经济、科学、文化都呈现出了前所未有的变革，颠覆传统模式和习惯的创新层出不穷，由此产生了新产品、新业态、新结构和新模式。因此，计算思维不是一种被动的认知世界的思维方式，而是一种主动改造世界的思维方式。同时，计算思维又是建立在计算过程的能力和限制之上的，不管这些过程是由人还是由机器执行的；既要充分利用计算机的计算和存储能力，又不能超出计算机的能力范围。

1.1.4 从“国王的婚姻”略识计算思维

基于“计算思维”的问题求解，自古就存在。“国王的婚姻”的故事就是事例之一。一位酷爱数学的年轻国王向邻国一位聪明美丽的公主求婚，公主出了这样一道题：求出 48,770,428,433,377,171 的一个真因子。若国王能在一天之内求出答案，公主便接受他的求婚。国王回去后立即开始逐个数地进行计算，他从早到晚共算了 3 万多个数，最终还是没有结果。国王向公主求情，公主告知 223,092,827 是其中的一个真因子，并说，我再给你一次机会，如果还求不出，将来你只好做我的证婚人了。国王立即回国并向时任宰相的大数学家求教，大数学家在仔细地思考后认为，这个数为 17 位的数则最小的一个真因子的位数不会超过 9 位。于是他给国王出了一个主意，按自然数的顺序给全国的老百姓每人编一个号发下去，等公主给出数目后立即将它们通报全国，让每个老百姓用自己的编号去除这个数，除尽了立即上报赏金万两。最后国王用这个办法求婚成功。

实际上这是一个求大数真因子的问题，由于数字很大，国王一个人采用顺序算法求解，其时间消耗非常长。当然，如果国王生活在拥有超高速计算能力的计算机的现在，这个问题就不是什么难题了，而在当时，国王只有通过将可能的数字分发给百姓，才能在有限的时间内求取结果。该方法增加了空间复杂度，但大大降低了时间的消耗，这就是非常典型的分治法，将复杂的问题分而治之，这也是我们面临很多复杂问题时经常会采用的解决方法，这种方法也可作为并行的思想看待，而这种思想在计算机中的应用非常广泛。

1.2　计算思维迎接新时代

1.2.1　科学研究范式的转变

图灵奖得主、关系型数据库的鼻祖吉姆·格雷（Jim Gray）是一位航海运动爱好者。2007 年 1 月 28 日，他驾驶帆船在茫茫大海中失联了。而就是 17 天前的 1 月 11 日，在加州山景城召开的 NRC-CSTB（National Research Council-Computer Science and Telecommunications Board）大会上，他发表了留给世人的最后一次演讲“科学方法的革命”，提出将科学研究分为四类范式，即某种必须遵循的规范或大家都在用的套路，依次为实验归纳、模型推演、仿真模拟和数据密集型科学发现（Data-Intensive Scientific Discovery）。其中，最后的“数据密集型科学发现”，也就是现在我们所称的“大数据”。

1. 第一范式，实验归纳范式

人类最早的科学研究，主要以记录和描述自然现象为特征，称为“实验科学”的第一范式。该范式从原始的钻木取火，发展到后来以伽利略为代表的文艺复兴时期的科学发展初级阶段。在这一阶段，有伽利略老师爬上比萨斜塔扔俩铁球，掐着脉搏为摆动计时等我们耳熟能详的故事，为现代科学开辟了崭新的领域，开启了现代科学之门。

2. 第二范式，模型推演范式

实验归纳范式的这些研究，显然受到当时实验条件的限制，难以完成对自然现象更精确的理解。科学家们开始尝试尽量简化实验模型，去掉一些复杂的干扰，只留下关键因素，比如我们熟知的牛顿第一定律：任何物体都要保持匀速直线运动或静止状态，直到外力迫使它改变运动状态为止，这个结论就是在假设没有摩擦力的情况下得出的。这就出现了我们在学习物理学中“足够光滑”“足够长的时间”“空气足够稀薄”等这样的条件描述，然后通过演算进行归纳总结，即第二范式。

这种研究范式一直持续到19世纪末，都堪称完美，牛顿三大定律成功解释了经典力学，麦克斯韦理论成功解释了电磁学，经典物理学大厦美仑美奂。但之后量子力学和相对论的出现，则以理论研究为主，以超凡的头脑思考和复杂的计算超越了实验设计，而随着验证理论的难度和经济投入越来越高，科学研究开始显得力不从心。

3. 第三范式，仿真模拟范式

20世纪中叶，冯·诺依曼提出了现代电子计算机架构，利用电子计算机对科学实验进行模拟仿真的模式得到迅速普及，人们可以对复杂现象通过模拟仿真，推演出越来越多复杂的现象，典型案例如模拟核试验、天气预报等。随着计算机仿真越来越多地取代实验，逐渐成为科研的常规方法，即仿真研究的第三范式。

4. 第四范式，大数据范式

未来科学的发展趋势是，随着数据的爆炸性增长，计算机将不仅仅能做模拟仿真，还能进行分析总结，得到理论。科学家不仅通过对广泛的数据实时、动态地监测与分析来解决难以解决或不可触及的科学问题，更是把数据作为科学研究的对象和工具，基于数据来思考、设计和实施科学研究。数据不再仅仅是科学研究的结果，而且变成科学研究的活动基础；人们不仅关心数据建模、描述、组织、保存、访问、分析、复用和建立科学数据基础设施，更关心如何利用泛在网络及其内在的交互性、开放性及利用海量数据的可知识对象化、可计算化，构造基于数据的、开放协同的研究与创新模式，因此诞生了数据密集型的知识发现，即科学研究的第四范式。虽然第三范式和第四范式都是利用计算机来进行计算的，但是二者还是有本质的区别的。第三范式，一般是先提出可能的理论，再搜集数据，然后通过计算来验证。而对于第四范式，则是先有了大量已知的数据，然后通过计算得出之前未知的理论。

第四范式将如何进行研究呢？大数据的原始信息是十分杂乱无章的，人力已经难以对庞大的数据进行有效分析了。这时，大数据催生了人工智能，人工智能就是“教给机器知识使之具有‘智能’”，人工智能的实现过程主要是基于大数据进行深度学习从而达到人工智能。

1.2.2 教育部“四新”建设人才培养

以融合创新为鲜明特征的“四新”学科建设，包括新工科、新医科、新农科、新文科，是我国高等教育应对科技革命和国际竞争挑战的战略性选择，具有深度融汇科学、技术、产业和社会的显著时代特征与优势。

1. 新工科建设

习近平总书记指出，我们对高等教育的需要比以往任何时候都更加迫切，对科学知识和卓越人才的渴求比以往任何时候都更加强烈。当前世界范围内新一轮科技革命和产业变革加速进行，综合国力竞争愈加激烈。工程教育与产业发展紧密联系、相互支撑。为推动工程教育改革创新，2017年2月18日，教育部在复旦大学召开了高等工程教育发展战略研讨会，与会高校对新时期工程人才培养进行了热烈讨论，共同探讨了新工科的内涵特征、新工科建设与发展的路径选择，针对新工科建设达成了十大共识，也称复旦共识。在随后的短短半年时间内，“天大行动”“北京指南”陆续推出，由“是什么”到“怎么做”，新工科建设逐渐有了清晰的实施路线。新工科建设理念以产业需求为导向，以学科走向交叉融合、面向未来、主动迎接挑战，培养出适应时代需求、综合全面、创新能力突出的学生。

新工科是高等工程教育为应对全球形势、国内工程教育发展形势和服务国家战略而做出的符合中国特色的高等工程教育改革方案。当前，新一轮科技革命和产业变革加速进行，以数字经济为代表的新经济形态和传统工业的转型升级，迫切需要具备专业创新能力和跨学科交叉的新工科人才。新工科专业主要指针对新兴产业的专业，以互联网和工业智能为核心，包括大数据、云计算、人工智能、区块链、虚拟现实、智能科学与技术等相关工科专业。新工科建设主要包括三个方面：传统工科的改造升级；面向新经济产生的新的工科专业；工科与其他学科交叉融合产生的新的专业。

2. 新农科建设

“开创农林教育新格局，走融合发展之路，打破固有学科边界，破除原有专业壁垒，推进农工、农理、农医、农文深度交叉融合创新发展，综合性高校要发挥学科综合优势支持支撑涉农专业发展，农林高校要实现以农林为特色优势的多科性协调协同发展。”

“用生物技术、信息技术、工程技术等现代科学技术改造提升现有涉农专业，加速推进农林专业供给侧改革。”

——《安吉共识》

2019 年，新农科建设奏响“三部曲”，其中“安吉共识”从宏观层面提出了要面向新农业、新乡村、新农民、新生态发展新农科“四个面向”的新理念；“北大仓行动”从中观层面推出了深化高等农林教育改革的“八大行动”新举措；“北京指南”从微观层面实施新农科研究与改革实践的“百校千项”新项目，指出新农科建设要从“试验田”走向“大田耕作”。“三部曲”层层递进、环环相扣，共同构成了新农科建设体系。

教育部高等教育司司长吴岩指出，“北京指南”旨在启动新农科研究与改革实践项目，以项目促进建设、以建设增投入、以投入提质量，让新农科在全国高校全面落地生根。项目在理念上对接高等教育改革主旋律，对接卓越农林人才教育培养计划 2.0，对接“安吉共识”和“北大仓行动”；在内容上，形成“1+4”结构，即 1 个理论基础研究板块和 4 个人才培养要素改革板块，覆盖人才培养各环节；在质量上，突出创新导向、特色导向和实践导向，着眼解决长期制约高等农林教育发展的重点难点问题，探索面向未来高等农林教育改革发展的新路径新范式，注重分类发展、特色发展、内涵发展，重在实践，推动“真刀真枪”、实实在在的改革。

3. 新文科建设

“新文科是相对于传统文科而言的，是以全球新科技革命、新经济发展、中国特色社会主义进入新时代为背景，突破传统文化的思维模式，以继承与创新、交叉与整合、协同与共享为主要途径，促进多学科交叉与深度融合，推动传统文科的更新升级，从学科导向转向以需求为导向，从专业分割转向交叉融合，从适应服务转向支撑引领。”

——高校“新文科”建设：概念与行动《中国社会科学网》

2020 年 11 月 3 日，由教育部新文科建设工作组主办的新文科建设工作会议在山东大学（威海）召开。会议研究了新时代中国高等文科教育创新发展举措，发布了《新文科建设宣言》，对新文科建设做出了全面部署，“新文科”就是文科教育的创新发展。

新文科的“新”是相对于传统文科而言的，传统文科重视专业培养，专业划分明显，学生建设任务清晰，但是人才培养难以博通，容易形成专业壁垒，制约人才全面发展。在学术研究上，我国文科教育学术原创能力不强，有数量缺质量，使得传统文科在某些领域未能实现超越与创新。新文科建设要深入研究人工智能、大数据和各学科联通的路径和方法，注重在学科交叉中构建新的能够引领社会和市场需求的新学科新专业。与此同时，互联网等技术在改变人类生产生活方式的同时也带来了前所未有的社会层面和精神层面问题，要解决这些问题，显然不能靠单一学科，必须多学科协同与融合。因此，在多学科交叉边缘上出现了新兴的文科研究领域和研究方式，如人工智能与社会学、法学、伦理学等结合产生的智能社会科学学科；信息技术在文科的渗透所产生的社会计算、空间计量经济学、计算语言学等新兴专业。可见，综合性、跨学科、融通性是新文科的主要特征。

4. 新医科建设

“及时将‘互联网+健康医疗’‘人工智能+健康医疗’等医学领域最新知识、最新技术、最新方法更新到教学内容中，让学生紧跟医学最新发展。”

“深入推进‘医学+’复合型高层次医学人才培养改革，主动应对医学竞争，瞄准医学科学发展前沿，对接精准医学、转化医学、智能医学新理念，大力促进医学与理科、工科等多学科交叉融通，开展‘医学+×’复合型医学人才培养改革试点，培养多学科背景的复合型高层次医学人才。”

——《关于加强医教协同实施卓越医生教育培养计划 2.0 的意见》

2018 年 8 月，中共中央、国务院印发关于新时代教育改革发展的重要文件，首次正式提出“新医科”概念。同年 9 月 17 日，教育部、国家卫生健康委员会、国家中医药管理局启动发布《关于加强医教协同实施卓越医生教育培训计划 2.0 的意见》，对新医科建设进行全面部署。

教育部高教司司长吴岩强调，发展新医科是新时代党和国家对医学教育发展的最新要求，加强新医科建设，一是理念新，医学教育由重治疗，向预防、康养延展，突出生命全周期、健康全过程的大健康理念。二是背景新，以人工智能、大数据为代表的新一轮科技革命和产业变革扑面而来。三是专业新，医工理文融通，对原有医学专业提出新要求，发展精准医学、转化医学、智能医学等医学新专业。

1.2.3 计算思维在“四新”建设中的地位与作用

计算思维是建立在计算学科基础之上，通过借鉴计算或计算学科的智慧、思想和方法，可以广泛应用于客观世界众多领域问题求解的一种方法论。因此，计算思维与其他学科的思维相互融合，对于其他专业创造性思维的形成和创新能力的提升会起到显著作用。例如，艺术类学科可通过一些计算模型产生大量数据，通过计算、模拟与仿真等获取创新灵感，产生新的艺术品或艺术形态。再如，生物学科利用各种仪器获取大量实验数据，通过计算、模拟与比较分析等研究细胞、组织、器官等的生理、病理与药理机制，产生疾病治疗的新手段、新药物等。

“四新”建设背景之下的人才培养来说，计算思维的地位与作用体现在如下三个方面：

① 提升工程计算能力，变革问题求解方法。数据时代的到来，使得传统的工程计算模式发生了巨大变化，计算能力的内涵也更加丰富，以数据为核心的计算能力已成为新工科人才必须要掌握的能力和各学科未来发展的基础。新的计算能力要求能够根据工程数据规模和特性，按照计算机求解问题的基本方式考虑数学和工程问题求解，提出问题解决的系列观点和方法，构建出相应的算法和基本程序等能力，具体包括新的计算平台使用能力；数据及特征获取和处理能力；数据分析和可视化能力；仿真、建模能力；算法设计、使用及程序实现能力等，这些能力则主要围绕计算思维的运用得以获取和提升。

② 强化系统设计能力，促进人类行为理解。数学完成了物理世界系统到现实世界的符号化问题，进一步形成了问题的数学模型。而计算思维则建立了系统的可计算模型，使得数学模型转化为信息系统模型，可以由通用计算装置自动解算。但是在这个过程中，却发生了面向工程计算的深刻变化，体现在：一是如何将物理实体转化为可以自动计算的对象，更进一步将可计算对象聚集成“库”，在其上自动发掘特征；二是如何设计基于资源受限环境特点的，并且能够让系统自动执行的算法；三是如何通过并行化、分布式、离散化，让自动计算更快速更安全。无论是港口作业调度系统，还是飞机的飞控系统设计，都是资源受限环境，都可以借助计算思维去提升系统设计水平。同时，很多新的社会问题，也需要通过计算，从而产生对于人类行为的准确理解来解决。在新工科教育中，让工科学生学会用新的计算手段和思维方法去观察和理解现实社会与人类行为，对于提高学生的跨学科解决问题能力也是十分有益的。比如，通过计算发现车流变化规律，控制信号灯解决交通拥堵的问题；通过社交网络模型来研究互联网信息的传播；通过用户的搜索记录来预测流感发病率的模型及验证；通过博弈论来研究经济学中“市场是个隐形之手”、信息不对称导致劣币驱逐良币等问题；在非传统安全领域通过收集手机的数据，如地理位置、联络人和其他活动去打击恐怖主义活动；在自动驾驶领域，通过深度学习进行周边车辆、行人与自行车行为预测等。

③ 跨越人才培养鸿沟，塑造专业创新能力。面对科学、技术或艺术研究的新形势，传统的手段如实验—观察手段、理论—预测手段等将会受到很大的限制。例如，实验产生的大量数据其结果是很难通过观察手段获得的，此时不可避免地需要利用计算手段来辅助创新，利用计算手段来实现理论与实验的协同创新。当前，工科高校非计算机专业的计算机教学设置在通识类课程模块，通常只会关注计算机及其通用计算手段应用知识与应用技能的教学，存在与专业课程相对独立、与专业需求脱节等问题，形成了由通用计算手段学习到未来的专业计算手段应用与研究之间的鸿沟。通过计算思维模式的训练和养成，可以帮助学生跨越专业壁垒，以满足未来人才计算能力的需求。

1.2.4 新时代的计算思维特征

著名的物理学家玻姆曾断言：“世界上所有的问题都是思维问题。”他告诉我们，人的思维方式深刻地影响着人们思考问题的视角，并由此决定了做出何种决策及采取何种行为。新时代的计算思维同时要吸收数学思维、设计思维、工程思维和互联网思维，互相补充与融合。

1. 数学思维特征

新时代的计算思维同时要吸收数学思维，通过数学思维来建立现实世界的抽象模型，使用形式语言来表达思想。

数学思维的特征是概念化、抽象化和模式化，在解决问题时强调定义和概念，明确问题条件，把握其中的函数关系，通过抽象、归纳、类比、推理、演绎和逻辑分析，将概念和定义、数学模型、计算方法等与现实事物建立联系，用数学思想解决问题。数学思维是人的大脑的思维，解决问题的方式是人脑所擅长的抽象、归纳、类比、推理、演绎和逻辑分析等；计算思维同样是人的大脑的思维，但解决问题却是在数学思维的基础上，运用计算机科学领域的思想、原理与方法对问题进行抽象和界定，通过量化、建模、设计算法和编程等方法，形成计算机可处理的解决方案。

例如，求解 $S=1+2+3+\cdots+n$。

归纳成自然数求和公式：$S=n(1+n)/2$，这种处理方式非常符合人类“依靠大脑进行运算”的特点；而计算思维同样是对问题进行抽象和推理，却采用符合计算机工作特性、设定循环终止条件，逐一“从 1 累加到 n”的自动执行方式。

2. 设计思维特征

设计思维是一种以人为本的解决复杂问题的创新方法，它利用设计者的理解和方法，将技术可行性、商业策略与用户需求相匹配，从而转化为客户价值和市场机会。IDEO 设计公司总裁兼首席执行官蒂姆·布朗（Tim Brown）这样定义设计思维：“设计思维的使命是将观察转化为洞察，将洞察转化为产品和服务，从而改善生活。”蒂姆·布朗也曾在《哈佛商业评论》中对设计思考做了如下定义：“设计思考是以人为本的设计精神与方法，考虑人的需求、行为，也考量科技或商业的可行性。”

设计思维通过与用户共情，从用户的角度思考问题，进行社会化思考；通过头脑风暴提出尽可能多的解决方案，并简化为具体的办法。新时代计算思维同时要吸收设计思维，通过设计思维来打造软、硬件系统，满足用户需求，用计算机能解决的方法来设计问题求解，同时，考虑科技与商业的可行性。

3. 工程思维特征

工程是运用科学、数学、经济、社会及经验知识，抓住事物的本质，结合系统化的思考，利用所能利用的一切工具，拆分问题，解决问题，将现有实体转化为具有预期使用价值的人造产品的活动，最终高效地达成目标，工程的本质即是实现。工程思维即以“资源有限，条件不足”为前提，去实现现实世界的目标。

工程思维有三个基本特征：

① 在没有结构的情况下“预见”结构的能力。

② 熟练地在约束条件下进行设计。

③ 经过深思熟虑后对解决方案和备选方案做出决断的能力。

对于拥有“工程思维”的人来说，有效并且高效地解决问题排在首位。结构、约束和取舍是工程思维的特点，新时代的计算思维同时需要吸收工程思维，不要因为一个无解的问题而耽搁另外一个有解问题；先做能做的，别为缺失的板块烦恼。

4. 互联网思维特征

互联网思维是具有鲜明时代特征的思维，以互联网技术为思维基础，以重视、适应、利用互联网为思维指向，以收集、积累、分析数据，用数据“说话”为思维特点。互联网思维是人们立足于互联网去思考和解决问题的思维。它是互联网发展和应用实践在人们思想上的反映，这种反映经过沉积内化而成为人们思考和解决问题的认识方式或思维结构。在互联网时代的今天，互联网已广泛地深入生产生活的方方面面，越来越广泛地普及到地球的各个角落，人际交往、工作方式、商业模式、企业形态、文化传播、社会管理、国家治理等都因为互联网而发生了巨大变化，互联网思维成为一种必备思维。

互联网思维的突出特点是开放、自由、平等、创新、协作、共赢。随着互联网思维的不断扩散渗透，消费者逐渐形成便捷化、个性化、免费化的消费需求，促使产品经营者对产品的生产、流通等进行重新架构，促进生产方式的创新，以适应消费者需求与消费习惯。大数据、云计算的广泛使用，使得供给端与需求端数据收集、统计、整理和分析实时化。企业可以通过客户反馈信息改进设计，实现生产的柔性化、个性化与智能化，根据用户意见进行订单式生产，从而摆脱产能过剩困局，高效利用原材料和资金。比如，淘宝品牌商就利用客户的点击、收藏、购物车和评论数据，精准分析客户消费偏好和销售数据，再实时传递给工厂，工厂再根据销售和库存情况进行物料和产能调整，从销售相关数据中找出潜力畅销款，实现最优化高效生产。

互联网思维也是一种大数据思维，新时代的计算思维同时要吸取互联网思维，只有将问题的求解置身于“互联网+”环境之中，才能不断涌现新业态，如互联网电商、互联网金融、互联网物流、互联网教育和互联网医疗等，寻求创新与发展。

新时代需要培养计算思维，必须具有如下能力：

① 具备大数据处理的基本能力。

② 了解人工智能基本原理。

③ 运用计算机解决问题的能力。

1.2.5　计算思维求解

计算思维是运用计算机科学的概念来求解问题、设计系统及理解人类行为的方法，包含 4 个步骤：分解、模式识别、抽象和算法设计。下面以求两个数的最大公约数为例，来介绍计算思维的具体方法步骤，以数字 24 与 18 为例。

步骤 1，分解。分解即是把数据、过程或问题分解为更小的、易于管理的部分，思考如下：

（1）根据约数概念，可得知一个数的约数是小于并能被这个数整除的数。

（2）以这个数本身为起始数，将这个数逐一与小于自身的自然数相除，获得：

- 24 的约数为（24，12，8，6，3，2，1）。
- 18 的约数为（18，9，6，3，2，1）。

步骤 2，模式识别。模式识别即观察数据的模式、趋势和规律，思考如下：

（1）两个数的公约数，即均能被这两个数整除的最大数；从步骤 1 的分解结果可知，6 是 24 和 18 的最大公约数。

（2）寻找其中的规律，发现：

- 规律 1：最大公约数不大于这两个数中的较小数。
- 规律 2：从自身开始，逐一相除，1 和本身是这个数的约数。
- 规律 3：公约数是这两个数均能被整除的共同的数，求 24 与 18 的最大公约数可以从较小数 18 为起始数，将 24 和 18 分别与这个数去相除，除不尽，再把这个数减 1，继续相除，当这个数减到 6 时，24 与 18 均能被整除，6 即为它们的最大公约数。

步骤 3，抽象。抽象即是找出相似问题的相同点和不同点，以寻求最终的解决方案，思考如下：

（1）将步骤 2 的方法辐射到其他数，如 12 和 16，找到其最大公约数为 4；再列举不同的数据，如 60 和 45 来验证方法的正确性。

（2）获得求任意两数的最大公约数方法：以较小数为起始数，把这两个数分别与这些数去相除，在除不尽的情况下，将这个数减 1，再相除，直到找到第一个均能整除的数，即是最大公约数。

步骤 4，算法设计。算法设计即是为解决某一类问题而设计的一系列详细步骤。

设计算法流程如图 1-10 所示。

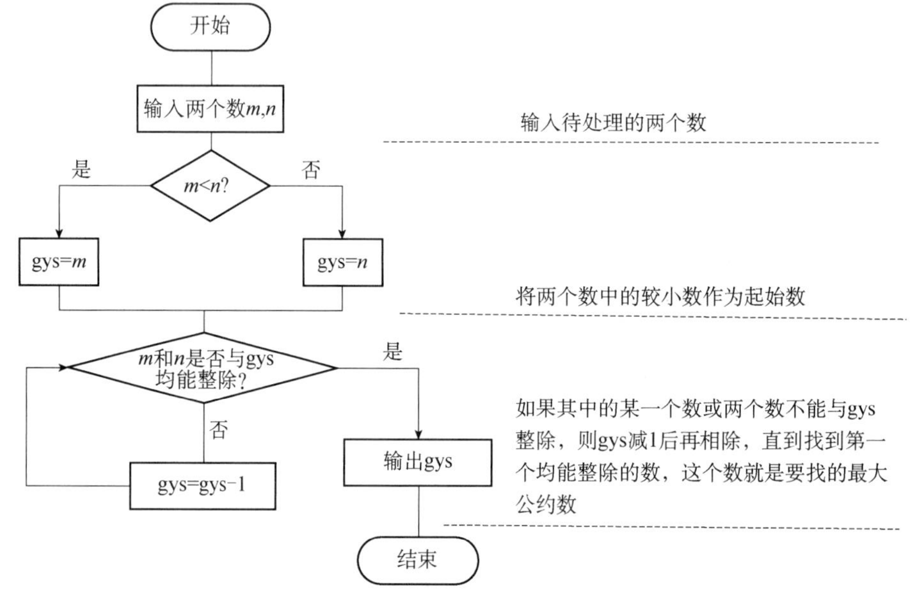

图 1-10　求两个数的最大公约数算法流程

最后就是实现问题，不同问题的具体实现有不同的实现方式，如本题使用 Python 语言编程实现，如图 1-11 所示。

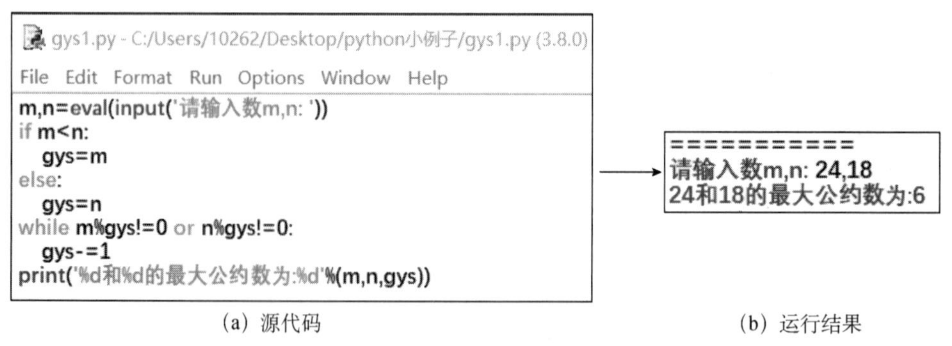

（a）源代码　　　　（b）运行结果

图 1-11　在 Python 语言环境下实现求两个数的最大公约数

1.3　大数据时代计算思维

大数据技术的快速发展深刻改变了我们的生活、工作和思维方式。大数据时代，人们对待数据的思维方式，最关键的转变在于从自然思维转向了智慧思维，使得大数据像具有生命力一样，获得类似于“人脑”智能，甚至智慧。随着数据的不断累积，其宝贵价值日益得到体现，物联网和云计算的出现，更是促成了事物发展从量变到质变的转变，使人类社会开启了全新的大数据时代。

例如，在纽约的 PRADA 旗舰店中每件衣服上都有 RFID 码。每当一位顾客拿起一件 PRADA 衣服进试衣间时，RFID 码就会被自动识别。同时，数据会传至 PRADA 总部。每一件衣服在哪个城市、哪个旗舰店、什么时间、被拿进试衣间停留多长时间等，这些数据都被存储起来并加以分析。如果某一件衣服销量很低，以前的做法是直接下架。目前有 RFID 传回的数据显示这件衣服虽然销量很低，但进试衣间的次数很多，那就能分析说明出一些问题。对这款衣服的处理方式也会截然不同，或许经过某个细节的微小改变就会重新创造出非常高的流量。

大数据时代，人们处理数据的方法由样本数据向整体数据转变，由重视数据的精确性向挖掘数据内在价值、侧重数据混杂性转变，由注重数据因果性向利用数据相关性转变，如图 1-12 所示。

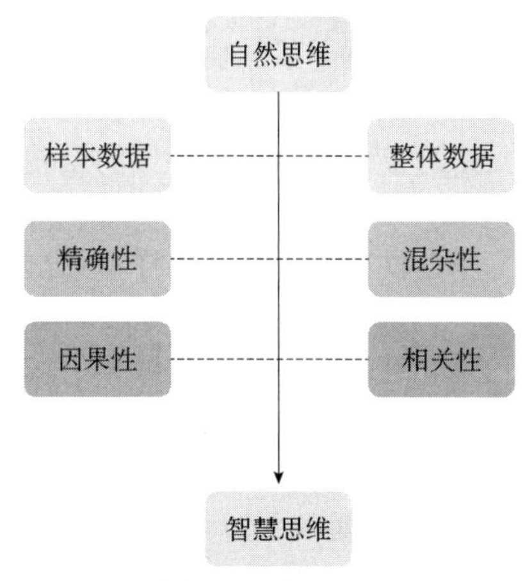

图 1-12　大数据时代思维方式的变革

1.3.1　总体思维

在科技发展受限时代，由于受技术水平的制约和数据采集、处理能力的限制，人们在无法获得总体数据信息的情况下，样本数据分析是主要的研究手段。随着网络和信息技术的不断普及，人类产生的数据量正在呈指数级增长。大约每两年翻一番，资料显示，2011 年，全球数据规模为 1.8ZB，到 2021 年，全球数据将达到 50ZB。这些信息背后产生的数据早已经远远超越了目前人力所能处理的范畴，而计算机可以轻易对这些数据进行处理。

采样忽视了细节考察，甚至还会失去对某些特定子类别进行进一步研究的能力。正如舍恩伯格总结道：“我们总是习惯把统计抽样看作文明得以建立的牢固基石，就如同物理学中的万有引力定律一样。但是，统计抽样其实只是为了在技术受限的特定时期，解决当时存在的一些特定问题而产生的。在某些特定的情况下，我们依然可以使用样本分析法，但这不再是我们分析数据的主要方式。”也就是说，在大数据时代，随着数据收集、存储、分析技术的突破性发展，我们可以更加方便、快捷、动态地获得研究对象有关的所有数据，即“样本=总体”，而不再因诸多限制不得不采用样本研究方法，相应地，思维方式也应该从样本思维转向总体思维，从而能够更加全面、主体、系统地认识总体状况。

［案例］谷歌流感趋势预测

谷歌流感趋势预测并不是依赖于对随机样本的分析，而是分析了整个美国几十亿条互联网检索记录。分析整个数据库，而不是对一个小样本进行分析，能够提高微观层面分析的准确性，甚至能够推测出某个特定城市的流感状况，而不只是一个州或是整个国家的情况。Farecast 的初始系统使用的样本包含 12000 个数据，所以取得了不错的预测结果。随着奥伦·埃齐奥尼不断添加更多的数据，预测的结果越来越准确。最终，Farecast 使用了每一条航线整整一年的价格数据来进行预测。埃齐奥尼说：“这只是一个暂时性的数据，随着你收集的数据越来越多，你的预测结果会越来越准确。”

1.3.2 容错思维

在小数据时代，由于收集的样本信息量比较少，最基本、最重要的要求就是减少错误，保证质量，所以必须确保记录下来的数据尽量结构化、精确化。因为样本分析只是针对部分数据的分析，其分析结果被应用到全集数据以后，误差会被放大，这就意味着，样本分析的微小误差被放大到全集数据以后，可能会变成一个很大的误差。因此，我们就必须十分注重精确思维。

大数据时代采用全样分析而不是抽样分析，即“样本=总体”。全样分析的结果就不存在误差被放大的问题。因此，追求高精确性已经不是其首要目标；相反，大数据时代具有“秒级响应”的特征，要求在几秒内就迅速给出针对海量数据的实时分析结果，否则就会丧失数据的价值，因此，数据分析的效率成为关注的核心。由于大数据技术的突破，大量的非结构化、异构化数据能够得到储存和分析，这一方面提升了我们从数据中获取知识和洞见的能力。舍恩伯格指出：“执迷于精确性是信息缺乏时代的产物。只有 5%的数据是非结构化且能适用于传统数据库的。如果不接受混乱，剩下 95%的非结构化数据都无法利用。”也就是说，在大数据时代，思维方式要从精确思维转向容错思维，当拥有海量即时数据时，绝对精准不再是追求的主要目标，适当忽略微观层面上的精确度，容许一定程度的错误与混杂，反而可以在宏观层面拥有更好的知识和洞察力。

［案例］土壤湿度数据采集

假设你使用湿度传感器来采集土壤的湿度，若只有一个湿度传感器，就必须确保传感器能一直正常工作。若你每 10 平方米就放置一个传感器，采集的有些数据可能存在错误，或者更加混乱，但众多的采集结果合起来就可以提供一个更加准确的结果。因为众多数据不仅能抵消错误数据造成的影响，还能提供更多的额外价值信息。

1.3.3　相关思维

在小数据世界中，数据分析的目的，人们往往执着于现象背后的因果关系。一方面是解释事物背后的发展机理，比如，一个大型超市在某个地区的连锁店在某个时期内净利润下降很多，这就需要 IT 部门对相关销售数据进行详细分析并找出发生问题的原因；另一方面是用于预测未来可能发生的事件，比如，通过实时分析微博数据，当发现人们对雾霾的讨论明显增加时，就可以建议销售部门增加口罩的进货量，因为人们关注雾霾的一个直接结果是，大家会想到购买一个口罩来保护自己的身体健康。不管是哪个目的，其实都反映了一种“因果关系”。

而在大数据时代，人们可以通过大数据技术挖掘出事物之间的隐蔽的相关关系，获得更多的认知与洞见，运用这些认知与洞见就可以帮助我们捕捉现在和预测未来，建立在相关关系分析基础上的预测正是大数据的核心议题。通过关注线性的相关关系，以及复杂的非线性相关关系，可以帮助人们看到很多以前不曾注意的联系，还可以掌握以前无法理解的复杂技术和社会动态，相关关系甚至可以超越因果关系，成为我们了解世界的更好视角。舍恩伯格指出，大数据的出现让人们放弃了对因果关系的渴求，转而关注相关关系，人们只需知道“是什么”，而不用知道“为什么”。

[案例] 电商页面推荐功能

电商购物中，商品页面的其他产品推荐是个重要的功能（例如“买过该商品的人还买过×××”）。如何量化和优化推荐功能的效果？有研究机构做了这样一个测试：按顺序向客户推荐全部/屏蔽部分推荐/屏蔽所有推荐，经过一个月测试之后，跟踪被测试对象的购买情况，发现不屏蔽推荐的（即推荐全部）短期效应最高，购买量最多。而屏蔽所有推荐的效果要优于屏蔽部分推荐。而原先购买过商品的客户在被屏蔽推荐之后，商品的销售额下降更快，因而可以得出推荐功能对有忠诚度的客户作用更大。更有趣的是推荐功能的长期效果。研究发现，不论首次购买过程中客户是否购买了推荐商品，第二次的访问情况都遵循这一规律：未被屏蔽推荐的客户，10%的人会再次访问，被屏蔽推荐的访问率是 9%，而实际转化成访问的次数是 8%，如果再结合老客户推荐效果会更好，最后会产生超过 10%的营收提高。总体看来，推荐的效果更可观。

众所周知，人脑之所以具有智能、智慧，就在于它能够对周遭的数据信息进行全面收集、逻辑判断和归纳总结，获得有关事物或现象的认识与见解。同样，在大数据时代，随着物联网、云计算、社会计算、可视技术等的突破发展，大数据系统也能够自动地搜索所有相关的数据信息，并进而类似“人脑”一样主动、立体、逻辑地分析数据、做出判断、提供洞见，那么，无疑也就具有了类似人类的智能思维能力和预测未来的能力。“智能、智慧”是大数据时代的显著特征，大数据时代的思维方式也要求从自然思维转向智能思维，不断提升机器或系统的社会计算能力和智能化水平，从而获得具有洞察力和新价值的东西，甚至类似于人类的“智慧”。

1.4 本章小结

计算思维自古至今存在于人类的生产与实践活动中，并随着人类所使用的计算工具及计算环境的变迁而发展。计算思维是建立在计算过程的能力和限制之上的，既要充分利用计算机的计算和存储能力，又不能超出计算机的能力范围。在大数据和人工智能的推动下，新时代计算思维所赋予的新的内涵和形式，进一步深化了计算思维在科学与社会经济领域的意义和作用。

计算思维通过借鉴计算或计算学科的智慧、思想和方法，被广泛应用于客观世界众多领域问题求解中。融合创新是教育部“四新”学科建设改革目标，因此，计算思维与其他学科的思维相互融合，对于其他专业创造性思维的形成和创新能力的提升有着显著作用。新时代的大学生，应当具备大数据处理的基本能力；了解人工智能基本原理；运用计算机解决问题的能力。

在大数据时代，随着数据收集、存储、分析技术的突破，不再因诸多限制不得不采用样本研究方法，思维方式从样本思维转向总体思维，不再苛求数据的精确性，放弃因果关系的分析，而更多地注重相关关系分析。“智能、智慧”是大数据时代的显著特征，大数据时代下要求思维方式从自然思维转向智能思维，不断提升机器或系统的社会计算能力和智能化水平，从而获得具有洞察力和新价值的东西，甚至类似于人类的“智慧”。

思考题

1．计算思维是随着计算机的出现而产生的还是早已存在于人类思维模式中？举例阐述。

2．如何理解计算思维的发展？

3．新时代计算的特征是什么？结合自身专业，谈谈你对计算思维的理解。

4．请阅读下面故事，运用本章所学知识，回答问题。

这是印度的一个古老传说：古代有一位国王爱上了一种称为“象棋”的游戏，决定嘉奖此项游戏的发明者西萨·班·达依尔，他把西萨·班·达依尔召入宫中并且当众宣布要满足他的一个愿望。

“陛下，我深感荣幸。”发明者西萨·班·达依尔跪在国王面前说，“陛下，请您在这张棋盘的第一个小格内，赏给我一粒麦子，在第二个小格内给两粒，第三格内给四粒，照这样下去，每一小格内都比前一小格加一倍。陛下，这样把摆满棋盘上所有 64 格的麦粒，都赏给您的仆人吧！这就是我的愿望。”

国王很高兴，心想：“如此廉价便可以换得这么好的游戏。”于是国王说道：“爱卿，你所求的并不多啊，你当然会如愿以偿的。”

国王大声说："把棋盘拿出来，让在座的各位目睹我们的决定。"

王宫的人都聚集到棋盘边，一袋又一袋的麦子被扛到国王面前来。

请你用计算思维的方法，帮国王算一下，摆满棋盘共需要多少粒麦子。谈谈背后的计算思维是怎样的？

第 2 章　计算机中的 0 和 1

要用计算机来解决问题，就需要将现实世界中的信息在计算机中表示出来。信息的表现形式多种多样，有数字、文字、符号、图像、音频、视频等。这些信息在计算机中都采用二进制形式进行表示和处理，也就是说，计算机中处理的信息都是基于 0 和 1 的信息，数据进入计算机中都需要进行 0 和 1 的编码转换。0 和 1 是连接计算机软件与硬件的纽带，是各种计算自动化的基础，利用 0 和 1 可将各种计算统一为逻辑运算。

2.1　计算机中为什么是 0 和 1

计算机能处理数字、字符、图像和声音等信息，但无论哪一种信息，必须转换成 0 和 1 的二进制数据后，才能在计算机中进行存储和处理。那为什么计算机中的一切都是基于 0 和 1 的呢？

2.1.1　0 和 1 的追溯

人类思维的基础是逻辑，计算机的基础也是“逻辑”，二者有着天然的联系，逻辑中的“真”与“假”和计算学科中的 0 与 1 也是天然联系在一起的。因此，“计算机”的思维可以被认为是基于逻辑的思维，其也是典型的符号化计算化的实例。

生活中处处体现着逻辑。逻辑是指事物因果之间所遵循的规律，是现实中普遍适用的思维方式。逻辑的基本表现形式是命题和推理，命题由语句表达，即由一条语句表达的内容为“真”或“假”的判断，推理为依据简单命题的判断推导出复杂命题的判断结论的过程。

例如：

命题 1：“小明喜欢踢足球”。

命题 2：“小明不喜欢看电影”。

命题 3：“小明喜欢踢足球”并且“小明不喜欢看电影”。

这里由命题 1 和命题 2 判断出命题 3 的过程就是推理。

命题和推理可以符号化。符号化是一种抽象过程，这种抽象是有层次的，符号化及其计算最基本的有两个层次：一是自然、社会问题的符号化结果用字母、符号及其组合表达，所有的计算都是针对字母、符号的计算。例如，用数学符号表达，然后进行数学计算，或者用中文或英文自然语言表达。二是将字母、符号表达为 0 和 1，所有的计算都是基于 0 和 1 的

计算。基于字母、符号的各种计算最终都转换为基于 0 和 1 的计算予以实现。当转换为 0 和 1 后，也就都可以被机器自动计算，当前的电子计算机基本都是基于 0 和 1 计算的机器。

最早提出二进制（0 和 1）思想的是德国数学家莱布尼茨，他详细提出了二进制及二进制的运算规则，为现代科学技术的发展奠定了基础。但是他的想法最早可能来源于东方中国。老子说，“道生一，一生二，二生三，三生万物，万物负阴而抱阳，冲气以为和”，这句话的意思就是利用阴阳创造外物的基本思想与过程，而计算机中的二进制（0 和 1）也可以表示所有的数据。同时，中国古代的太极图形象化地表达了阴阳轮转，相反相成是万物生成变化根源的哲理；而计算机中的二进制也形象地描述了事物矛盾对立及相互转换的两面（0 和 1），如图 2-1 所示。

由太极图衍生出来的八卦图则进一步阐述了二进制原理，如图 2-2 所示。太极生两仪，两仪生四象，四象生八卦。两仪就是阴、阳，对应数字 0 和 1（二进制、十进制都是）。然后两仪生四象，四象分别对应的二进制数是 00、01、10、11，这组二进制数换算成十进制数分别是 0、1、2、3，看到四象顺序的和谐之美了吧！然后我们再看看八卦，八卦即坤（kūn）、艮（gèn）、坎（kǎn）、巽（xùn）、震（zhèn）、离（lí）、兑（duì）、乾（qián）分别对应的二进制数是 000、001、010、011、100、101、110、111，同样把这组二进制数换算成十进制数分别是 0、1、2、3、4、5、6、7。莱布尼茨等人正是在学习中国古代哲学中的八卦图后，提出了二进制的表示和运算。由此，我们感受到了祖先的智慧，在二进制没出现之前，八卦的和谐之美就已经奠定了。

图 2-1　二进制与太极图

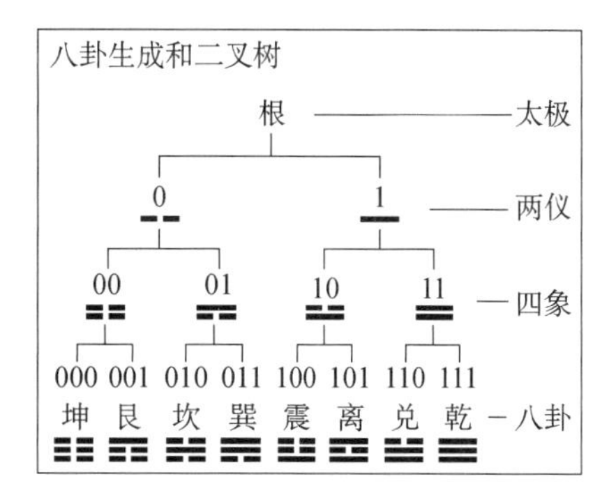

图 2-2　八卦与二进制

2.1.2　计算机选择了 0 和 1

我们日常生活中习惯使用十进制数，而计算机内部的信息都是用二进制数来表示的，这主要有以下几方面的原因。

① 容易实现：具有两个稳定状态的电子元器件比较多，如晶体管的导通和截止、开关的开和关、电位的高和低等，这两种状态正好表示成二进制的两个数码 0 和 1。

② 工作更可靠：两个状态代表的两个数码在数字传输和处理中不容易出错，因此电路更加可靠。

③ 运算简单：二进制运算应用逻辑代数，运算法则简单，降低了硬件成本，也有利于提高运算速度。

④ 更强的逻辑性：二进制不仅能进行算术运算还能进行逻辑运算。二进制的 0 和 1 与

逻辑量"假"和"真"相对应，便于计算机进行逻辑判别和逻辑运算。

二进制是计算机科学中的一个重要概念，现代计算机所采用的冯·诺依曼体系结构，其要点之一就是使用二进制来表示数据和指令，因此对二进制的学习不仅有助于更好地掌握计算机工作原理，同时还能提升对于信息世界及其运作机制的理解。二进制有 0 和 1 两种状态，这个特点保障了计算机系统设计和实现的可行性、简易性和可靠性，如物理的高低电平、校验码纠错等；同时，0 和 1 的二元状态又对应着逻辑上的"对与错、真与假"，这成为二进制描述现实和问题求解的关键。在二进制中，0 和 1 可以用来表示矛盾中的对立点，而 0 和 1 的组合（二进制序列）则可以表示矛盾之间的关联，然后通过约简、仿真、递归等多种手段来模拟演变的过程，最后获取问题的解答。

2.1.3 0 和 1 的思维

有关使用 0 和 1 的思维来求解具体问题，我们选择经典的"狼羊菜过河"的问题。"狼羊菜过河"的问题描述如下：一农夫带一狼、一羊、一菜过河，小船每次只能载一物，当农夫离开时，狼会吃羊、羊会吃菜，那农夫该怎么做才能将所有货物完好无损地载过河呢？

此题采用二进制的思维方式，要注意的约束条件是，羊只有和农夫在一起时才不吃菜，类似的还有"狼吃羊"，只有当狼和农夫在一起时才不会吃羊。

我们假定起点（左岸）用 0 表示，终点（右岸）用 1 表示，然后将农夫、狼、羊、菜按此顺序用二进制序列表示，如 0000 表示全部在左岸，1101 表示农夫、狼、菜在右岸，羊在左岸等，那么原来的问题就转换为一个从 0000 出发，在约束条件的限定下，最终到达 1111（全部去了右岸）的路径选择问题，然后将这个二进制的演变过程转换为相应的现实描述，就能得到该问题的解，如表 2-1 所示的就是该问题其中的一个解。

表 2-1 "狼羊菜"问题的求解步骤

状态	行为描述	当前状态
0000	从左岸出发	起点，全部在左岸
1010	农夫带着羊去了右岸	狼和菜在左岸，农夫和羊在右岸
0010	农夫自己回了左岸	农夫、狼、菜在左岸，羊在右岸
1110	农夫带着狼去了右岸	菜在左岸，农夫、狼、羊在右岸
0100	农夫带着羊回了左岸	农夫、羊、菜在左岸，狼在右岸
1101	农夫带着菜去了右岸	羊在左岸，农夫、狼、菜在右岸
0101	农夫自己回了左岸	农夫和羊在左岸，狼和菜在右岸
1111	农夫带着羊去了右岸	终点，全部在右岸

如表 2-1 所述，问题求解的表格形式更贴近人们的日常习惯，但却不是计算机描述与求解问题的方式，我们可以进一步引入"树"的概念，将表格内容转化为二叉树状态图，如图 2-3 所示，完成算法的求解，最后利用程序代码完成对于问题的抽象及其符号描述，并使用计算机技术来进行自动化的求解。这样，就完成了整个基于计算思维的问题求解过程。

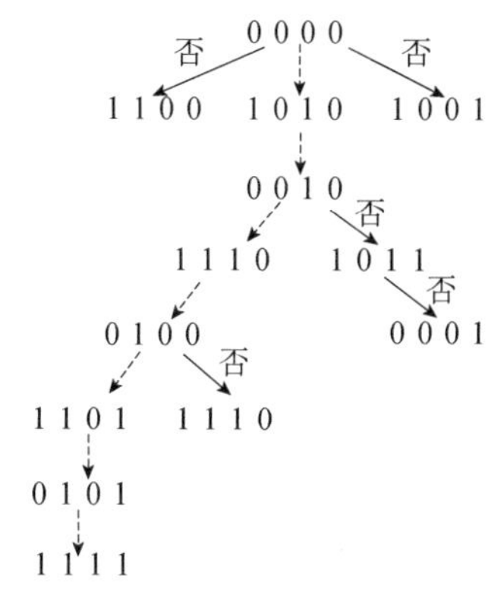

图 2-3　“狼羊菜”二叉树表示

用二进制的思维来解决“狼羊菜”问题比常规的十进制思维来解决要容易得多，这里的二进制和十进制都是一种数制。下面我们就来介绍常见的数制。

2.2　数制和数制的相互转换

数制即表示数的方法，按进位的原则进行计数的数制称为进位计数制，简称“数制”或“进制”。

我们日常生活中，习惯使用十进制数和十进制数的运算。计算机领域中一般使用二进制数。早先二进制的数据既不便书写也不易记忆，因此，人们常用书写起来比较容易的八进制数或十六进制数来描述机内的二进制数。

2.2.1　数制的有关概念

1. 数码

某种进位计数制中用来计数的符号，如十进制的数码有 0、1、2、3、4、5、6、7、8、9；二进制的数码有 0、1。

2. 基数

表示某种进位计数制的数码个数，如十进制基数为 10，二进制基数为 2。

3. 权

在进位计数制中，数码在不同的位置上有不同的值，确定数位上实际值所乘因子称为权。如十进制数 555，第一个 5 表示 $5\times10^2=500$，第二个 5 表示 $5\times10^1=50$，第三个 5 表示 $5\times10^0=5$，这里的 10^2、10^1、10^0 就表示十进制百位、十位、个位上的权。各位上的权值是对应进位计数制基数的相关幂次。

2.2.2 常用进位计数制

对于任何进位数制，如 R 进制，都有以下几个基本特点。

- 在 R 进制中，具有 R 个数字符号，它们是 0，1，2，…，(R−1)。
- 在 R 进制中，由低位到高位按“逢 R 进一”的规则计数，如十进制逢 10 进 1；二进制逢 2 进 1。
- R 进制的基数为 R。R 进制数第 i 位的权为 R^i，并约定整数最低位的位序号为 i=0。其余位序号为 i=n，n−1，…，2，1，0，−1，−2，…

1. 十进制

数码有 0、1、2、3、4、5、6、7、8、9，运算规则为“逢十进一，借一当十”，基是 10，各相邻位权的比值为 10，权的一般形式为 10^n（整数部分 n 取值 0，1，2，…；小数部分 n 取值−1，−2，…）。任何十进制数都可以按权展开表达。例如：

$12345.678=1\times10^4+2\times10^3+3\times10^2+4\times10^1+5\times10^0+6\times10^{-1}+7\times10^{-2}+8\times10^{-3}$

为了明确表示十进制数，也可以在数后加 D（D 是 Decimal 的首字母），或将数用小括号括起，在右下角标上基 10，如 12345.678D 或$(12345.678)_{10}$。

2. 二进制

数码有 0、1，运算规则为“逢二进一，借一当二”，基是 2，各相邻位权的比值为 2，权的一般形式为 2^n（整数部分 n 取值 0，1，2，…；小数部分 n 取值−1，−2，…）。任何二进制数都可以按权展开表达。例如：

$(11001.011)_2=1\times2^4+1\times2^3+1\times10^0+1\times2^{-2}+1\times2^{-3}$

表示二进制数时，可在数后加 B（B 是 Binary 的首字母），或将数用小括号括起，在右下角标上基 2，如 11001.011B 或$(11001.011)_2$。

3. 八进制

数码有 0、1、2、3、4、5、6、7，运算规则为“逢八进一，借一当八”，基是 8，各相邻位权的比值为 8，权的一般形式为 8^n。例如：

$(12345.671)_8=1\times8^4+2\times8^3+3\times8^2+4\times8^1+5\times8^0+6\times8^{-1}+7\times8^{-2}+1\times8^{-3}$

表示八进制数时，可在数后加 O（O 是 Octal 的首字母），或将数用小括号括起，在右下角标上基 8，如 12345.671O 或$(12345.671)_8$。

4. 十六进制

数码有 0、1、2、3、4、5、6、7、8、9、A、B、C、D、E、F（也可以是小写字母），其中 A，B，C，D，E，F 分别表示十进制数 10，11，12，13，14，15。运算规则为“逢十六进一，借一当十六”，基是 16，各相邻位权的比值为 16，权的一般形式为 16^n。例如：

$(FE12A.6BD)_{16}=15\times16^4+14\times17^3+1\times16^2+2\times16^1+10\times16^0+6\times16^{-1}+11\times16^{-2}+13\times16^{-3}$

表示十六进制数时，可在数后加 H（H 是 Hexadecimal 的首字母），或将数用小括号括起，在右下角标上基 16，如 FE12A.6BDH 或（FE12A.6BD）$_{16}$。

常用计数制比较如表 2-2 所示。

表 2-2　常用计数制的比较

进制	数码	基数	位权	计数规则
二进制	0 1	2	2^i	逢二进一
八进制	0 1 2 3 4 5 6 7	8	8^i	逢八进一
十进制	0 1 2 3 4 5 6 7 8 9	10	10^i	逢十进一
十六进制	0 1 2 3 4 5 6 7 8 9 A B C D E F	16	16^i	逢十六进一

2.2.3　数制的相互转换

由于计数方式的不同，同一个数在不同进制中的表示方式不同。例如，37D，100101B，45O，25H 均表示十进制数 37。某种进制的数可以转换成其他进制形式。

1. *R* 进制转换为十进制

这里的 *R* 进制代表的是二进制、八进制、十六进制。每种进制都有一个固定的基数 *R*，它们的每一个数位 *i*，对应一个固定的值 *R*，R_i 称为该位的“权”，各种进制只要将它按权展开后相加，即得到其对应的十进制数。因此，对于任意 *R* 进制数 *T* 转换成十进制数可表示为：

$$T = \sum i \times R^n$$

其中，*i* 表示一个数位；*R* 表示这种进制的基；*n* 表示数位 *i* 的序号，…，−2，−1，0，1，2，3，…。

例 2.1　将二进制数 $(11001.011)_2$ 转换成等值的十进制数。

$(11001.011)_2=1\times2^4+1\times2^3+1\times10^0+1\times2^{-2}+1\times2^{-3}$

$=16+8+1+0.25+0.125$

$=25.375$

例 2.2　将八进制数 $(123.4)_8$ 转换成等值的十进制数。

$(123.4)_8=1\times8^2+2\times8^1+3\times8^0+4\times8^{-1}$

$=64+16+3+0.5$

$=83.5$

例 2.3　将十六进制数 $(12A.6)_{16}$ 转换成等值的十进制数。

$(12A.6)_{16}=1\times16^2+2\times16^1+10\times16^0+6\times16^{-1}$

$=256+32+10+0.375$

$=298.375$

2. 十进制转换为 *R* 进制

将一个十进制数转换成二或八或十六进制数，整数部分和小数部分转换方法不同。

整数部分的转换规则：整数部分的转换方法为除以基数（2、8、16）取余法，将此十进制数整数部分除以基数取余数，最先取得的余数为转换后的最低位，商再除以基数取余数，一直到商为 0，最后得到的余数是转换后的最高位，即余数从下往上排列就是转换后的结果。

小数部分的转换规则：小数部分采用乘以基数取整法，将此十进制小数部分乘以基数取它的整数部分，依次写在小数部分的右边，再将结果小数部分乘以基数取结果的整数部分，一直到小数部分为 0 或者达到所要求的精度为止。

例 2.4 将十进制数$(37.375)_{10}$转换成等值的二进制数。

得到：$(37)_{10}=(100101)_2$，$(0.375)_{10}=(0.011)_2$，则$(37.375)_{10}=(100101.011)_2$。

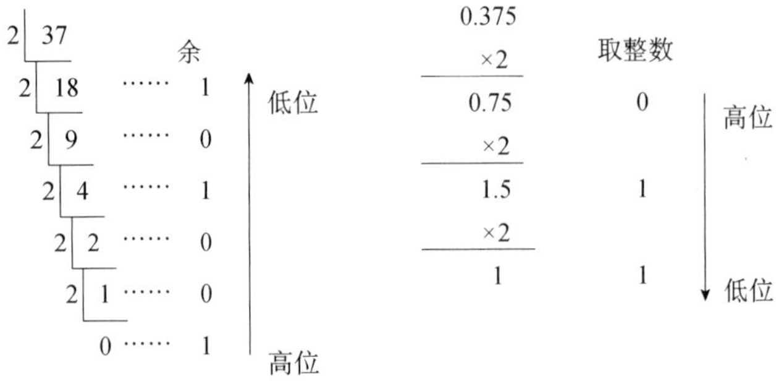

例 2.5 将十进制数$(75.375)_{10}$转换成等值的十六进制数。

得到：$(75)_{10}=(4B)_{16}$，$(0.375)_{10}=(0.6)_{16}$，则$(75.375)_{10}=(4B.6)_{16}$。

16 | 75　　余
16 | 4 …… 11　低位
0 …… 4　高位

0.375
×16
6　　取整数 6

3. 二进制和八、十六进制的相互转换

因为 $2^3=8$、$2^4=16$，即八进制基 8 是二进制基 2 的 3 次幂、十六进制基 16 是二进制基的 4 次幂，3 位二进制数可以表示 0～7 这 8 个数码，4 位二进制数可以表示 0～9、A～F 这 16 个数码，即 3 位二进制数可以用 1 位八进制数表示，4 位二进制数可以用 1 位十六进制数表示。所以二、八、十六进制间的相互转换很简单。二进制数和八进制数的转换表，如表 2-3 所示，二进制数和十六进制数的转换表，如表 2-4 所示。

表 2-3 二进制数和八进制数的转换表

二进制	八进制	二进制	八进制	二进制	八进制	二进制	八进制
000	0	001	1	010	2	011	3
100	4	101	5	110	6	111	7

表 2-4 二进制数和十六进制数的转换表

二进制	十六进制	二进制	十六进制	二进制	十六进制	二进制	十六进制
0000	0	0001	1	0010	2	0011	3
1000	4	0101	5	0110	6	0111	7
1000	8	1001	9	1010	A	1011	B
1100	C	1101	D	1110	E	1111	F

将二进制数转换成八进制数的方法是，从小数点开始，往左和往右分别 3 位一组分组，两端不足 3 位的以 0 补足 3 位（左边补在前面，右边补在后面），将每组二进制数码转换成 1 位八进制数即可。

将二进制数转换成十六进制数的方法是，从小数点开始，往左和往右分别 4 位一组分组，两端不足 4 位的以 0 补足 4 位，将每组二进制数码转换成 1 位十六进制数即可。

将八进制数转换成二进制数的方法是，将每位八进制数码写成 3 位二进制数；将十六进制数转换成二进制数的方法是，将每位十六进制数码写成 4 位二进制数，整数部分最左边的 0 和小数部分最右边的 0 无意义不用写出来。

例 2.6　将二进制数 $(11101101111.100111)_2$ 分别转换成等值的八进制数和十六进制数。

解：$(11101101111.100111)_2=(76F.9C)_{16}$

$(11101101111.100111)_2=(3557.47)_8$

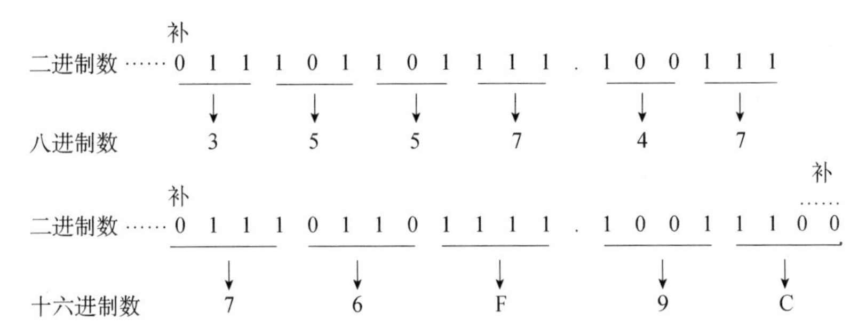

2.3　0 和 1 的运算

由于计算机内数据和指令的存储与处理都是由晶体管和门电路等元件完成的，而这些元件实际上都只能表达出两种状态：开和关或高电平和低电平，这也是唯一能真正被计算机所“理解”的两个东西。这种特性正好与二进制的理念不谋而合，因此二进制就理所当然地成为了计算机的基础计数法，人们一般用 1 代表晶体管的“开”状态，0 代表“关”的状态。计算机的一系列理论和结构进化都是基于二进制进行的。二进制可以进行的运算主要有算术运算和逻辑运算。

2.3.1　逻辑运算

二进制数 1 和 0 在逻辑上可以代表“真”与“假”、“是”与“否”、“有”与“无”。这种具有逻辑属性的变量就称为逻辑变量。

逻辑运算主要包括三种基本运算即逻辑或（OR）运算、逻辑与（AND）运算和逻辑非（NOT）运算。此外，异或（XOR）运算也很有用。

逻辑与也称为逻辑乘，可以用“AND”“∧”“×”表示；逻辑或也称为逻辑加，可以用“OR”“∨”“+”表示，逻辑非也叫作取反，表示逻辑上的否定，它只能对一个逻辑量进行运算，可以用“NOT”或者在逻辑变量上加上短横线，如 $\bar{A}$。把逻辑变量的各种可能组合和对应的运算结果列成表格，这种表格称为真值表。表 2-5 是 4 种常见逻辑运算的真值表。

表 2-5　逻辑运算的真值表

A	*B*	*A* AND *B*	*A* OR *B*	NOT *A*	*A* XOR *B*
0	0	0	0	1	0
0	1	0	1	1	1
1	0	0	1	0	1
1	1	1	1	0	0

逻辑与运算类似于照明用的串联电路，如图 2-4（a）所示，只有当 A 和 B 两个开关同时接通时（值都为 1），灯 F 才会亮（值为 1）。逻辑或运算相当于照明的并联电路，如图 2-4（b）所示，开关 A 或 B 中只要有一个或一个以上接通时（至少有一个 1），灯 F 就会亮（值为 1）。逻辑非运算就是取 A 的相反值，如图 2-4（c）所示，当开关 A 接通时（值为 1），灯 F 不亮（值为 0）；当开关 A 断开时（值为 0），灯 F 亮（值为 1）。

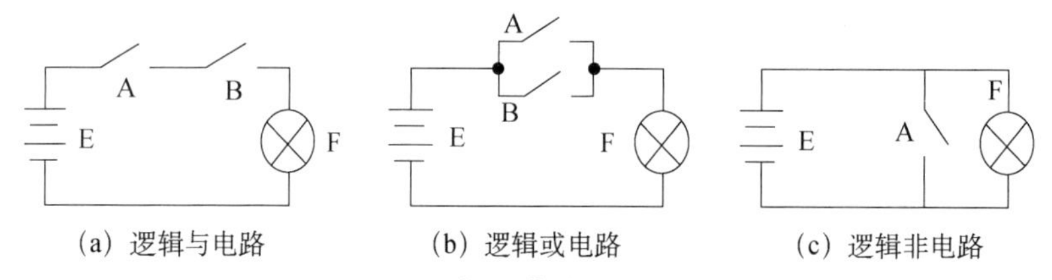

图 2-4　逻辑运算的开关电路图

2.3.2　算术运算

二进制数的算术运算包括加法、减法、乘法和除法等。

计算机的算术运算和逻辑运算的主要区别是：逻辑运算是按位进行的，位与位之间不像加减运算那样有进位或借位的联系。算术运算的运算规则，如表 2-6 所示。

表 2-6　算术运算的运算规则

运算类型	加法	减法	乘法	除法
运算规则	逢二进一	借一当二		
具体规则	0+0=0 0+1=1 1+0=1 1+1=10（向高位进位）	0−0=0 1−1=0 1−0=1 0−1=1（向高位借位）	0×0=0 0×1=0 1×0=0 1×1=1	0÷1=0 1÷1=1

二进制的加法运算规则是可以由逻辑运算来实现的。假设某一位被加数 A_i，加数 B_i，低位向本位的进位为 C_i，相加的和为 S_i，本位相加后向高位的进位为 C_{i+1}。

如果不考虑 C_i，则 A_i 加 B_i 的和 S_i 可以用逻辑“异或 XOR”来实现：

$$S_i=A_i\ \text{XOR}\ B_i$$

如果考虑进位 C_i，则和 S_i 与进位 C_{i+1} 的产生规则如下：

$$S_i=(A_i\ \text{XOR}\ B_i)\ \text{XOR}\ C_i$$

$$C_{i+1}=((A_i\ \text{XOR}\ B_i)\ \text{AND}\ C_i)\ \text{OR}\ (A_i\ \text{AND}\ B_i)$$

利用补码，减法可由加法来实现，且符号可参与计算。有关的补码的内容将在后面介绍。

例如：

$$(A-B)_{补}=(A)_{补}+(-B)_{补}$$

除此之外，二进制的乘法和除法运算也可以通过加法和减法运算来实现，而加法运算又可以由逻辑运算来实现。因此，如何利用基本电路实现 0 和 1 的逻辑运算并进一步实现 0 和 1 的算术运算是我们接下去要讲的重点。

2.4 0 和 1 的电路实现

前面已指出，计算机各部分主要由电子开关电路组成，这些电路主要有两种稳定状态：开或关、高电平或低电平。若用 1 表示高电平或开关的开状态，用 0 表示低电平或开关的关状态，便可以利用这些电路实现逻辑运算或算术运算。下面就介绍常见的一些逻辑电路及它们组成的一些其他运算部件。

2.4.1 基本逻辑电路

逻辑电路是一种数字信号的传递和处理，以二进制为原理实现数字信号逻辑运算和操作的电路。用二极管、三极管等基本电子元器件可实现基本逻辑运算的电路，如图 2-5～图 2-7 所示。*A*、*B* 点为输入，*F* 点为输出，这些电路被封装成集成电路（芯片），即所谓的门电路。

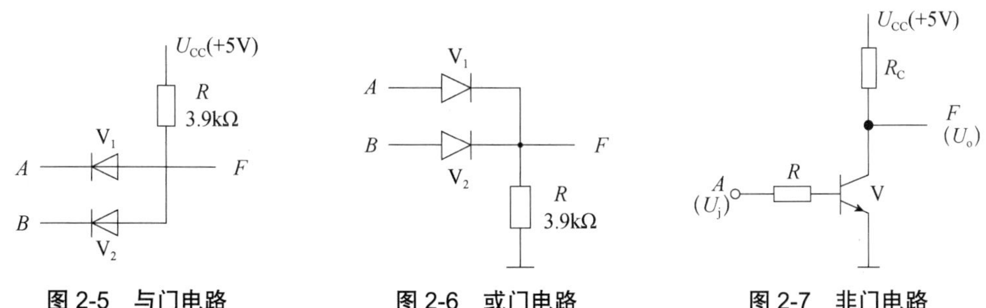

图 2-5 与门电路　　图 2-6 或门电路　　图 2-7 非门电路

基本逻辑门电路包括“与门”电路、“或门”电路、“非门”电路和“异或门”电路等。与门、或门、非门等门电路是构造计算机或数字电路的基本元器件，实现的是基本的逻辑运算。利用这些门电路，可以构造更为复杂的数字电路，从而实现更复杂的逻辑运算和算术运算等。

门电路可以用一些矩形框和其他符号表达，如图 2-8 所示。书写“&”表示“与门”，书写“≥1”表示“或门”，书写“1”并后带小圆圈表示“非门”，书写“=1”表示“异或门”等。门电路矩形左侧的连线表示输入，右侧的连线表示输出。

非门：利用内部结构，使输入的电平变成相反的电平，高电平（1）变低电平（0），低电平（0）变高电平（1）。

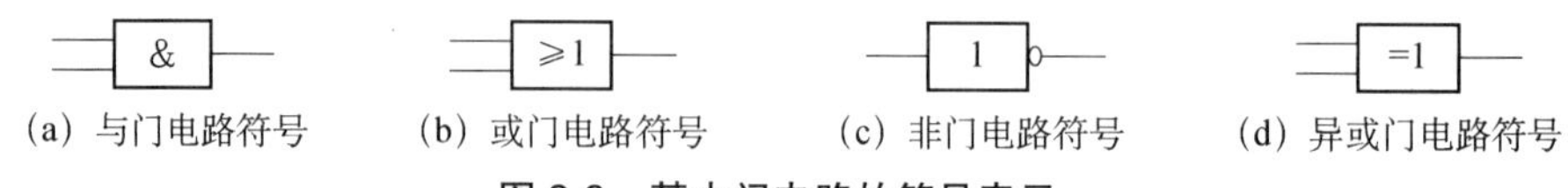

图 2-8　基本门电路的符号表示

与门：利用内部结构，使输入两个高电平（1），输出高电平（1），若输入不满足有两个高电平（1）则输出低电平（0）。

或门：利用内部结构，使输入至少有一个输入高电平（1），则输出高电平（1），若不满足，即输入为两个低电平（0），则输出低电平（0）。

异或门：当输入端同时处于低电平（0）或高电平（1）时，输出端输出低电平（0），当输入端一个为高电平（1），另一个为低电平（0）时，输出端输出高电平（1）。

2.4.2　基本逻辑部件

进一步地，我们来看如何利用基本门电路实现加法器等复杂的电路。前面已经说到，二进制的算术运算可以通过逻辑运算实现，而逻辑运算又可以通过基本的门电路实现。如图 2-9 所示，用两个异或门、一个与或非门和一个非门就可以构造出一个一位的加法器。

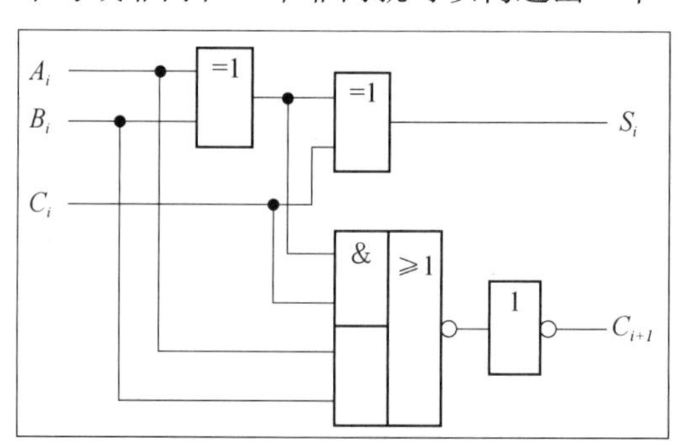

图 2-9　1 位加法器的实现

这里的一个与或非门和一个非门组成的运算，就是一个与或运算，我们没有直接使用与或运算，原因是在实际制造过程中，“与或非门”的使用效率更高且成本更低，商家更愿意制造与或非门。

如图 2-10 所示，用 3 个一位加法器构造了一个 3 位加法器。3 个芯片分别用作第 1 位的加法、第 2 位的加法和第 3 位的加法，每一个芯片都有 3 个输入线，即“加数”输入线、“被加数”输入线和“进位”输入线，有两个输出线，即“和”输出线和“进位”输出线。连接时，按照进位关系，只需将低位芯片产生的进位输出线，与高位芯片的进位输入线相连，以此类推，最终可以得到 *N* 位的进位加法器。

由于二进制数之间的算术运算，无论是加、减、乘、除，都可以转换为若干步的加法运算来进行。有了加法器，再通过“程序”组合加法的实现步骤，便可构造出能够进行复杂算术运算的机器。进一步地，将验证正确的复杂电路封装成集成电路（芯片），该芯片就可用于更复杂电路的构造。

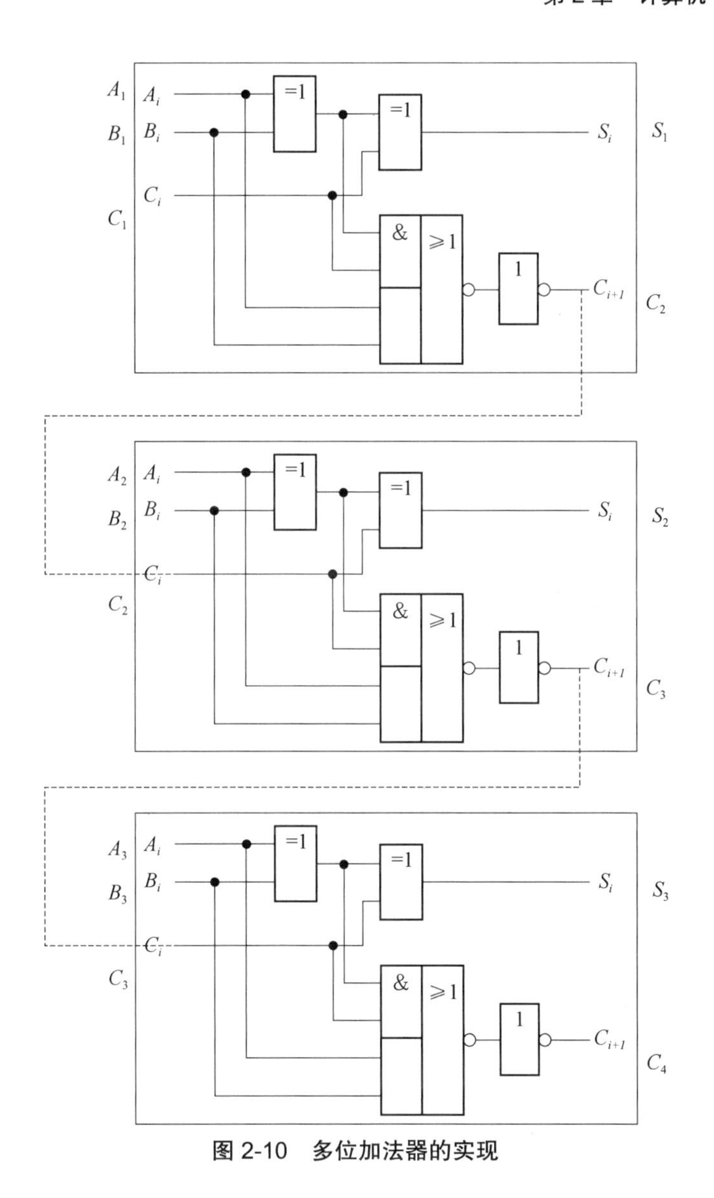

图 2-10　多位加法器的实现

2.5　0 和 1 信息呈现

计算机中的信息，虽然都是用二进制代码表示的，但它有多种表现形式，如数值、字符、音频、视频、图像与图形数据等。下面分别介绍这几种信息形式在计算机中是如何用二进制代码表示的。

2.5.1　数值信息呈现

数值数据在计算机中以符号位数值化方式存储在计算机中，数值的正、负号分别用 0 和

1 表示，0 表示正数，1 表示负数；另外，小数点的表示总隐含在某一位置上（称为定点数）或可以任意浮动（称为浮点数），小数点不占用数位。

例如，在一个 8 位字长的计算中，正整数和负整数的格式如图 2-11 和图 2-12 所示。

D_7	D_6	D_5	D_4	D_3	D_2	D_1	D_0
0							

图 2-11　正整数的格式

D_7	D_6	D_5	D_4	D_3	D_2	D_1	D_0
1							

图 2-12　负整数的格式

最高位 D_7 为符号位，D_6～D_0 为数值位。这种把符号位数字化，并和数值位一起编码的方法，很好地解决了带符号位数的表示方法及其计算问题。

1. 整数的表示

整数通常有原码、反码、补码三种编码方法。由于补码运算规则统一、简单，在数值有效范围内，符号位与数值位一样参加运算，所以计算机系统中大多用补码表示整数。

正整数的原码、反码、补码相同，最高位为符号位，值为 0，其他位是数值位。负整数三种编码表示方式不相同，我们以一个字节（8 位）表示一个整数为例，介绍负整数的原码、反码和补码的计算方法。

（1）负数原码：最高位为符号位，值为 1，其他位是数值位，存放负整数绝对值的二进制形式，如$[-39]_{原}$=10100111，$[-1]_{原}$=10000001。

在参加运算时必须确定运算数的符号位及数值才能确定结果符号及结果值，所以处理起来比较麻烦，不便于运算。

（2）负数反码：最高位为符号位，值为 1，数值位是原码的数值位按位求反，如$[-39]_{反}$=11011000，$[-1]_{反}$=11111110。反码运算不方便，也不实用。

（3）负数补码：最高位为符号位，值为 1，数值位是原码的数值位按位求反再加 1，即反码加 1，如$[-39]_{补}$=11011001，$[-1]_{反}$=11111111。利用补码，减法可由加法来实现，且符号可参与计算。

例 2.7　利用补码来计算 2−1 的值。

答：$2-1=2_{补}+(-1)_{补}=1$，计算方法如图 2-13 所示。

```
2 的补码         00000010
−1 的补码      + 11111111
               ----------
               [1] 00000001
                ↑
               进位
```

图 2-13　用补码计算 2-1

进位 1 被舍去，运算结果为 00000001，符号为 0，即为正数，由于正数的补码和原码相同，所以 00000001 结果就是 1。

2. 小数的表示

机器中的小数有定点数和浮点数两种表示方法。这是由于在计算机内部难以表示小数点。故小数点的位置是隐含的，隐含小数点位置可以是固定的，也可以是浮动的，前者表示形式称为“定点数”，后者表示形式称为“浮点数”。

（1）定点数

定点数是小数点位置固定的数，在计算机中没有设置专门表示小数点的数位，小数点的位置是约定默认的，有两种约定，一是固定在机器数（数在计算机中的表示）的最低位之后（称为定点纯整数），用于表示整数；二是固定在符号位之后，数值位之前（称为定点纯小数），用于表示小于 1 的纯小数。

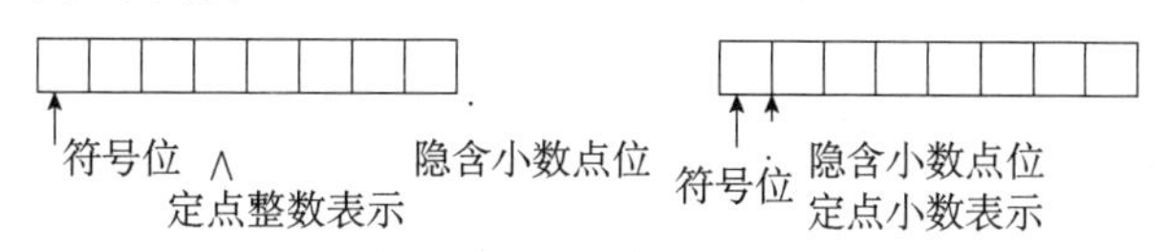

图 2-14　定点数格式

定点数表示法简单直观，但是表示的数值范围受表示数据的字长限制，运算时容易产生溢出。

（2）浮点数

浮点数是小数点的位置可以变动的数，类似于十进制中的科学计数法。在计算机中通常把浮点数分成阶码和尾数两部分来表示，其中阶码一般用补码定点整数表示，尾数一般用补码或原码定点小数表示。为保证不损失有效数字，对尾数进行规格化处理，也就是平时所说的科学计数法，即保证尾数的小数点后第一位不为 0，实际数值通过阶码进行调整。

例如，十进制数 12345.6789，可以表示成 1.23456789×10^4，其中 4 是阶码，1.23456789 是尾数，也可以表示成 0.00123456789×10^7 及 1234567.89×10^{-2} 等，为了便于小数点的表示，规定用规格化方式表示，即表示为 0.123456789×10^5。

同样，二进制浮点数在计算机中也用规格化的方式表示，例如，

$1100101.011=0.1100101011\times2^{111}$，$-0.0000101101=-0.101101\times2^{-100}$

一般浮点数在机器中的格式为：

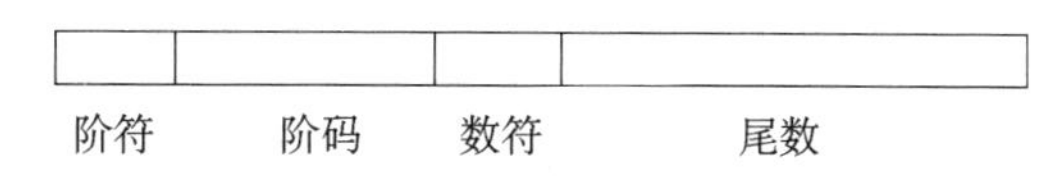

其中，阶符表示指数的符号位，阶码表示幂次，数符表示尾数的符号位，尾数表示规格化后的小数值。

$$N=\text{尾数}\times\text{基数}^{\text{阶码}}$$

例如，二进制数 -1001110110.101011 可以写成 $-0.1001110110101011\times2^{1010}$。

以 32 位表示一个浮点数为例，若规定用阶码 8 位，尾数 24 位表示，则这个数在机器中的格式为

0	0001010	1	10011101101010110000000

浮点数表示数的范围大，精度高，但运算规则比定点数复杂。

2.5.2　文本信息呈现

文本信息由字符组成，如英文字符（英文字母、数字字符及各种符号）、中文字符等。由于计算机内部只能识别和处理二进制代码，所以在计算机中字符必须按照一定的规则用一组二进制编码来表示。编码就是用若干二进制位来标识字符的，编码所采用的二进制位数由

所表示字符集合中的字符总数决定，各字符所采用的编码唯一表示某一字符，不能重复，否则字符无法标识，就如同职工在企业中有一个工号、学生在班级里有一个学号来表示一样。

英文字符和中文字符，由于表示形式及使用场合的不同，具有不同的编码方法。下面简单介绍几种常用的编码方式。

1. ASCII 码

ASCII 码（American Standard Code for Information Interchange，美国标准信息交换码），是由美国国家标准局提出的一种信息交换标准代码，是目前计算机中使用最广泛的英文字符编码。它采用 7 位二进制编码，有 0～127 即 128 个编码，可表示 128 个字符，如表 2-7 所示。

表 2-7　ASCII 字符编码表

<table>
<tr><td rowspan="2">$b_3\ b_2\ b_1\ b_0$</td><td colspan="8">$b_6\ b_5\ b_4$</td></tr>
<tr><td>000</td><td>001</td><td>010</td><td>011</td><td>100</td><td>101</td><td>110</td><td>111</td></tr>
<tr><td>0000</td><td>NUL</td><td>DLE</td><td>SP</td><td>0</td><td>@</td><td>P</td><td>`</td><td>p</td></tr>
<tr><td>0001</td><td>SOH</td><td>DC1</td><td>!</td><td>1</td><td>A</td><td>Q</td><td>a</td><td>q</td></tr>
<tr><td>0010</td><td>STX</td><td>DC2</td><td>"</td><td>2</td><td>B</td><td>R</td><td>b</td><td>r</td></tr>
<tr><td>0011</td><td>ETX</td><td>DC3</td><td>#</td><td>3</td><td>C</td><td>S</td><td>c</td><td>s</td></tr>
<tr><td>0100</td><td>EOT</td><td>DC4</td><td>$</td><td>4</td><td>D</td><td>T</td><td>d</td><td>t</td></tr>
<tr><td>0101</td><td>ENQ</td><td>NAK</td><td>%</td><td>5</td><td>E</td><td>U</td><td>e</td><td>u</td></tr>
<tr><td>0110</td><td>ACK</td><td>SYN</td><td>&</td><td>6</td><td>F</td><td>V</td><td>f</td><td>v</td></tr>
<tr><td>0111</td><td>BEL</td><td>ETB</td><td>'</td><td>7</td><td>G</td><td>W</td><td>g</td><td>w</td></tr>
<tr><td>1000</td><td>BS</td><td>CAN</td><td>(</td><td>8</td><td>H</td><td>X</td><td>h</td><td>x</td></tr>
<tr><td>1001</td><td>HT</td><td>EM</td><td>)</td><td>9</td><td>I</td><td>Y</td><td>i</td><td>y</td></tr>
<tr><td>1010</td><td>LF</td><td>SUB</td><td>*</td><td>:</td><td>J</td><td>Z</td><td>j</td><td>z</td></tr>
<tr><td>1011</td><td>VT</td><td>ESC</td><td>+</td><td>;</td><td>K</td><td>[</td><td>k</td><td>{</td></tr>
<tr><td>1100</td><td>FF</td><td>FS</td><td>,</td><td><</td><td>L</td><td>\</td><td>l</td><td>|</td></tr>
<tr><td>1101</td><td>CR</td><td>GS</td><td>-</td><td>=</td><td>M</td><td>]</td><td>m</td><td>}</td></tr>
<tr><td>1110</td><td>SO</td><td>RS</td><td>.</td><td>></td><td>N</td><td>^</td><td>n</td><td>～</td></tr>
<tr><td>1111</td><td>SI</td><td>US</td><td>/</td><td>?</td><td>O</td><td>_</td><td>o</td><td>DEL</td></tr>
</table>

7 位编码 b_6 为最高位，b_0 为最低位，从表中可以看出，十进制编码值为 0～32 和 127 的是控制字符，不可打印，其余 94 个是普通字符，有具体字形，可打印。0～9、A～Z、a～z 的编码是顺序排列的，数字字符“0”的编码为十进制数 48，则“1”的编码为 49；英文字符“A”的编码为十进制数 65，则“B”的编码为 66；英文字符“a”的编码为十进制数 97，则“b”的编码为 98；小写字母比相同大写字母的编码大 32，转换非常方便。

计算机存储分配的基本单位为字节（8 位二进制数），计算机中实际上用一个字节（8 位）表示一个字符，最高位用“0”填充。

在大型机中，西文字符常采用另一种 EBCDIC 码（Extended Binary Coded Decimal Interchange Code，扩展的二—十进制交换码）。EBCDIC 码采用 8 位二进制编码，选用 256

个编码中的一部分。

2. 汉字编码

英文是拼音文字，所有字由 26 个字母拼组而成，加上数字及其他符号，采用 128 个编码就能满足处理上的需要，编码简单，在计算机系统中，输入、处理、存储都可以用同一种编码，而中文是象形文字，数量大、字形复杂、同音字多、异体字也多，若一字一码，则 5000 个汉字要 5000 种编码才能区分，汉字编码要比 ASCII 码复杂得多。在输入、内部的存储与处理、输出时，为了确切地表示汉字及方便处理，要采用不同的编码，计算机汉字处理系统在处理汉字时，不同环节采用不同的编码，这些不同编码根据使用要求要相互转换。汉字信息处理过程如图 2-15 所示。

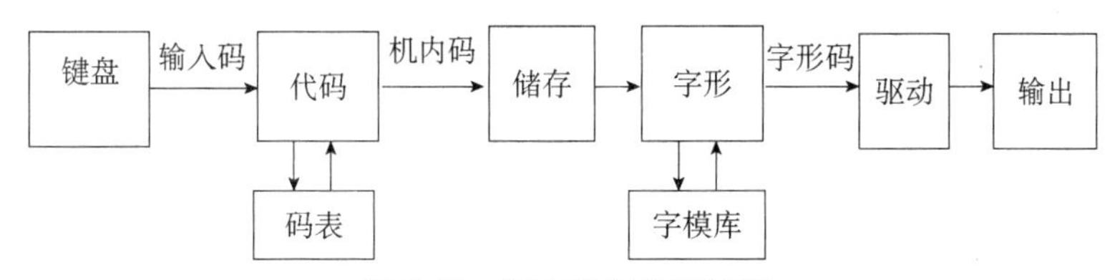

图 2-15　汉字信息处理过程

（1）汉字输入码

汉字输入码就是用键盘输入汉字的编码，也叫外码，是用户向计算机输入汉字的手段。汉字不能像西文字符一样可以直接通过键盘按键输入，汉字必须依靠键盘上按键的组合（即编码）来输入。目前汉字输入码有几百种，但常用的约为十几种，按输入码编码的主要依据，大体可分为顺序码、音码、形码、音形码四类，各种输入法对同一汉字的编码不相同，输入码也称为“外码”。在有的输入法中，一个“外码”与多个汉字对应，称为“重码”，在汉字输入时，要在重码中选择，速度慢。

为了提高汉字录入速度，目前提供了很多智能化的输入方法，如语音输入、笔输入、扫描输入。

（2）汉字机内码

汉字机内码是为在计算机内部对汉字进行存储、处理和传输而编制的汉字代码，也叫内部码，简称内码。

当我们将一个汉字用汉字的外码输入计算机后，就通过汉字系统转换为内码，然后才能在机器内流动、处理和存储。每一个汉字的外码可以有多种，但内码只有一个。

①GB2312—80。与英文字符编码一样，为了使计算机能处理汉字，需要对汉字进行编码。我国国家标准局于 1981 年 5 月颁布了《信息交换用汉字编码字符集——基本集》，代号为 GB2312—80，是中文信息处理的国家标准，简称国标码。国标码的编码原则为以 94 个可显示的 ASCII 码字符为基集，采用双字节对汉字和符号进行编码，即用连续的两个字节表示一个汉字的编码，并把每个字节的最高二进制位置为“1”，每个字节取 ASCII 码中可打印字符的编码 33～126（即 21H～7EH）。为了便于编码，GB2312—80 将所有的国标汉字与符号组成一个 94×94 的矩阵。矩阵中的每一行称为一个“区”，每一列称为一个“位”。因此共有 94 个区（区号：01～94），每区 94 个位（位号：01～94），将区号和位号连在一起就构成了区位码，区号和位号各加 32（20H）就是国标码。例如，“中”的区位码为 5448（3630H），所以，“中”的国标码为 8680（5650H）。

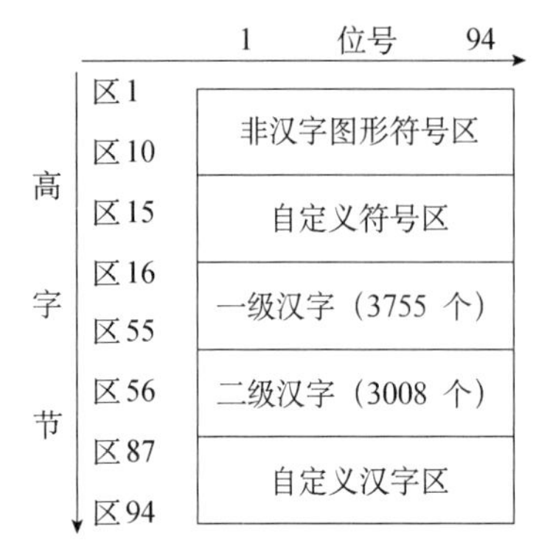

图 2-16　GB2312—80 区位分布情况

GB2312—80 中收录了 6763 个常用汉字，按照使用频度分成两级，其中一级汉字有 3755 个，按拼音字母顺序排列；二级汉字有 3008 个，按偏旁部首排列。另外还收录了各种符号 682 个，合计 7445 个。图 2-16 显示了 GB2312—80 区位分布情况。

汉字在计算机中都是以机内码表示的，机内码指在计算机内部进行存储、传递和运算所使用的编码。英文信息的机内码即为 ASCII 码。由于国标码起源于 ASCII 码，若机内码直接采用国标码，则汉字与西文会混淆，无法混合使用。常用的方法是在国标码的基础上变形，将国标码的两个字节的最高位均由 0 改为 1，其余 7 位不变，即每个字节都加上 128（80H），这样就将一个汉字与两个连续的 ASCII 字符区分开来。例如，已知“中”的国标码为 5650H，则“中”的机内码为 5650H+8080H= D6D0H。

② 其他汉字编码。因为 GB2312—80 只能处理 6763 个常用汉字，无法表示一些冷僻汉字，国家信息技术标准化技术委员会于 1995 年发布了扩充后的汉字编码方案 GBK。GBK 完全与 GB2312 编码兼容，除了 GB2312 中的全部汉字和符号之外，还收录了包括繁体字在内的 21003 个汉字和 883 个图形符号。

为了实现全世界不同文字的统一编码，国际标准化组织 ISO（International Organization for Standardization）编写了一套容纳全世界所有语言文字的字符编码方案 Unicode，用数字 0～0x10FFFF 来映射所有的字符（最多可以容纳 1114112 个字符编码的信息），其中收录了 27786 个汉字。

进入 21 世纪，我国又颁布了 GB1803 汉字编码国家标准，该标准不仅全面兼容 GB2312 和 GBK，也全面接轨国际字符标准 Unicode。

③ 汉字字形码。汉字在显示和打印时必须将在计算机内表示的机内码转换成字形码，以汉字形状输出。计算机必须存储每个字符的形状信息，这种信息称为字的模型，简称“字模”，所有汉字和各种符号的字模构成了“字模库”，简称“字库”。

汉字输出时，由字形检索程序，找到字库中与机内码对应的字形信息的地址，从字库中检索出该汉字字形信息，利用驱动程序将这些信息送到输出设备的缓冲区中，就可以在屏幕上显示输出或在打印机上打印输出了。

汉字字形码中最常用的表示方式为点阵表示方式。

汉字字形的点阵表示方式，将写汉字的方块画成 $n \times n$ 方格，称为点阵。收集方格中的信息，每个方格用一位二进制数据表示，有笔画的方格为“1”，无笔画的方格为“0”。图 2-17 表示“大”字的 16×16 点阵汉字，每行为 16 位（2 个字节），共 16 行，需 2×16=32 字节来保存一个汉字的字形码。

方格画得越多，点阵信息越多，每个汉字字形的信息码字节数就越多，字库所需的存储容量也就越大，相应的字形分辨率越好，字形也越美观。一般显示或打印，对质量要求不是很高，可以采用 16×16 点阵或 24×24 点阵。

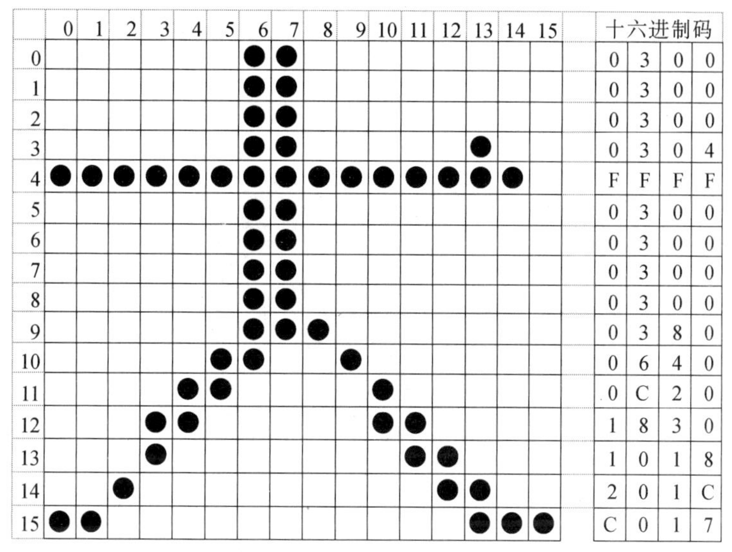

图 2-17　用点阵组成汉字字形

汉字字形的点阵表示法编码、存储方式简单、无须转换直接输出，但字形放大后产生的效果差，而且字体不同的点阵需要不同的字库。因此，在计算机中还有一种汉字字形的矢量表示方式。

汉字字形的矢量表示方式，存储的是描述汉字字形的轮廓特征。将汉字分解成笔画，每种笔画使用一段段的直线（向量）近似地表示，这样每个汉字字形都可以变成一连串的向量，由于每个汉字的笔画数不同，所以字形的矢量长度也不同，从矢量汉字库中读取汉字字形信息要比点阵汉字库中复杂。

2.5.3　图形图像信息呈现

在计算机中，数值数据和字符数据都是被转换为二进制数据来存储和处理的。同样，声音、图形和图像、视频等多媒体数据也要转换成二进制数后计算机才能存储和处理，但多媒体数据的表示方式完全不同。

图像是由扫描仪、数字照相机、摄像机等输入设备捕捉的现实场景或数字化形式存储的任意画面，即图像是由真实的场景或现实存在的图片输入计算机产生的，主要以位图形式存储；而图形一般是指通过计算机绘图工具绘制的由直线、曲线、圆、圆弧等组成的画面，即图形是计算机产生的，且以矢量图形式存储。

1. 图像信息的呈现

（1）图像在计算机中的表示

图像在计算机中的表示方法是将画面划分为 $M \times N$ 个网格，每个网格是一个采样点，称为像素点，这样就将一幅模拟图像转换成 $M \times N$ 个像素点构成的离散像素点集合。水平方向和垂直方向像素的乘积称为分辨率，分辨率越高，信息量就越大，图像也越清晰。

如图 2-18 所示，将该图像按图示均匀地划分成若干个小格，每个小格被称为一个像素（点），每个像素呈现不同颜色（彩色）或层次（黑白图像）。如果是一幅黑白图像，则每像素点只需用 1 位二进制位表示即可，0 表示黑，1 表示白；如果是一幅灰度图像，则每像素点需用 8 位二进制位来表示 2^8=256 个黑白层次；如果是一幅彩色图像，在每个像素点可用 3 个 8 位二进制位来表示 1 像素的三原色：红、绿、蓝，显示出来的就是一种具体的颜色，此即目前所说的 24 位真彩色，可表示 2^{24}=16777216 种颜色。

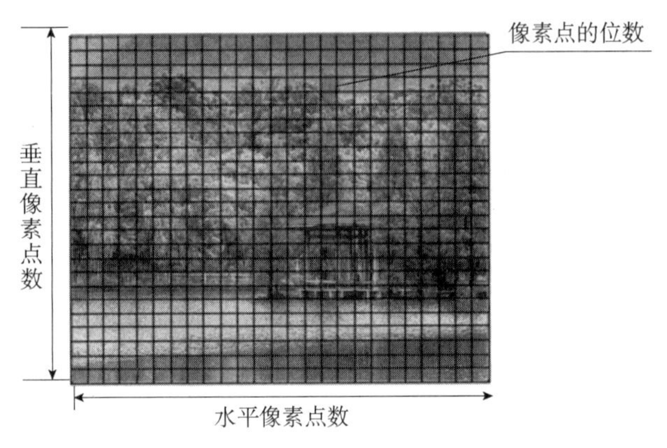

图 2-18　图像的像素表示

（2）图像信息的数字化

要将模拟图像转化为计算机可以处理的数字图像，要经过采样、量化和编码这几个步骤。

① 采样。采样就是将连续的模拟图像转换成离散点的过程。方法是将画面划分为 $M\times N$ 个网格，每个网格是一个采样点，称为像素点，这样就将一幅模拟图像转换成 $M\times N$ 个像素点构成的离散像素点集合。水平方向和垂直方向像素的乘积称为分辨率，分辨率越高，信息量就越大，图像也越清晰。

② 量化。量化就是将采样后每一像素点的色彩浓淡（亮度）用数值量来表示。为表示量化的色彩值所需的二进制位数称为量化位数，一般用 8 位、16 位、24 位或更高的位数来表示图像的颜色。

量化位数也称图像的颜色深度，若只要表示纯黑、纯白两色的图像，颜色深度只需要用 1 位二进制位；通过调节黑白两色的程度（称为颜色灰度），将灰度级别分为 256 级，即颜色深度为 8（2^8=256）位，可以有效地表示单色图像；彩色图像是由红、蓝、绿（R、G、B 三基色）不同亮度混合而成的，当三基色每种颜色的强度级别分为 256 级，则每种颜色分量要用 8 位来量化，每个像素点的颜色深度就要用 24 位表示，它们共可表示 2^{24}=16777216 种颜色，称为真彩色。

一幅不经压缩的图像数据量计算公式为：

字节数=图像水平分辨率×图像垂直分辨率×颜色深度（位数）/8

例 2.8　计算一幅分辨率为 1024×768（即有 1024×768 个采样点）的 24 位真彩色图像所需要的存储量。

答：存储量=1024×768×24 / 8=2359296B=2.25MB。

③ 编码。由上述计算可知，数字化后的图像数据量非常大，在图像的传输、存储时开销过大，必须利用编码技术来大大压缩信息量，才有实用价值。常见的压缩编码有预测编码、变换编码、分形编码等。

（3）图像文件格式

图像在存储介质中的存储格式称为图像文件格式。图像文件格式有很多种，常用的有以下几种。

① BMP 格式——.bmp。BMP（Bitmap）是一种与设备无关的图像文件格式，它是 Windows 软件中常用的一种位图形式的图像格式。这种格式的特点是图像信息丰富，颜色深度可达 24 位真彩色，一般不压缩，占磁盘存储空间过大。

② GIF 格式——.GIF。GIF（Graphics Interchange Format）是美国 Compu Serve 公司制定的图像文件格式，用于以超文本标记语言方式显示索引彩色图像，在网络上被广泛应用。GIF 格式使用 LZW 无损压缩方式对文件的大小进行压缩，压缩率 50%左右，只能达到 256 色，背景可储存为透明。GIF 还可以将数张图片存储为一个文件，形成动画效果。该格式的文件在通信传输时较为快捷，非常受移动端的欢迎。

③ JPEG 格式——.JPG。JPEG（Joint Photographic Experts Group）是用于连续色调静态图像压缩的一种标准，是最常用的高效压缩图像文件格式。JPEG 格式支持 24 位真彩色，画面色彩丰富；JPEG 以有损压缩的方式去除冗余的图像数据，保存的文件较小，但能获得较好的图像品质，所以传输速度快画质好，广泛适用于互联网。但高压缩比例，会造成一定图像数据的损伤。

④ TIFF 格式——.TIF。TIFF，是 Tag Image File Format 的缩写，译为标签图像文件格式，常用于存储照片和艺术图之类的图像。该格式也使用 LZW 方式压缩，可在不同的平台和应用软件间交换信息。图像格式很复杂，可存储多图层信息。它支持很多色彩系统，并独立于操作系统，因此得到了广泛应用。图像具有地理编码信息，在各种地理信息系统、摄影测量与遥感等领域应用广泛。

⑤ PNG 格式——.PNG。PNG（Portable Network Graphics）格式是一种网络图像格式，它汲取了 JPEG 及 GIF 的优点，存储形式丰富。PNG 格式的特点是，采用无损压缩使图像不失真，显示速度快，但不支持动画应用效果。

2. 计算机图形的呈现

图形通常由点、线、面、体等几何元素刻画物体形状，由灰度、色彩、线型、线宽等非几何属性反映物体表面属性或材质。从处理技术上来看，图形主要分为两类，一类是基于线条信息表示的，如工程图、等高线地图、曲面的线框图等，另一类是明暗图，也就是通常所说的真实感图形。图 2-19 所示图形是由计算机绘制的素描。

图 2-19　计算机绘制的素描树

计算机图形学的任务是先对处理对象进行描述（建模），然后对该模型进行必要的处理加工，最后再产生能正确反映该物体的或场景视觉图像的图形输出。

图形处理技术主要应用在计算机辅助设计和制造、计算机艺术、可视化、计算机动画、自然景物仿真、虚拟现实、游戏等领域。

2.5.4 音频信息呈现

声音是一种连续的随时间变化的波，简称声波。用连续波形表示声音的信息，称为模拟信号。模拟信号主要由振幅和频率来描述，振幅大小反映声音的音量大小，频率高低代表声音的音调高低。在时间和幅度上都是离散的信号称为数字信号。计算机不能表示模拟信号，只能表示数字信号（0 和 1）。因此，声音在计算机内表示时需要把声音数字化，也即采样和量化。

1. 声音信息的采样与量化

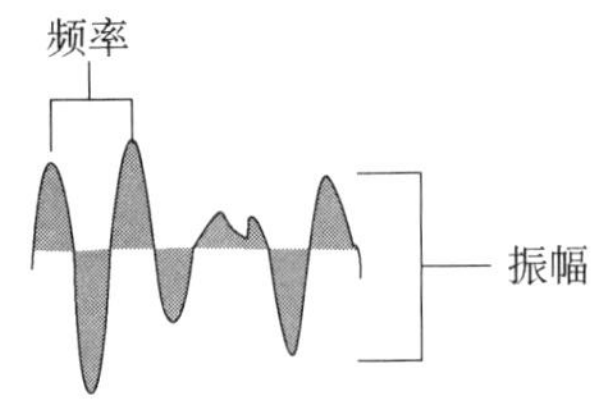

图 2-20 声音的波形

声音是空气中分子震动产生的声波传到我们的耳膜产生的结果，声波具有周期性和一定的幅度。周期性表现为频率，用于控制音调的高低。频率越高，声音越尖，反之就越沉。幅度用于控制声音的音量，幅度越大，声音越响，反之就越弱。图 2-20 为声音的波形示意图。

声音数字化实际上就是将模拟的连续声音波形在时间上和幅值上进行离散化处量，共分为两个步骤：第一步是采样，就是将声音信号在时间上进行离散化处理，即每隔相等的一段时间在声音波形曲线上采集一个信号样本（声音的幅度）；第二步就是量化，即把采样得到的声音信号幅度转换成相应的数字值。因为采样后的数值不一定能在计算机内部进行方便的表示，所以将每一个样本值归入预先编排的最近的量化级上，该过程即量化。如果幅度的划分是等间隔的，就称为线性量化，否则就称为非线性量化。图 2-21 所示为声音信息的采样与量化，量化精度为 8 位（前 4 位为零，图中已省略）。

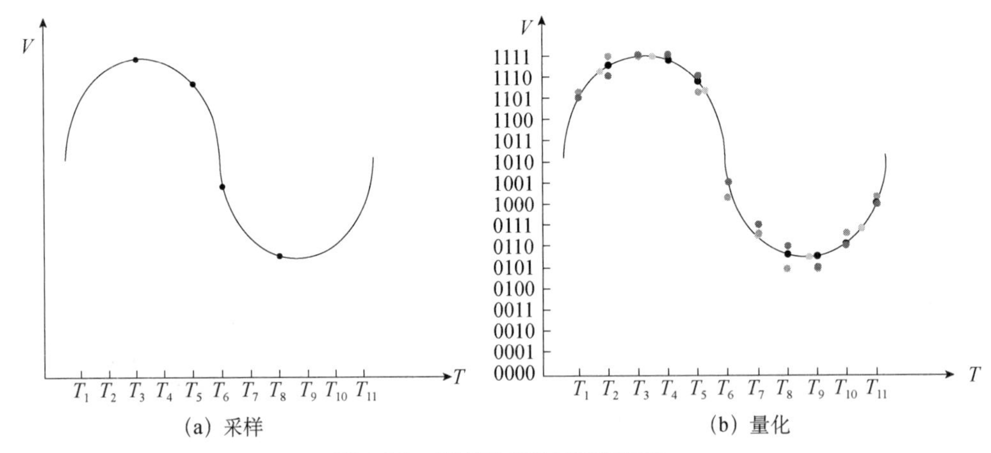

图 2-21 声音信息的采样与量化

由于计算机按字节运算，一般的量化精度为 8 位或 16 位，量化精度越高，数字化后的声音就越可能接近原始信号，但所需要的存储空间也越大。

除了量化精度外，数字化声音的技术指标还有采样频率和声道数等参数。

采样频率：指单位时间内采样的次数。采样频率越高，在一定的时间间隔内采集的样本数越多，音质就越好。当然，采样频率越高，数字化声音的数据量也越大。如果为了减少数据量而过分降低采样频率，音频信号增加了失真，音质就会变得很差。

声道数：声音通道的个数，指一次采样的声音波形个数。单声道一次采样一个声音波形，双声道一次采样两个波形，被人们称为“立体声”。目前还经常使用的声道有 4 声道、4.1 声道和 5.1 声道。双声道比单声道多一倍的数据量，多声道的数据量更大。

每秒钟存储声音容量的公式为：

字节数=采样频率×量化位数×声道数/8

例 2.9　标准采样频率为 44.1kHz，量化位数为 16 位，双声道立体声，其每秒音乐所需要的存储量。

答：存储空间=44.1×1000×16×2/8=1764000B=1.68MB

声音数字化的采样频率和量化级越高，结果越接近原始声音，但记录数字声音所需存储空间也随之增加。

2. 数字音频的压缩编码

未经压缩的音频数据量非常大，减少数据量的方法不是降低采样频率和量化位数，而是压缩数据。压缩算法包括有损压缩和无损压缩。有损压缩解压后数据不能完全复原，会丢失一部分信息。无损压缩不丢失任何信息，能较好地复原原始信号。压缩编码的基本指标之一就是压缩比，通常小于 1。压缩越多，信息丢失就越多，信号还原后失真也越大。

3. 数字音频的文件格式

在多媒体技术中，存储音频信息的文件格式主要有以下几种。

（1）WAVE 文件——.WAV

WAVE 格式是 Microsoft 公司开发的一种声音文件格式，它符合 RIFF（Resource Interchange File Format）文件规范；其特点是声音还原性好，用于保存 Windows 平台的音频信息资源，几乎所有的播放器都支持这种音频文件。

WAV 文件来源于对声音模拟波形的采样，用不同的采样频率对声音的模拟波形进行采样，可以得到一系列离散的采样点；以不同的量化位数把这些采样点的值转换成二进制数，然后存盘，就产生了声音的 WAV 文件，即波形文件。WAV 文件是由采样数据组成的，所以它需要的存储容量很大，多用于存储简短的声音片段。

（2）MP3 文件——.MP3

MP3 是以 MPEG Layer 3 为标准压缩的音频文件格式，压缩后占用的空间比较小，一张光盘可以存放 100 首 MP3 格式的音乐文件。MP3 文件的压缩理论上属无损压缩，标准的 MP3 压缩比是 10∶1，有些甚至可以达到 13∶1 以上，也就是说经过 MP3 压缩编码后，CD 音质的音乐，存储空间可缩小至原来的 1/10 以下。同时经压缩后的音质基本保持不失真，因此 MP3 格式是网上最流行的音频格式之一。

（3）MIDI 文件——.MID/.RMI

MIDI 是乐器数字接口（Musical Instrument Digital Interface）的英文缩写，是数字音乐/电子合成乐器的统一国际标准，它规定了不同厂家的电子乐器与计算机连接的电缆和硬件及设备间数据传输的协议，以及控制计算机与具有 MIDI 接口的电子设备交换信息的规则，可用于为不同乐器创建数字声音，可以模拟大提琴、小提琴、钢琴等常见乐器。

MIDI 文件不是对模拟信号进行数字编码，而是记录演奏乐器的信息和指令，它是一系列指令的集合。这些指令包括使用什么 MIDI 设备的音色、声音的强弱、声音持续多长时间等，计算机将这些指令发送给声卡，声卡按照指令将声音合成出来，MIDI 在重放时可以有不同的效果，这取决于音乐合成器的质量。

相对于保存真实采样资料的声音文件，MIDI 文件显得更加紧凑，其文件尺寸通常比声音文件小得多。

（4）RA 文件——.RA

RA（Real Audio）是一种音乐压缩文件格式，压缩比可达 96∶1，主要用于在低速广域网中实现网上实时播放，即边下载边播放。网络连接速率不同，得到的声音质量也不相同。

（5）WMA 文件——.WMA

WMA 是 Windows Media Audio 的速写，WMA 文件是 Windows Media 的一个子集，表示 Windows Media 音频格式。WMA 文件只有 MP3 的一半大小，音质基本保持相同，目前，大部分的 MP3 播放器都支持 WMA 文件。

2.5.5 视频信息呈现

视频又称为动态图像，是一组图像按照时间的有序连续表现，每一幅画面称为一帧，如我们日常生活中的电影、电视等。视频的表示与图像序列、时间关系有关，通过快速地播放帧，加上人眼视觉效应，产生连续的视频显示效果。因此，视频是连续的图像序列，由连续的帧构成，一帧即为一幅图像。由于人眼的视觉暂留效应，当帧序列以一定的速率播放时，我们看到的就是动作连续的视频。

数字视频具有可以不失真地无限次复制及传输、适合于网络使用、便于计算机编辑处理等优点，应用已非常广泛，如数字电视、交互式电视、视频点播、可视会议、远程教学、VCD 和 DVD 等。

1. 视频信息的采集

视频采集就是通过视频采集卡将视频源，如模拟摄像机、录像机、影碟机、电视机输出的视频信号（包括视频音频的混合信号）输入计算机，并转换成计算机可辨别的数字数据，存储在计算机中。大多数视频卡都具备硬件压缩的功能，在采集视频信号时首先在卡上对视频信号进行压缩，然后再通过 PCI 接口把压缩的视频数据传送到主机上。一般的 PC 视频采集卡采用帧内压缩的算法把数字化的视频存储成 AVI 或者 MPEG-1 格式的文件。

视频信号在生成、传递及显示过程中所遵循的标准即制式，常用的电视制式有 NTSC 制（30 帧/秒，525 行/帧）；PAL 制（25 帧/秒，625 行/帧）；SECAM 制（25 帧/秒，625 行/帧）。美国、日本等国家采用 NTSC 制式，中国、德国等国家采用 PAL 制式，法国、俄罗斯等国家采用 SECAM 制式。

2. 视频信息的数字化

在视频信息的数字化过程中包括采样、量化、压缩过程。

（1）采样

在 PAL 彩色电视制式中采用 YUV 彩色模型，Y 表示亮度信号，U、V 表示色差信号，构成彩色两个分量。由于计算机的显示器显示时一般采用 RGB 彩色空间，这就要求在显示每个像素前要把 YUV 彩色分量转换成 RGB 值。具体的转换公式如下：

$$Y=0.299R+0.587G+0.114B$$
$$U=-0.169R-0.331G+0.5B$$
$$V=0.5R-0.419G-0.081B$$

由于人眼对颜色远没有对亮度敏感，所以为了减少数字视频的数据量，色差信号的采样频率可以比亮度信号的采样频率低一些。如果用 $Y:U:V$ 来表示 YUV 三分量的采样比例，数字视频的采样格式有 4∶1∶1 格式、4∶2∶2 格式、4∶4∶4 格式。4∶2∶2 采样如图 2-22 所示。

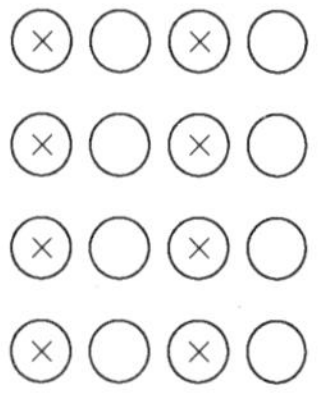

图 2-22　4∶2∶2 采样格式

（2）量化

量化就是将采样后的连续像素值转化为有限的离散值。

量化位数率决定系统的动态范围，更多的比特率可以获得更好的性能，但需要的存储空间也更多。如果视频信号量化比特率为 8 位，信号就有 2^8=256 个量化值，量化比特率每增加一位，数据量就翻一翻。例如，大多数 DVD 播放机量化比特率为 10，灰度等级为 2^{10}=1024 级，数据量是 8 位的 4 倍。

量化位数过小不足以反映图像的细节，过大则会产生庞大的数据量，在传输时占据大量的频带。现在的视频信号一般采用 8 比特、10 比特，在信号质量要求较高的情况下采用 12 比特量化。

（3）压缩

视频信号数字化后若不经过压缩，数据量会非常庞大。例如，连续显示分辨率为 1280 像素×1024 像素的“真彩色”电视图像，帧速为 30 帧/秒，显示 1min，需要的存储量为：

$$1280\times 1024\times 3\times 30\times 60\text{B}\approx 6.6\text{GB}$$

如果存放在 650MB 的光盘中，在不考虑音频信号的情况下，每张光盘只能播放 6s 左右。这么大的数据量在存储处理时是极不方便的，并且极大地浪费了资源，所以必须经过压缩编码才能进行传输。因此，视频压缩技术是计算机处理视频的前提。

数字视频压缩编码技术主要有 JPEG、MPEG 及最新推出的 AVS 标准等。JPEG 是静态图像压缩标准，MPEG 算法是适用于动态视频的压缩算法，AVS 音视频编码是中国支持并制定的新一代编码标准，压缩效率比 MPEG-2 增加了一倍以上，能够使用更小的带宽传输同样的内容。AVS 已经成为国际上三大视频编码标准之一。

3. 视频文件格式

视频文件格式是指视频保存的一种格式，为了适应储存视频的需要，人们设定了不同的视频文件格式来把视频和音频放在一个文件中，以方便同时回放。目前常见的视频文件格式包括 AVI、MOV、MPEG、ASF 等。

（1）AVI 格式文件——.avi

AVI（Audio-Video Interleave）格式是 Microsoft 开发的格式，也是最“长寿”的格式，已存在 20 余年了。它将视频与音频信息交错地保存在一个文件中，不仅较好地解决了音频与视频的同步问题，还具有通用和开放的特点，兼容好、调用方便、图像质量好，已成为 Windows 视频标准格式文件，一般用于保存电视、电影等各种影像信息，有时也出现在 Internet 上，供用户下载、欣赏新影片的精彩片段。文件数据量过于庞大，要压缩。

（2）MPEG 格式文件——.mpeg /.mpg/.dat

MPEG 格式是运动图像压缩算法的国际标准，它采用有损压缩方法减少运动图像中的冗余信息，压缩效率高，图像和音响的质量非常好，同时保证每秒 30 帧的图像动态刷新率，已得到几乎所有的计算机平台的支持。DAT 格式文件是 VCD 专用的格式文件，与 MPEG 格式的文件结构基本相同。

（3）MP4 格式文件——.mp4

MP4 是常用于手机视频转换的一种格式。手机视频格式指用手机观看的，存储在手机内存或者存储卡上的视频内容的格式。这种格式区别于用手机浏览器观看的网络流媒体视频格式。转换手机视频时，MP4 格式是目前质量最好的。

（4）RealMedia——.rm/.rmvb

RealMedia 是 RealNetworks 公司所制定的一种流式视频文件格式，是目前 Internet 上最流行的跨平台的客户/服务器结构多媒体应用标准，其采用音频/视频流和同步回放技术实现了网上全带宽的多媒体回放。该格式带有一定的交互功能，允许编写脚本以控制播放，文件体积相对较小。而 RealPlayer 就是在网上收听收看这些实时音频、视频和 Flash 的最佳工具。

流式媒体主要用来在广域网上实时传输活动视频影像，可以根据网络数据传输速率的不同而采用不同的压缩比率，从而实现影像数据的实时传送和实时播放。

（5）QuickTime——.mov

QuickTime 是苹果公司开发的一种音频、视频文件格式，用于保存音频和视频信息，具有先进的视频和音频功能，被几乎所有主流的个人计算机平台支持。QuickTime 以其领先的多媒体技术和跨平台特性、较小的存储空间要求、技术细节的独立性及系统的高度开放性，得到业界的广泛认可，目前已成为数字媒体软件技术领域的事实上的工业标准，是创建 3D 动画、实时效果、虚拟现实和其他数字流媒体的重要基础。

（6）ASF 及 WMV——.asf/.wmv/.wma

ASF（Advanced Streaming Format，高级流格式），是 Microsoft 为了和 RealPlayer 竞争而发展出来的一种在 Internet 上实时传播多媒体的技术标准。它采用了 MPEG-4 的压缩算法，因此其压缩率和图像质量都很好。ASF 的主要优点包括本地或网络回放、可扩充的媒体类型、部件下载及扩展性等。它的图像品质比 RM 格式要好。由于微软的 Windows Media Player 对它强有力的支持，其影响力不小。

WMV（Windows Media Video）是又一种独立于编码方式的在 Internet 上实时传播多媒体的技术标准，是一种动态图像压缩技术。Microsoft 公司希望用其取代 QuickTime 之类的技术标准及 WAV、AVI 之类的文件扩展名。WMV 的主要优点包括本地或网络回放、可扩充的媒体类型、部件下载、可伸缩的媒体类型、流的优先级化、多语言支持、环境独立性、丰富的流间关系及扩展性等。

2.6 本章小结

计算机内部是一个 0 与 1 的信息世界，中国古代《易经》描述的数理逻辑其实质即是二

进制手段实现，与现代电子计算机的二进制的运用是一致的。计算机内部之所以采用二进制信息表示，一方面其电路实现容易，可以简化电路设计；其二运算简单、运算速度快；其三所有运算均可转化为逻辑运算，通过电路设计实现。

十进制是人们日常生活中常用的计数制方法，而计算机内容使用的是二进制，同时十六进制、八进制是计算机数制描述中直观的表达方式，因此，本章介绍了各种进制之间的相互转换。计算机内部的 0 与 1 又是怎么输出到我们能看到或听到的计算机屏幕上文字、数值、图像或声音信息的呢？本章对此阐述了不同类型信息在计算机内的存储与呈现。

通过本章的学习，可以更深入地理解计算机内部 0 与 1 世界的信息表示、存储与输出。

思考题

一、填空题

1．$(25.82)_{10}$=(________)$_2$=(________)$_8$=(________)$_{16}$。

2．111001.101B=(________)$_{10}$=(________)$_8$=(________)$_{16}$。

3．7B.21H=(________)$_2$=(________)$_8$=(________)$_{10}$。

4．在计算机中，多媒体数据最终是以________存储的。

5．图像文件与图形文件的区别是________________。

6．我国普遍采用的电视制式为________。

二、选择题

1．十进制算术表达式：3×512+7×64＋4×8＋5 的运算结果，用二进制表示为________。

A．10111100101　　B．11111101100　　C．11110100101　　D．11111101101

2．与二进制数 101.01011 等值的十六进制数为________。

A．B　　B．5.51　　C．51　　D．5.58

3．与十进制数 2004 等值的八进制数为________。

A．3077　　B．3724　　C．2766　　D．4002

4．$(2004)_{10}+(32)_{16}$ 的计算结果是________。

A．$(2036)_{10}$　　B．$(2054)_{10}$　　C．$(4006)_{10}$　　D．$(100000000110)_2$

5．与十进制数 2006 等值的十六制数为________。

A．7D6　　B．6D7　　C．3726　　D．6273

6．与十进制数 2003 等值的二进制数为________。

A．11111010011　　B．110000011　　C．110000111　　D．0100000111

7．运算式$(2008)_{10}-(3723)_8$的结果是________。

A．$(-1715)_{10}$　　B．$(5)_{10}$　　C．$(-5)_{16}$　　D．$(111)_2$

8．下列数值中最小的是________。

A．十进制数 55　　B．二进制数 110101　　C．八进制数 101　　D．十六进制数 42

9．逻辑运算是最基本的基于“真/假”值的运算，也被看作“0/1”的运算，1 为真，0 为假，关于逻辑运算，下列说法中不正确的是________。

A. “与”运算是“有 0 为 0，全 1 为 1”
B. “或”运算是“有 1 为 1，全 0 为 0”
C. “非”运算是“非 0 则 1，非 1 则 0”
D. “异或”运算是“相同为 1，不同为 0”

10. MIDI 文件中记录的是________。

A. 乐谱　　B. MIDI 量化等级和采样频率
C. 波形采样　　D. 声道

11. 关于汉字内码，下列说法中不正确的是______。

A. 汉字内码是两字节码
B. 汉字内码是两字节码且两字节的最高位均为 1
C. 汉字内码是机器存储和显示汉字所使用的编码
D. 上述说法中有不正确的

12. 下列说法中________是不正确的。

A. 图像都是由一些排成行列的像素组成的，通常称为位图或点阵图
B. 图形是用计算机绘制的画面，也称矢量图
C. 图像的数据量较大，所以彩色图（如照片等）不可以转换为图像数据
D. 图形文件中只记录生成图的算法和图上的某些特征点，数据量较小

13. 关于二进制算术运算，下列说法中不正确的是________。

A. 二进制算术运算可以用逻辑运算来实现
B. 二进制算术运算的符号位可以和数值位一样参与运算并能得到正确的结果
C. 二进制算术运算的符号位不能和数值位一样参与运算但能得到正确的结果
D. 上述说法中有不正确的

14. 若要进行−7−4 的操作，可转换为(−7)+(−4)的操作，采用补码进行运算，下列运算式及结果中正确的是________。

A. 1 0111+1 0100=1 1011　　B. 1 1011+1 1100=1 0111
C. 1 1001+1 1100=1 0101　　D. 0 1011+1 1011=0 0110

15. 音频与视频信息在计算机内是以________表示的。

A. 模拟信息　　B. 模拟信息或数字信息
C. 数字信息　　D. 某种转换公式

16. 对波形声音采样频率越高，则数据量________。

A. 越大　　B. 越小　　C. 恒定　　D. 不能确定

17. 已知 A～Z 的 ASCII 码是$(41)_{16}$～$(5A)_{16}$，请将下面一段 ASCII 码存储的文件解析出来，正确的是______。

“0100 0111 0100 0101 0100 0111 0100 0110 0100 1000 0100 0010”

A. HBFFEG　　B. HBGFGE　　C. GBHEGB　　D. GEGFHB

18. 如下________不是图形图像文件的扩展名。

A. MP3　　B. BMP　　C. GIF　　D. PNG

19. 如下________不是图形图像处理软件。

A. ACDSee　　B. CorelDraw　　C. Photoshop　　D. Premiere

20. 在$(-18)_{10}$的原码、反码和补码表示中，正确的是________。

A．10010010，01101101，01101110　　　　B．10010010，11101101，11101110

C．10010010，11101110，11101101　　　　D．00010010，01101101，01101110

21．关于二进制小数的处理，下列说法中不正确的是________。

A．定点数是指二进制小数的小数点被默认处理，或者默认在符号位后面数值位前面，或者默认在整个数值位的后面

B．浮点数采取类科学计数法的形式进行表示，分三部分：符号位、纯小数部分和指数部分，其中指数的不同值确定了小数点的不同位置，故名浮点数

C．用于浮点数表示的位数不同，其表达的精度也不同，因此浮点数依据其表示位数的多少被区分为单精度数、双精度数和多倍精度数

D．二进制浮点数处理比定点数处理要复杂得多，机器中一般有专门处理浮点数的计算部件

22．下列说法中不正确的是______。

A．数值信息可采用二进制数进行表示

B．非数值信息可采用基于 0/1 的编码进行表示

C．任何信息，若想用计算机进行处理，只需要将其用 0 和 1 表示出来即可

D．上述说法中有不正确的

23．假设基本门电路的符号为 & 与门电路符号　≥1 或门电路符号　1 非门电路符号　=1 异或门电路符号，已知电路如题 23 图示意。问该电路所实现的正确的逻辑运算为______。

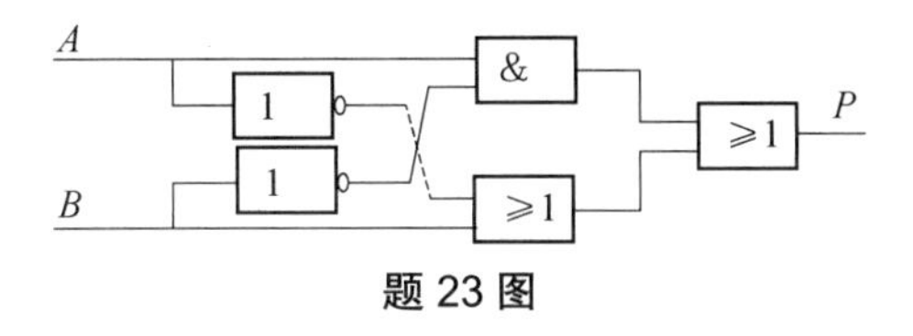

题 23 图

A．当 A=1，B=0，则 P=1　　　　B．当 A=1，B=1，则 P=1

C．当 A=0，B=1，则 P=0　　　　D．当 A=0，B=0，则 P=1

24．一个参数为 2min、25 帧/s、640×480 分辨率、24 位真彩色数字视频的不压缩的数据量约为________。

A．2 764.8MB　　B．21 093.75MB　　C．351.56MB　　D．2 636.72MB

三、思考题

1．为什么计算机中数据使用二进制表示？二进制和我们平时用的十进制如何转换？

2．正整数、负整数的原码、反码和补码分别怎么表示？小数在计算机中如何表示？

3．我们在网络上看到的图片、音乐和视频，这些信息是如何转换成信息世界里的 0 和 1 的呢？

4．英文字符是如何进行二进制编码的？汉字又是如何进行二进制编码的？

5．现有一篇 80 万字的《三国演义》常规普通文档、一幅 4240×3036 分辨率的真彩色《五马图》和一首 5min 的未经压缩的高保真立体声《保卫黄河》的歌曲，请分析上述三个文件所占的存储容量的范围及可能的大小排序情况。

第3章　计算机硬件系统组成及工作原理

3.1　图灵机模型与冯·诺依曼计算机模型

计算机是一种能够接收信息，按照事先存储在其内部的程序对输入信息进行加工处理，并产生输出结果的高度自动化的数字电子设备。半个多世纪以来，计算机已经发展成为一个庞大的家族，尽管各种类型的计算机在性能、规模和应用等方面都存在着较大的差异，但是它们的基本组成结构和工作原理却是相同的。要认识计算机，追根溯源，就不得不提及两大计算机基础模型：图灵机和冯·诺伊曼计算机。

3.1.1　图灵机——计算机的理想模型

什么是通用计算机器？通用计算机器（即自动计算系统）又是如何工作的？20世纪30年代，英国数学家阿兰·麦席森·图灵在伦敦权威的数学杂志上发表了一篇划时代的重要论文《可计算数字及其在判断性问题中的应用》。在文中，图灵超出了一般数学家的思维范畴，完全抛开数学上定义新概念的传统方式，独辟蹊径，构造出一台完全属于想象之中的"计算机"，数学家们把它称为"图灵机"（见图3-1）。图灵机奠定了计算机的理论基础，正是因为有了图灵机模型，才发明了人类有史以来最伟大的工具——计算机。因此，图灵被称为计算机科学之父。为了纪念这位伟大的科学家，计算机界最高荣誉奖被定名为图灵奖。

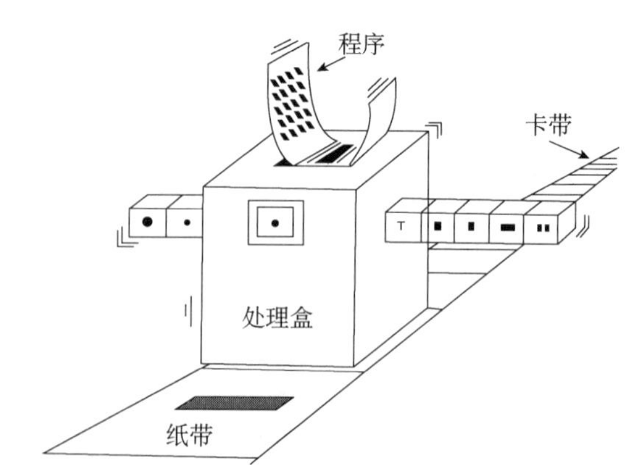

图3-1　阿兰·麦席森·图灵（左）和图灵机（右）

图灵机的基本思想是用机器来模拟人们用纸笔进行数学运算的过程。图灵认为，计算就是计算者（人或机器）对一条两端可无限延长的纸带上的一串0或1，执行指令，一步一步

地改变纸带上的 0 或 1，经过有限步骤，最后得到一个满足预先规定的符号串的变换过程。图 3-2 非常简明且形象地阐释了图灵机中指令、程序及自动执行的基本思想。

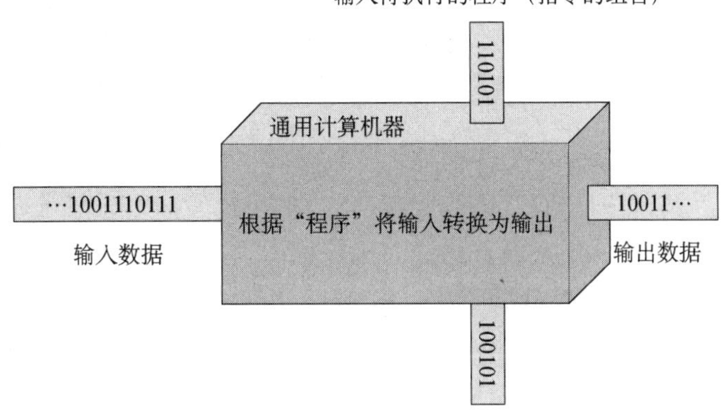

图 3-2　图灵机原理示意图

指令、程序及其执行的概念及示例说明如下。

（1）数据被制成一串 0 和 1 的纸带，输入到计算机器中，如数据“1110111001…”。

（2）机器可对输入纸带执行一些基本动作，如“翻转 0 为 1”“翻转 1 为 0”“前移一位”“停止”。

（3）机器对基本动作的执行是由指令来控制的，机器按照指令的控制选择执行哪一个动作，指令也可以用 0 和 1 来表示。例如，01 表示“翻转 0 为 1”（当输入为 1 时不变）；10 表示“翻转 1 为 0”（当输入为 0 时不变）；11 表示“前移一位”；00 表示“停止”。

（4）关于输入如何变为输出的控制，可以用指令编写一个程序来完成，如“10，11，01，11，01，11，10，11，00…”（请注意，为便于阅读，程序的两条指令中间增加了逗号以示区分，实际上是不存在的）。

（5）机器能够按程序中的指令顺序读取指令，读一条指令执行一条指令，然后再读指令执行指令，直到程序结束，由此实现自动计算。这段程序的执行过程描述为“10 表示翻转 1 为 0；11 表示前移一位；01 表示翻转 0 为 1；11 表示前移一位；01 表示翻转 0 为 1；11 表示前移一位；10 表示翻转 1 为 0；11 表示前移一位；00 表示停止。不管纸带上是什么，其都将输出 0110”。

可以看出，这就是一个最简单的计算机模型，它将控制输入转换为输出的规则（程序与指令）用 0 和 1 表达，将待处理的数据（输入）及处理结果（输出）也用 0 和 1 表达。所谓的处理，即是对 0 和 1 的变换，它可以用机械系统实现，也可以用电子系统实现，当然也可由人来实现。

图灵机给我们的一个启示是，让我们思考一个复杂系统是怎样实现的。系统可被认为是由基本动作（注：基本动作是容易实现的）及基本动作的各种组合所构成（注：多变的、复杂的动作可由基本动作的各种组合来实现）。因此实现一个系统仅需实现这些基本动作及实现一个控制基本动作组合与执行次序的机构。对基本动作的控制就是指令；而指令的各种组合及其次序就是程序。系统可以按照“程序”控制“基本动作”的执行以实现复杂的功能。图灵又把程序看作将输入数据转换为输出数据的一种变换函数，这种变换函数可以一步一步地来实现。进一步，数据、指令和程序都可以用 0 和 1 表达，因此也就都能被计算。

图灵机被公认为是现代计算机的理论原型，所以可以说，图灵启发和影响了他之后的整个计算机发展史。

3.1.2 冯·诺依曼计算机——现代计算机的结构框架

依据图灵机的思想，美籍匈牙利数学家冯·诺依曼（见图 3-3）设计并制造出了历史上第一台电子计算机。其设计计算机的思想对现代计算机的发展产生了重要影响，以至于人们称其为“现代计算机之父”，现在的普通计算机被称为“冯·诺依曼体系结构”计算机。

图 3-3　冯·诺依曼

“冯·诺依曼体系结构”计算机的基本思想是存储程序，即“将指令和数据以同等地位事先存于存储器中，可按地址寻访，机器可从存储器中自动读取指令和数据，并实现连续自动执行”。它将存储和执行分别进行实现，解决了执行速度（快）与输入/输出速度（慢）的匹配问题，即如果“输入一条指令执行一条指令，边输入边执行”，则计算机的速度就提升不了，而如果将“大批指令/程序事先存于存储器中，由机器自动读取并执行”，则计算机可在短时间内执行大量的程序。

基于该基本思想，“冯·诺依曼体系结构”计算机具有以下几个特点：

- 必须有一个存储器，用于存储数据和程序；数据和程序以二进制形式存储。
- 必须有一个控制器，用于实现程序的控制。
- 必须有一个运算器，用于完成算术和逻辑运算。
- 必须有输入和输出设备，用于进行人机通信。

因此，“冯·诺依曼体系结构”计算机必须具备五大基本组成部件，包括输入数据和程序的输入设备、记忆数据和程序的存储器、完成数据加工处理的运算器、控制程序执行的控制器及输出处理结果的输出设备。

3.2　认识计算机硬件系统

计算机硬件系统是计算机系统中由电子类、机械类和光电类器件组成的各种计算机部件和设备的总称，是看得见、摸得着的一些实实在在的物体，是组成计算机的物理实体，是计算机完成各项工作的物质基础。计算机的硬件系统一直沿袭着冯•诺依曼的框架结构，即由运算器、控制器、存储器、输入设备和输出设备这五大部分组成，其中运算器和控制器共同组成了中央处理器（CPU）。其基本结构如图 3-4 所示。

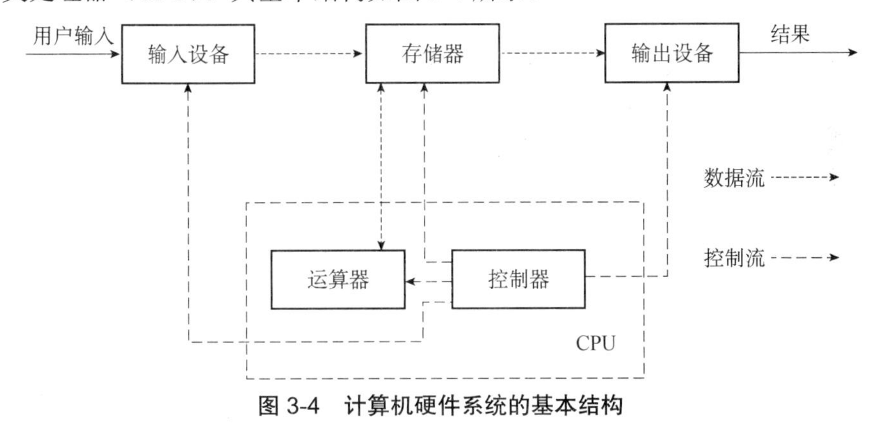

图 3-4　计算机硬件系统的基本结构

3.2.1　中央处理器

中央处理器（Central Processing Unit，CPU）是计算机进行运算和控制的核心部件，由运算器和控制器组成。

（1）运算器

运算器又称算术逻辑单元（Arithmetic Logic Unit，ALU），是计算机处理数据形成信息的加工厂，它的主要功能是对二进制数码进行算术或逻辑运算。运算器主要由一个加法器、若干个寄存器和一些控制线路组成，其性能指标的优劣是衡量整个计算机性能指标的重要因素之一。计算机所完成的全部运算都是在运算器中进行的，根据指令规定的寻址方式，运算器从存储器或寄存器中取得需要进行运算的数据（也称为操作数），进行计算后，送回到指令所指定的寄存器中。运算器的核心部件是加法器和若干个寄存器，加法器用于进行运算，寄存器用于存储参加运算的各种数据及运算后的结果。

各种计算机的运算器的结构可能有所不同，但它们最基本的逻辑构件是相同的，即都由算术逻辑单元、通用寄存器、累加寄存器、数据缓冲寄存器、程序状态字寄存器等组成。

（2）控制器

控制器是计算机的神经中枢，其负责从存储器中取出指令，并对指令进行译码，根据指令的要求，按时间的先后顺序，负责向其他各部件发出控制信号，保证各部件协调一致地工作，逐步有序完成各项任务。控制器指挥整个系统的各个部件自动、协调地工作，主要由指令寄存器、译码器、程序计数器、操作控制器和时序节拍发生器组成。

中央处理器是计算机系统的核心部件，对整个计算机系统的运行极为重要，它主要有以下 4 个方面的功能。

① 指令控制。若要计算机解决某个问题，程序员要编制解题程序，而程序是指令的有序集合。程序执行的顺序不能任意颠倒，必须按程序规定的顺序执行。因此，严格控制程序的执行顺序是 CPU 的首要任务。

② 操作控制。一条指令的执行要涉及计算机中的若干个部件，控制这些部件协同工作要靠各种操作信号组合起来工作。因此，CPU 将操作信号传送给被控部件，并能检测其他部件发送来的信号，是协调各工作部件按指令要求完成规定任务的基础。

③ 时序控制。要使计算机有条不紊地工作，对各种操作信号的产生时间、稳定时间、撤销时间及相互之间的关系都应有严格的要求。对操作信号施加时间上的控制，称为时序控制。只有进行严格的时序控制，才能保证各功能组合构成有机的计算机系统。

④ 数据处理。要完成具体的任务，就要进行数值数据的算术运算、逻辑变量的逻辑运算及其他非数值数据（如字符、字符串）的处理。这些运算和处理称为数据处理。数据处理是完成程序功能的基础，因此它是 CPU 的根本任务。

3.2.2 存储器

在计算机存储体系中，性能、速度、价格三者之间要实现平衡，即存储速度越快，价格就会越贵。因为价格的限制，在存储器中，就得有个恰当的搭配，以达到价格与性能的平衡。因此，计算机内部构建了四级分级存储结构，如图 3-5 所示。存储器是计算机记忆或暂存数据的部件，是计算机的记忆装置。计算机中的全部信息，包括原始的输入数据、经过初步加工的中间数据及最后处理完成的有用数据都要存放在存储器中。

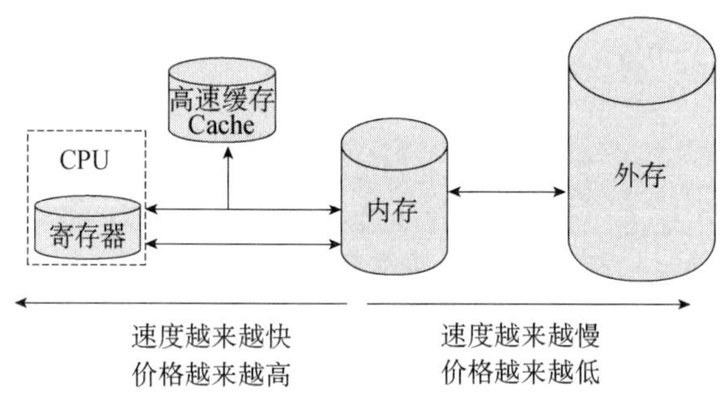

图 3-5　计算机系统的四级分级存储结构

（1）寄存器

寄存器是中央处理器内的组成部分，是有限存储容量的高速存储部件，其读写速度跟 CPU 的运行速度基本匹配，但因为性能优越，所以造价昂贵，数量有限。它们可用来暂存指令、数据和地址。在中央处理器的控制部件中，包含的寄存器有指令寄存器（IR）和程序计数器（PC）。在中央处理器的算术及逻辑部件中，寄存器有累加器（ACC）。

（2）高速缓存 Cache

高速缓冲 Cache 存在于内存与 CPU 之间，是数据交换的缓冲区，也是 RAM［Random-Access Memory，随机访问存储器，由静态存储芯片（SRAM）组成，容量比较小但速度比内存快得多，接近于 CPU 的速度]。

为什么需要高速缓存呢？ 由于 CPU 和内存访问性能的差距非常大。为了弥补两者之间的性能差异，充分利用 CPU，现代 CPU 中引入了高速缓存（CPU Cache）。当需要读取数据时，会首先从高速缓存中查找需要的数据，如果找到了则直接执行，找不到的话则从内存中找。由于高速缓存的运行速度比内存快得多，故缓存的作用就是帮助硬件更快地运行。

（3）内存储器

内存储器简称内存或主存。内存可以和 CPU 直接交换信息，用来存放当前运行的数据和程序。按存储器的读写功能，内存可分为两类：随机存取存储器（Random Access Memory，RAM）和只读存储器（Read Only Memory，ROM）。

随机存取存储器既允许读取也允许写入信息，用于存放用户程序和数据。但是 RAM 只能在电源电压正常时工作，其中的信息可以随时改写，一旦断电，记录的信息将全部自动消失。通常所说的内存主要是指 RAM。

只读存储器是一种只能读出、不能写入的存储器，用于存放那些固定不变的、不需要修改的程序。ROM 也必须在电源电压正常时工作，但是断电后，其中存储的信息不会消失。

（4）外存储器

外存储器简称外存或辅存。外存一般只与内存进行信息交换，用来长期存放暂时不用的文件和数据，计算机系统绝大多数信息存储在外存中。

内存的特点是存取速度快，但容量小、价格高；外存的特点是容量大、价格低，但存取速度慢。

3.2.3　输入/输出系统

输入/输出系统（Input and Output System，I/O）是完成信息输入和输出过程的系统，包括多种类型的输入/输出设备（Peripheral Equipment，外围设备）及连接这些设备与 CPU、存储器进行通信的接口电路，是计算机硬件系统的重要组成部分。其中，输出设备是实现计算机系统与人（或其他系统）之间进行信息交换的设备。通过输入设备可以把程序、数据、图像甚至语音送入计算机中，通过输出设备可以把计算机的处理结果显示或打印出来呈现给用户。输入/输出设备是通过其接口（Interface）实现与主机交换信息的，输入/输出设备的接口接收来自 CPU 的命令，发出执行该命令的控制信号，以控制输入/输出设备完成输入或输出操作。输入或输出操作的实现可有多种控制策略，如程序查询方式、中断控制方式、直接存储器存取方式及外部处理机方式等。

3.2.4　微型计算机硬件系统组成及主要性能指标

微型计算机简称“微机”，也通常称为“个人计算机（Personal Computer，PC）”，是由大规模集成电路组成的、体积较小的电子计算机。它是以微处理器为基础，配以内存储器及输入/输出（I/O）接口电路和相应的辅助电路而构成的裸机，特点是体积小、灵活性大、价格便宜、使用方便。

自 1981 年美国 IBM 公司推出第一代微型计算机 IBM-PC 以来，微机以其执行结果精确、处理速度快、性价比高、轻便小巧等特点迅速进入社会各个领域，且技术不断更新、产品快速换代，从单纯的计算工具发展成为能够处理数字、符号、文字、语言、图形、图像、音频、视频等多种信息的强大多媒体工具。如今的微机产品无论从运算速度、多媒体功能、软硬件支持还是易用性等方面都比早期产品有了很大飞跃。便携机更是以使用便捷、无线联网等优势越来越多地受到移动办公人士的喜爱，一直保持着高速发展的态势。

1. 微型计算机的硬件组成

微型计算机在系统结构和基本工作原理上与其他计算机没有本质区别（见图 3-6）。根据外观特征及功能的不同，微型计算机可分为主机和外部设备两大部分。主机安装在主机箱内，在主机箱内有主板、CPU、内存条、显卡、声卡、网卡和电源等。外部设备就是用电缆线通过主板与计算机相连的那些设备，包括键盘、鼠标、扫描仪等输入设备及显示器、打印机、音箱等输出设备。

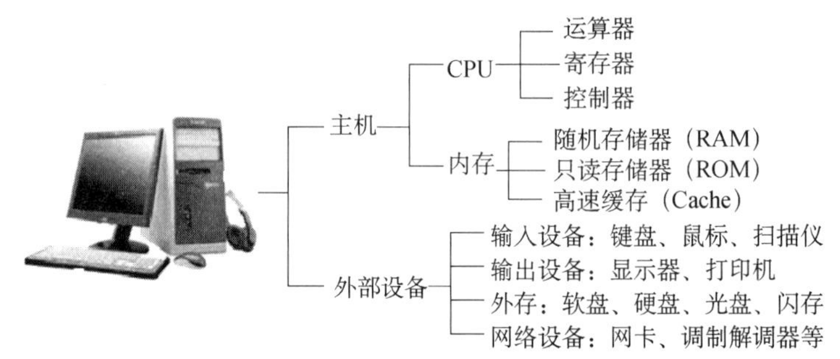

图 3-6 微型计算机硬件系统构成

（1）主机

主机包括 CPU 和内存，连接在主板上，由主机箱来容纳。主机箱内包括了微型计算机中大部分的硬件设备，一般都有主板、CPU、内存、硬盘、显卡等部件，如图 3-7 所示。

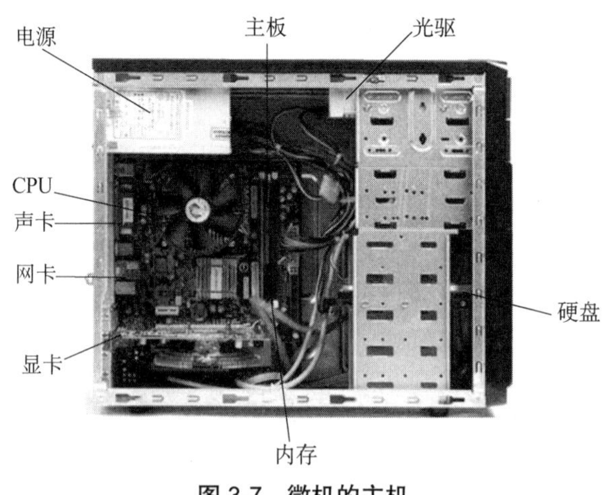

图 3-7 微机的主机

① 主板：主板是 PC 中各个部件工作的一个平台，它把 PC 的各个部件紧密连接在一起，各个部件通过主板进行数据传输。也就是说，PC 中重要的“交通枢纽”都在主板上，它工作的稳定性影响着整机工作的稳定性。主板一般为矩形电路板，上面安装了组成计算机的主要电路系统，微机在正常运行时对系统内、外存储设备和其他 I/O 设备的操控都必须通

过主板来完成。因此，微机的整体运行速度在相当程度上取决于主板的性能。图 3-8 展示了一块主板的物理结构。

图 3-8　主板

② CPU：CPU（Central Processing Unit）即中央处理器，是一台计算机的运算核心和控制核心。其功能主要是解释计算机指令及处理计算机软件中的数据。作为整个系统的核心，CPU 也是整个系统最高的执行单元，因此 CPU 已成为决定 PC 性能的核心部件，很多用户都以它为标准来判断 PC 的档次，图 3-9 所示为 CPU 市场两大芯片厂商 Intel（英特尔）和 AMD（超威半导体）公司生产的酷睿系列和锐龙系列中央处理器。

图 3-9　AMD 锐龙系列（左）和 Intel 酷睿系列（右）中央处理器

③ 内存：内存又叫内部存储器（RAM），属于电子式存储设备，它由电路板和芯片组成，特点是体积小、速度快、有电可存、无电清空，即 PC 在开机状态时内存中可存储数据，关机后将自动清空其中的所有数据。

微机的内存与 CPU 一起被安装在计算机的主板上。内存芯片被做成插件形式，即内存条，可以方便地插到主板上的内存插槽中。用户可以根据自己的需要组合不同容量的内存空间。图 3-10 展示了一块内存条的物理结构，内存条上的内存颗粒用于存储数据，直接关系到内存的性能。内存条下方黄褐色的触点被称为金手指。在工作时，该区域会与内存插槽内部的触点接触。若发生接触不良情况，则极有可能导致计算机无法开机、蓝屏或死机。金手指中间部分的缺口为防呆口，主要用于内存安装时的方向校对，内存条只有按照唯一的方向才能全部插入内存插槽中，这种设计被用于微机系统许多连接装置上，使得非专业人士在扩展自己的系统时非常容易操作而不会导致安装错误。

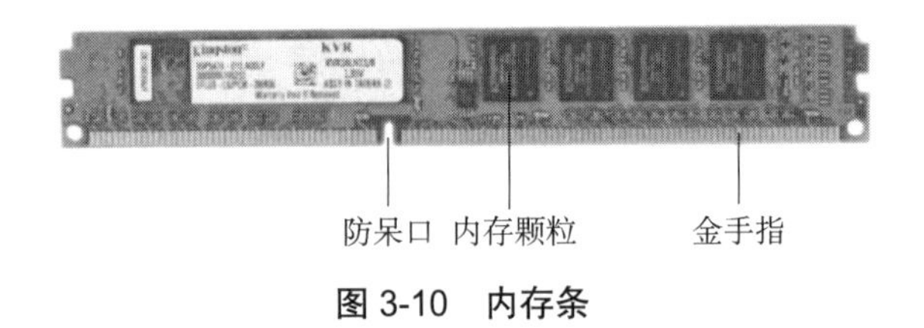

图 3-10　内存条

④ 硬盘：硬盘属于外部存储器，存放着操作系统、用户程序和数据。硬盘容量的大小决定着微型计算机存储数据的能力。微型计算机启动后，操作系统与用户的程序就不断地存取其中的内容，所以其性能优劣与微型计算机的性能息息相关。早期在微型计算机上使用的硬盘的接口主要为 IDE 接口，后来逐渐转变为 SATA 接口，并且容量也大大增加。图 3-11 所示为市场上常见的机械硬盘和固态硬盘。

图 3-11　机械硬盘（左）和固态硬盘（右）

⑤ 显卡：显卡（见图 3-12）又叫显示适配器或图形加速卡，主要负责在工作时与显示器配合输出图形和文字，是连接显示器和个人 PC 主板的重要元件，是“人机对话”的重要设备之一。显卡的作用是在显示驱动的控制下，负责接收 CPU 输出的显示数据，按照显示格式进行变换并存储在显示存储器中，然后把显示存储器中的数据以显示器所要求的方式输出到显示器。显卡的生产厂家和型号繁多，区分显卡的依据是其上的显示芯片，即图形处理器（Graphic Processing Unit，GPU）。目前，主流的 GPU 制造商为美国的 NVIDIA 公司和加拿大的 ATI 公司。

⑥ 声卡：声卡是组成多媒体计算机必不可少的一个组成部分，是实现声波/数字信号相互转换的一种硬件设备，如图 3-13 所示。声卡的基本功能是把来自话筒、磁带、光盘的原始声音信号加以转换，输出到耳机、扬声器、扩音机、录音机等设备，或通过音乐设备数字接口（MIDI）使乐器发出美妙的声音。

图 3-12　显卡

图 3-13　声卡

⑦ 网卡：网卡（见图 3-14）是工作在数据链路层的网络组件，是局域网中连接计算机和传输介质的接口，不仅能实现与局域网传输介质之间的物理连接和电信号匹配，还涉及帧的发送与接收、帧的封装与拆封、介质访问控制、数据的编码与解码及数据缓存的功能等。网卡的作用是充当 PC 与网线之间的桥梁，它是用来建立局域网并连接到 Internet 的重要设备之一。

⑧ 电源：电源（见图 3-15）是 PC 中不可缺少的供电设备，属于微机系统的功率部件。计算机中每个部件的电能来源都依靠电源，它是保证计算机硬件正常工作的前提。电源的作用是将 220V 交流电转换为 PC 中使用的 5V、12V、3.3V 直流电，其性能的好坏，直接影响其他设备工作的稳定性，进而会影响整机的稳定性。

图 3-14　网卡

图 3-15　电源

（2）外部设备

外部设备就是用电缆线通过主板与计算机相连的其他设备，主要包括键盘、鼠标、扫描仪等输入设备和显示器、打印机等输出设备。

① 键盘：键盘（Keyboard）是最常用也是最主要的输入设备，如图 3-16 所示。通过键盘，我们可以将英文字母、数字、标点符号等输入到计算机中，从而向计算机发出命令、输入数据等。键盘由一组按阵列方式装配在一起的按键开关组成，每按下一个键相当于接通了相应的开关电路，把该键的代码通过接口电路送入计算机中。当快速大量输入字符，主机来不及处理时，先将这些字符的代码送往内存的键盘缓冲区，再从该缓冲区中取出进行分析处理。键盘接口电路多采用单片微处理器来控制整个键盘的工作，如上电时对键盘的自检、键盘扫描、按键代码的产生、发送及与主机的通信等。目前，键盘与主机连接的接口类型主要有两种：PS/2 和 USB。

图 3-16　键盘

② 鼠标：鼠标（见图 3-17）是计算机显示系统纵横坐标定位的指示器，因形似老鼠而得名“鼠标”，英文名“Mouse”。当人们移动鼠标时，PC 屏幕上就会有一个箭头指针跟着移

动，并可以很准确地指到想指的位置，快速地在屏幕上定位，它是人们使用 PC 不可缺少的部件之一。按照接口划分，鼠标分为两大类：有线鼠标和无线鼠标，有线鼠标一般有 3 种接口，分别是 RS232 串接口、PS/2 接口和 USB 接口；无线鼠标主要为红外线和蓝牙（Bluetooth）鼠标。

图 3-17　有线鼠标（左）和无线鼠标（右）

③ 扫描仪：扫描仪（Scanner）是一种高精度的光电一体化的高科技产品，是将各种形式的图像信息输入计算机的重要工具，如图 3-18 所示。图片、照片、胶片到各类图纸图形及文稿资料都可以用扫描仪输入到计算机中，进而实现对这些图像形式的信息的处理、管理、使用、存储、输出等。配合文字识别软件，扫描仪还可以将扫描后的文稿转换成文本信息。目前，扫描仪已广泛应用于各类图形图像处理、出版、印刷、广告制作、办公自动化、多媒体、图文数据库、图文通信、工程图纸输入等众多领域。

图 3-18　扫描仪

图 3-19　显示器

④ 显示器：显示器（见图 3-19）又叫监视器（Monitor），是计算机最主要的输出设备，是人与计算机交流的主要渠道。显示器有两根电缆线，一根是电源线，用于为显示器供电；另一根是信号线，与主机中的显卡或图形加速卡相连接，用于传输主机送来的信息。显示器的种类有很多，如阴极射线显示器（Cathode Ray Tube，CRT）、液晶显示器（Liquid Crystal Display，LCD）、等离子显示器（Plasma Display Panel，PDP）、发光二极管显示器（Light Emitting Diode，LED）等，如今最具实用与商品化的是 CRT 和 LCD。

尺寸和分辨率是显示器的两项重要指标。显示器的尺寸为屏幕从左上到右下的对角线的长度，常用英寸来表示，一般有 19、21、23、27、32 英寸等。分辨率是指显示器屏幕能够

显示的像素数目，分辨率越高，显示的图像越细腻。常见的显示器分辨率为 1920×1080、2560×1440、3840×2160 等。

⑤ 打印机：打印机（Printer）是计算机的输出设备之一，用于将计算机处理结果打印在相关介质上。与显示器输出相比，打印输出可产生永久性记录，因此打印设备又称为硬复制设备。衡量打印机好坏的指标有 3 项：打印分辨率、打印速度和噪声。按照工作方式，打印机可分为点阵打印机、针式打印机、喷墨式打印机、激光打印机等，图 3-20 展示了常见的喷墨式打印机和激光打印机。

图 3-20　喷墨式打印机（左）和激光打印机（右）

2. 微型计算机的主要性能指标

对于一台个人计算机来说，其性能的好坏不是由一项指标决定的，而是由各部分总体配置决定的。衡量微机的性能，主要看以下几个性能指标。

① CPU 主频：CPU 主频即处理器的时钟频率，是处理器内核电路的实际运行频率，一般称为处理器运算时的工作频率，简称主频。主频越高，单位时间内完成的指令数也越多。主频的度量单位为兆赫（MHz）、吉赫（GHz）。

② 外频和倍频：外频是 CPU 的基准频率，单位是 MHz。外频是 CPU 与主板之间同步运行的速度。由于 CPU 工作频率不断提高，一些其他设备（如插卡、硬盘等）受到工艺的限制，不能承受更高的频率，因此限制了 CPU 频率的进一步提高，于是出现了倍频技术。该技术能够使 CPU 内部工作频率变为外部频率的倍数，通过提升倍频而达到提升主频的目的。倍频技术就是使外部设备可以工作在一个较低外频上，CPU 主频是外频的倍数，即主频=外频×倍频。

③ 字长：字长是指处理器一次能够完成二进制运算的位数，如 8 位、16 位、32 位、64 位。它直接关系计算机的计算精度、功能和速度。字长越长，计算精度越高，处理能力越强。为了兼顾精度和硬件代价，许多计算机允许变字长运算，如支持半字长、全字长、双倍字长或多倍字长运算等。

④ 缓存：内部缓存，即通常所说的一级缓存（L1 Cache），是与 CPU 共同封装于芯片内部的高速缓存，也是为了解决 CPU 与主存之间的速度不匹配而采用的一项重要技术。当然，现在很多 CPU 上还有二级缓存（L2 Cache）、三级缓存（L3 Cache），其作用与一级缓存类似。

⑤ 内存容量：内存是 CPU 直接访问的存储器，微机中所有需要执行的程序与需要处理的数据都要先读到内存中。内存容量反映了微机即时存储信息的能力，随着操作系统的升级和应用软件功能的不断增多，对内存的需求容量越来越大。

3.3 计算机的工作原理

计算机的工作方式取决于它的两个基本能力：一是能够存储程序，二是能够自动执行程序。计算机利用存储器（内存）来存放所要执行的程序，CPU 依次从存储器中取出程序中的每一条指令并加以分析和执行，直至完成全部指令任务。这就是计算机的“存储程序”工作原理。下面主要介绍指令的概念及其执行过程。

3.3.1 指令及指令系统

要让计算机完成某个特定任务，则必须运行相应的程序。在计算机内部，程序由一系列指令组成，指令是构成程序的基本单位。

操作码	操作数

图 3-21 指令的格式

指令是能够被计算机识别并执行的二进制编码（也称“机器语言”），它规定了计算机要执行的操作及操作对象所在的位置。在计算机中，每条指令表示一个简单的功能，许多条指令实现了计算机的复杂功能。通常一条指令由两部分组成（见图 3-21）。

操作码是用来指出计算机应当执行何种操作的一串二进制数。例如，加法、减法、乘法、除法、取数、存数等操作，均有相应的二进制编码。操作码的位数决定了操作指令的条数。

操作数用于指出该指令所要操作（处理）的数据或者数据所在的寄存器的地址。如果操作数给出的是地址信息，那么这部分也被称为“地址码”。地址码可以给出若干个地址，如所要处理数据的地址（源操作数地址）、操作结果的存放地址（目的地址）等。地址码可以是 CPU 某个寄存器的地址，也可以是内存储器的某个单元的地址。

例如，某条 16 位的指令，如图 3-22 所示。

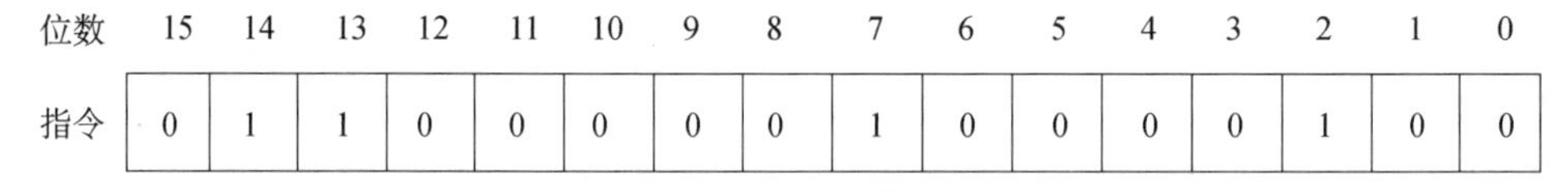

位数	15	14	13	12	11	10	9	8	7	6	5	4	3	2	1	0
指令	0	1	1	0	0	0	0	0	1	0	0	0	0	1	0	0

图 3-22 16 位指令

第 15～12 位为操作码，0110 表示“加”操作。

第 11～6 位为操作数之一地址码，000010 表示寄存器“B”。

第 5～0 位为目标操作数地址码，000100 表示寄存器“A”。

该指令要求进行加法操作，将寄存器 A 中的内容与寄存器 B 中的内容相加，结果存放在寄存器 A 中。

至于一条指令的长度为多少位，哪些位数表示操作类型，哪些位数表示数据信息，哪些位数表示目的地址，不同类型的 CPU 有自己的约定。每种 CPU 有自己能识别的一组指令，一种 CPU 所能识别并执行的全部指令的集合称为该 CPU 的指令系统（Instruction Set）。不同类的 CPU，其指令系统的指令条数有所不同。为了保证 CPU 的兼容性，同一生产厂家在

CPU 更新换代时，都注意保留原来的指令系统，并使数据格式、I/O 系统保持不变，从而确保了软件的向下兼容性。指令系统通常应包含具有以下功能的指令。

● 数据传送指令：在存储器和 CPU 内的寄存器之间传送数据的指令。

● 数据处理指令：包括算术运算指令、逻辑运算指令、浮点运算指令、位（位串）运算指令等。算术运算指令包括加、减、乘、除等指令；逻辑运算指令包括与、或、非、异或等指令；浮点运算指令用于对浮点数进行算术、逻辑、跳转等运算，因为 CPU 对浮点运算的处理大大复杂于整数运算，所以 CPU 中一般会有专门负责浮点运算的浮点运算单元，其运算能力的强弱也是关系到 CPU 的多媒体、3D 图形处理能力的一个重要指标；位运算指令，如左移一位、右移一位，可以改变数据的值，位运算也可以对某一特定的位进行屏蔽和设置等。

● 程序控制指令：包括各种转移指令、子程序调用指令、子程序返回指令、比较指令等。

● 输入/输出指令：在主机和外设之间传递数据的指令，控制外设的工作，读取外设的状态。

● 其他指令：对计算机的硬件进行管理的指令，如堆栈操作指令、多处理器控制指令及停机、空操作等系统指令。

3.3.2 指令的执行过程

在计算机的工作过程中，一条指令的执行过程可以分为 3 个阶段：取指令阶段、分析指令阶段和执行指令阶段。其中部分功能需要由控制器中的程序计数器、指令寄存器及指令译码器等基本组成部分来完成。

（1）取指令阶段

取指令阶段的任务是将指令从内存中取出来并送至指令寄存器保存。

执行过程可简单地描述为：读取程序计数器中的内容（程序计数器中保存的值是将要执行的指令的地址），读取完成后向存储器发出读命令，从与其对应的存储单元中取出指令，通过数据总线送到指令寄存器中，同时程序计数器中的值自动加 1，指向下一个将要执行的指令的地址，为取下一条指令做好准备。

以上操作对任何一条指令来说都是必须要执行的，也称为公共操作。完成取指令阶段任务的时间称为取指周期。

（2）分析指令阶段

取出指令后，机器立即进入分析指令阶段，该阶段由指令译码器完成。指令译码器可以识别和区分不同的指令类型。由于各条指令功能不同，分析阶段的操作也各不相同。如果指令没有操作数，只要根据操作码识别出是哪一条具体的指令即可进入执行阶段。对于带操作数的指令就需要读取操作数。

（3）执行指令阶段

执行指令阶段要完成指令规定的操作，形成运算结果，并将其存储起来。

计算机工作时，CPU 从内存中读取一条指令到 CPU 内执行，执行完后，再从内存中读取下一条指令到 CPU 内执行。CPU 不断地取指令、分析指令、执行指令……直至遇到停机指令或外来的干预为止，如图 3-23 所示。计算机完成一条指令所需要的时间称为一个指令周期，指令周期越短，指令执行得越快。

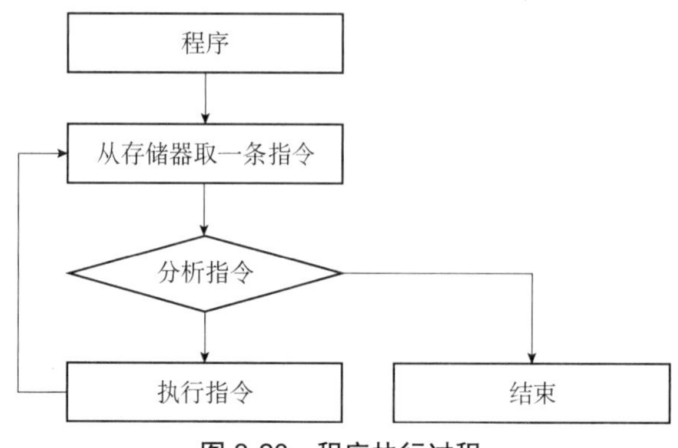

图 3-23　程序执行过程

3.3.3　计算机的基本工作原理

要想实现机器的自动计算，必须先根据题目的要求，编制出求解该问题的计算程序，并通过输入设备将该程序存入计算机的存储器中，再进行后续的程序执行。

本节将通过一个简单的算题实例来说明计算机实现自动计算的基本过程，以便帮助读者理解计算机的基本工作原理。

例如，要求在计算机中计算“3+2=？”要解决这一简单算题，必须先编写出完成这一算题的计算步骤，如表 3-1 所示。我们把该表称为文字形式的计算程序，表中的每一个计算步骤完成一个基本操作（如取数、加法、存数、打印输出等）。为了使计算机能够存储、识别和执行该程序，在输入之前我们需要将其转化为指令形式。转化过程分为两步：

① 根据 3.3.1 节中对指令的介绍可知，每条指令都必须向计算机提供两个信息：一是执行什么操作，二是参与这一操作的数据是什么。相应地，我们按此形式将表 3-1 所示的计算程序进行简化。例如，表 3-1 中的第 1 个计算步骤，该步骤要执行的操作是“取数”，从存储器取到运算器的数据是“3”。简化结果如表 3-2 所示。

表 3-1　计算 3+2 的程序（文字形式）

计算步骤	解题命令
1	从存储器中取出 3 到运算器的 1 号寄存器中
2	从存储器中取出 2 到运算器的 2 号寄存器中
3	在运算器中将 1 号和 2 号寄存器中的数据相加，得到和为 5
4	将结果 5 存入存储器中
5	通过输出设备将结果 5 打印输出
6	停机

表 3-2　简化程序（文字形式）

指令顺序	指令内容	
	执行的操作	操作数
1	取数	3
2	取数	2
3	加法	3，2
4	存数	5
5	打印	5
6	停机	

② 在计算机中，所有的“操作”都是用二进制代码进行编码的，若假定前述 5 种基本操作的编码如表 3-3 所示，则称“0100”为“取数”操作的操作码，其他 4 个操作码分别为“0010”（加法操作）、“0101”（存数操作）、“1000”（打印操作）、“1111”（停机操作）。在计算机中，数据是以二进制代码表示的，并存放在存储器的预定地址的存储单元中。若假定本题的原始数据 3（等值二进制代码为 0011）、2（等值二进制代码为 0010）及计算结果存放在第 1 至第 3 号存储单元中，如表 3-4 所示，那么表 3-2 所示的计算程序可以改写为如表 3-5 所示程序。该表中已假定 6 条指令分别存放在第 5 至第 10 号存储单元中，且每条指令的内容由操作码（Operation Code）和地址码（Address Code）组成，其中地址码包含存储单元地址（用 D*i* 表示）及运算器中寄存器编号（用 R*i* 表示）。表 3-5 给出了计算 3+2 的真正计算程序，其含义与表 3-1 给出的最原始的计算程序完全一样，但它能为计算机所存储、识别和执行。

表 3-3　指令操作码表

操作名称	操作码
取数	0100
加法	0010
存数	0101
打印	1000
停机	1111

表 3-4　操作数的存放单元

数的存放地址	存放的数
0001	0011（3）
0010	0010（2）
0011	计算结果

表 3-5　用二进制代码表示的计算程序

指令地址	指令内容		所完成的操作（用符号表示）
	操作码	地址码	
0101	0100	0001	R0←（D1）
0110	0100	0010	R1←（D2）
0111	0010	0001	R0←（R0）+（R1）
1000	0101	0011	D3←（R0）
1001	1000	0011	打印机←（D3）
1010	1111		停机

根据上述对数据和指令在存储器中存放地址的假定，可以得到图 3-24 所示的存储器布局。由图 3-24 可知，地址为 0001 至 0011 的存储单元中存放数据（假定用 8 位二进制代码表示），地址为 0101 至 1010 的存储单元中存放指令，第 0100 号存储单元为空。

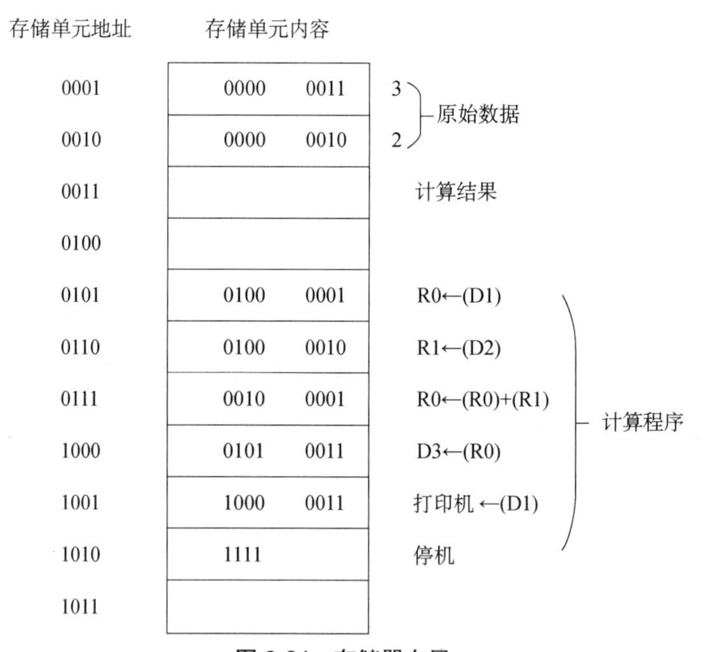

图 3-24　存储器布局

下面结合图 3-24 所示的计算程序，简要说明计算机的基本工作原理。

（1）根据给定的算式（如 3+2=？）编制计算程序，并分配计算程序及数据在存储器中的存放地址（见表 3-4 和表 3-5）。

（2）用输入设备将计算程序和原始数据输入到存储器的指定地址的存储单元中（见图 3-24）。

（3）从计算程序的首地址（0101）启动计算机工作，在控制器的控制下完成下列操作：

① 从地址为 0101 的存储单元中，取出第 1 条指令（01000001）送入控制器。控制器识别该指令的操作码（0100），确认它为“取数”指令。

② 控制器根据第 1 条指令中给出的地址码（0001），发出“读”命令，便从地址为 0001（D1）的存储单元中取出数据 00000011（十进制数 3）送入运算器的 R0 寄存器中。

至此，第 1 条指令执行完毕，控制器自动形成下一条指令在存储器中的存放地址，并按此地址从存储器中取出第 2 条指令，在控制器中分析该条指令要执行的是什么操作，并发出执行该操作所需要的控制信号，直至完成该条指令所规定的操作。以此类推，直到计算程序中的全部指令执行完毕。

由上可知，计算机的基本工作原理可概括如下：

① 计算机的自动计算（或自动处理）过程就是执行一段预先编制好的计算程序的过程。

② 计算程序是指令的有序集合。因此，执行计算程序的过程实际上是逐条执行指令的过程。

③ 指令的逐条执行是由计算机硬件实现的，可顺序完成取指令、分析指令、执行指令所规定的操作，并为取下一条指令准备好指令地址。如此重复操作，直至执行到停机指令。

需指出的是，现代计算机系统提供了强有力的系统软件，计算机的使用者无须再用指令的二进制代码（称为机器语言）进行编程，计算程序在存储器中的存放位置都由计算机的操作系统自动安排。

3.4　计算机硬件构造中的计算思维

计算机的硬件构造中一般都蕴含着许多计算思维的思想。

① 在计算机中的数据和程序均以二进制形式进行存储。二进制的思维即 0 和 1 的思维，其中蕴含着以下几个方面的计算思维思想：数值信息和非数值信息均可用 0 和 1 表示，均能够被计算；物理世界中的任何事物只要可以通过符号化和数字化转换为 0 和 1，也就能够被计算。

② 冯・诺依曼计算机的结构体现了计算思维中的抽象思维：冯・诺依曼计算机由输入设备、存储器、运算器、控制器及输出设备 5 个部分组成。这一体系结构屏蔽了实现上的诸多细节，明确了现代计算机应该具备的重要组成部分及各部分之间的关系，是计算机系统的抽象模型，为现代计算机的研制奠定了基础。类似的还有图灵机的构造思想。

③ 中央处理器中的“多核处理器”技术体现了计算思维中的并行思维，该技术可以从空间的角度，通过硬件的冗余让不同的处理器并发执行不同的任务，提高系统的运行效率。

3.5　本章小结

计算机是一种用于计算的电子计算机器。经过多年的发展，计算机的功能不断增强，应用不断扩展，系统也变得越来越复杂，但是其基本硬件组成及工作原理却变化不大。

本章首先从计算机的两大基础模型入手，简要介绍了计算机的构造思想及基本组成框架，接着详细介绍了计算机的硬件组成及功能。在此基础上，通过指令系统和指令执行过程的学习，再结合实际算例解读计算机实现自动计算的基本过程，从而使读者能够更好地理解计算机的“存储程序”工作原理。最后，通过计算机硬件构造中的计算思维案例来进一步加深读者对计算思维的认识。

思考题

1．冯•诺依曼机的主要特征是什么？是否有局限性？
2．简述计算机的基本工作原理。
3．计算机的主要性能指标有哪些？
4．列举常见的输入/输出设备。
5．以你对计算机的理解，简述现代的计算机能做什么和不能做什么。
6．描述一下你对未来计算机的设想。
7．计算机硬件构造中的计算思维还有哪些？
8．请简述计算机系统分级存储器机制，这样做的目的是什么？

第 4 章　计算机软件、语言与算法

4.1　计算机软件

4.1.1　指令、程序与软件

一个完整的计算机系统，除我们看得见、摸得着的硬件设备之外，它的正常工作离不开软件。计算机系统组成，如图 4-1 所示。软件看不见、摸不着，但无处不在，就像空气一样充斥在我们周围。它们内嵌在汽车、计算机和手机中，管理着通信网络、个人计算机及智能手机等。不管你有没有注意到它们的存在，我们都无时无刻不在使用它们。我们在网上购物或在线学习等日常学习生活中，都无时无刻不在使用它们。C++之父贾尼・斯特劳斯特卢普（Bjarne Stroustrup）曾说过："我们整个文明的发展建立在软件之上。"

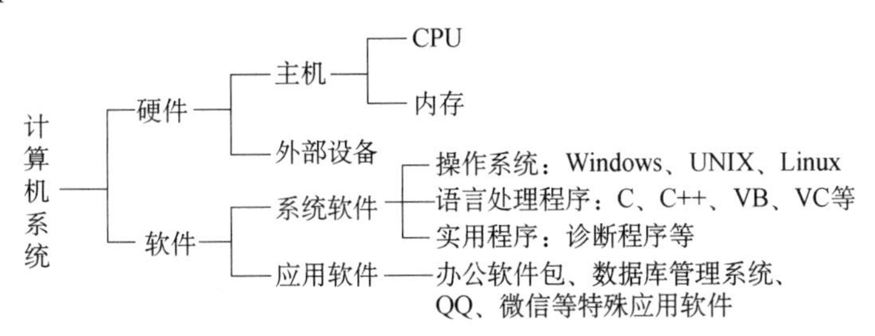

图 4-1　计算机系统组成

计算机软件是计算机运行所需要的各种程序、数据及相关文档的总称。

程序是指一组计算机能识别和执行的指令的有序集合，用某种程序设计语言编写，运行于某种目标计算机体系结构上。每一条指令使计算机执行特定的操作。例如，用一条指令要求计算机进行一次加法运算，用另一条指令要求计算机将某一运算结果输出到显示屏。

只要让计算机运行程序，计算机就会"自动地"执行各条指令，有条不紊地进行工作。计算机软件是包括相关文档在内的程序，计算机软件是计算机系统的一个重要组成部分，是计算机的"灵魂"，是用户和硬件之间进行交流的接口。没有任何软件的计算机被称为"裸机"，是不能工作的。因此，计算机功能的优劣不仅取决于硬件的好坏，软件的配置情况也起决定性作用。

4.1.2　计算机软件的分类

一般将软件分为两大类，即系统软件和应用软件。系统软件更为通用，通常是独立应用的，支持基本的计算机功能及所有的应用领域，如操作系统。应用软件主要用来完成面向用户的某些特定应用，如图像处理、聊天工具等。

1. 系统软件

系统软件主要是面向机器本身管理、控制与维护的基础软件，是用户开发应用软件所必需的系统的支持。

（1）操作系统

操作系统是用来管理计算机系统的全部资源，包括硬件、软件资源及数据资源，控制程序运行，改善人机界面，为其他应用软件提供支持的系统软件。它有两个基本职能：管理、控制、协调整个计算机系统的运行；为用户提供上机操作界面，是用户使用计算机的桥梁与接口。操作系统是计算机运行的总指挥，是配置在计算机系统中最靠近硬件的第一层软件，是对硬件系统的第一次扩张，是其他所有软件的支撑软件。因此，操作系统是所有计算机都必须配置的软件。目前微机常用的操作系统有 Windows、UNIX、Linux 系统等。

（2）语言处理程序

语言处理程序是为用户设计的编程服务软件，其作用是将高级语言源程序翻译成计算机能识别的目标程序。语言处理程序将用程序设计语言编写的源程序转换成机器语言的形式，以便计算机能够运行，这一过程除了要完成语言间的转换外，还要进行语法、语义等方面的检查。语言处理程序，共分三种：汇编程序、编译程序和解释程序。

（3）服务程序

服务程序指用户使用和维护计算机时所使用的程序，主要包括机器的监控管理程序、调试程序、故障检查和诊断程序、各种驱动程序及作为软件研制开发工具的编辑程序、调试程序、装配和连接程序等。

2. 应用软件

利用计算机的软硬件资源为某一专门的应用目的而开发的软件称为应用软件。应用软件仍然可以分为两大类：通用应用软件、用于专门行业或定制的特殊应用软件。

通用应用软件支持最基本的应用，广泛地应用于几乎所有的专业领域，如办公软件包、浏览器、数据库管理系统、财务处理程序、工资管理程序等。

多数小企业的经营者并不是计算机专家，也无法承担建立自己的信息系统部门的费用。特殊应用软件正是用来满足大多数这类专业领域的信息处理需要的，如牙科诊所、法律事务所、房地产事务所等。大型企业都有较高的特殊需求，而且现成的应用软件往往不能满足这些需求，于是，这些企业需要研制和开发能满足他们需求的特殊软件。为了提高开发定制软件的速度，有些公司，如 Oracle、SAP 等，提供了一类专门供大企业开发软件使用的软件。这类软件提供一个框架或构架，软件人员在框架的基础上进行开发，这比从头开始开发所用的时间要短。另外，由于框架已经被研制人员周密地测试，因而在此基础上得到的最终软件一般比较稳定且用户界面也比较友好。总之，应用软件是建立在系统软件之上的，为人类的生产活动与社会活动提供服务的软件。

4.1.3 操作系统

1. 什么是操作系统

操作系统（Operating System，OS）是管理和控制计算机硬件与软件资源的系统软件，是直接运行在“裸机”上的最基本的系统软件，任何其他软件都必须在操作系统的支持下才能运行。

操作系统是管理计算机硬件资源，控制其他程序运行并为用户提供交互操作界面的系统软件的集合。操作系统是计算机系统的关键组成部分，负责管理与配置内存、决定系统资源供需的优先次序、控制输入与输出设备、操作网络与管理文件系统等基本任务。操作系统使计算机系统所有资源最大限度地发挥作用，为用户提供方便的、有效的服务和友善的人机交互界面，如图 4-2 所示。

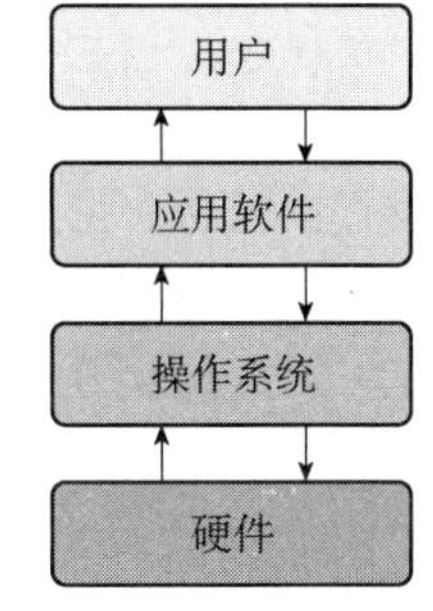

图 4-2　计算机系统层次结构图

2. 操作系统的功能

操作系统位于底层硬件与用户之间，是两者沟通的桥梁。用户可以通过操作系统的用户界面，输入命令。操作系统的主要功能是资源管理、程序控制和人机交互等。

（1）资源管理

计算机系统的资源可分为设备资源和信息资源两大类。设备资源指的是组成计算机的硬件设备，如中央处理器、主存储器、磁盘存储器、打印机、显示器、键盘输入设备和鼠标等。信息资源指的是存放于计算机内的各种数据，如文件、程序库、系统软件和应用软件等。

操作系统的资源管理功能主要包括 4 个方面：存储器管理、处理机管理、设备管理和文件管理。

- 存储器管理：负责把内存单元分配给需要内存的程序以便让它执行，在程序执行结束后将它占用的内存单元收回以便再使用。对于提供虚拟存储的计算机系统，操作系统还要与硬件配合做好页面调度工作，根据执行程序的要求分配页面，在执行中将页面调入和调出内存及回收页面等。
- 处理机管理或称处理器调度：在一个允许多道程序同时执行的系统里，操作系统会根据一定的策略将处理器交替地分配给系统内等待运行的程序。一道等待运行的程序只有在获得了处理器后才能运行。一道程序在运行中若遇到某个事件，如启动外部设备而暂时不能继续运行下去，或一个外部事件的发生等，操作系统就要来处理相应的事件，然后将处理器重新分配。
- 设备管理：主要分配和回收外部设备及控制外部设备按用户程序的要求进行操作等。对于非存储型外部设备，如打印机、显示器等，它们可以直接作为一个设备分配给一个用户程序，在使用完毕后回收以便给另一个有需求的用户使用。对于存储型的外部设备，如磁盘、磁带等，则提供存储空间给用户，用来存放文件和数据。存储性外部设备的管理与信息管理是密切结合的。
- 文件管理：主要向用户提供一个文件系统。一般地，一个文件系统向用户提供创建文件、撤销文件、读写文件、打开和关闭文件等功能。有了文件系统后，用户可按文件名存取数据而无须知道这些数据存放在哪里。这种做法不仅便于用户使用而且还有利于用户共享公共数据。此外，由于文件建立时允许创建者规定使用权限，这就可以保证数据的安全性。

（2）程序控制

一个用户程序的执行自始至终是在操作系统控制下进行的。一个用户将他要解决的问题用某一种程序设计语言编写了一个程序后，就将该程序连同对它执行的要求输入到计算机内，操作系统就根据要求控制这个用户程序的执行直到结束。操作系统控制用户的执行主要有以下一些内容：调入相应的编译程序，将用某种程序设计语言编写的源程序编译成计算机可执行的目标程序，分配内存储等资源将程序调入内存并启动，按用户指定的要求处理执行中出现的各种事件及与操作员联系请示有关意外事件的处理等。

（3）人机交互

操作系统的人机交互功能是决定计算机系统“友善性”的一个重要因素。人机交互功能主要依靠可输入/输出的外部设备和相应的软件来完成。可供人机交互使用的设备主要有键盘、显示设备、鼠标、各种模式识别设备等。与这些设备相应的软件就是操作系统提供人机交互功能的部分。人机交互部分的主要作用是控制有关设备的运行和理解并执行通过人机交互设备传来的有关的各种命令和要求。

（4）进程管理

不管是常驻程序或者应用程序，它们都以进程为标准执行单位。进程是指程序在一个数据集合上运行的过程，是系统进行自由分配和调度运行的基本单位。当年运用冯·诺依曼架构建造计算机时，每个中央处理器最多只能同时执行一个进程。现代的操作系统，即使只拥有一个 CPU，也可以利用多进程（Multitask）功能同时执行复数进程。

当计算机只包含一颗中央处理器，在单内核（Core）的情况下多进程只是简单迅速地切换各进程，让每个进程都能够被执行；在多内核或多处理器的情况下，所有进程通过协同技术在各处理器或内核上转换。越多进程同时被执行，每个进程能分配到的时间比率就越小。进程管理通常实现了分时的概念，大部分的 OS 可以利用指定不同的特权等级（Priority），为每个进程改变所占的分时比例。特权等级越高的进程，执行优先级越高，单位时间内占的比例也越高。交互式 OS 也提供某种程度的回馈机制，让直接与使用者交互的进程拥有较高的特权值。

（5）用户接口

操作系统向用户提供的用户接口主要有命令接口、程序接口、图形用户接口。

命令接口：用户可以直接从键盘终端输入各种命令来取得操作系统的服务。

程序接口：这是应用程序与操作系统的接口，用户通过在程序中安排系统调用来取得操作系统的服务。

图形用户接口：将系统的各项功能及各种应用程序以各种形式的图标逼真地表示出来，利用鼠标进行操作，使计算机的操作更为方便简单、生动有趣。

3. 操作系统的分类

操作系统的种类有很多，各种设备安装的操作系统可从简单到复杂，可从手机的嵌入式操作系统到超级计算机的大型操作系统。目前流行的现代操作系统主要有 Android、BSD、iOS、Linux、Mac OS X、Windows、Windows Phone 和 z/OS 等，除了 Windows 和 z/OS 等少数操作系统，大部分操作系统都为类 UNIX 操作系统。按其工作方式，操作系统可以分为批处理操作系统、分时操作系统、实时操作系统、网络操作系统和分布式操作系统。

（1）批处理操作系统

批处理操作系统（Batch Processing Operating System）的工作方式是：用户将作业交给系统操作员，系统操作员将许多用户的作业组成一批作业，之后输入到计算机中，在系统中形成一个自动转接的连续的作业流，然后启动操作系统，系统自动、依次执行每个作业。最后由操作员将作业结果交给用户。

批处理操作系统包括单道批处理系统和多道批处理系统。在单道批处理操作系统中，用户把一批作业输入计算机中，系统一个接一个地连续自动处理这批作业，直到所有作业全部完成。系统对作业的处理是成批进行的，而内存中始终只有一道作业，故称为单道批处理系统。这时系统仍有较多的空闲资源，致使系统的性能较差。为了进一步提高资源的利用率和系统吞吐量，在 20 世纪 60 年代又引入了多道程序设计技术，由此形成了多道批处理操作系统。在多道批处理系统中，用户递交的作业都先存放在外存上形成一个队列，该队列被称为“后备队列”。然后由作业调度程序按一定的算法从这些队列中选择若干个作业调入内存，使它们共享 CPU 和系统中的各种资源，以提高资源利用率和系统吞吐量。

（2）分时操作系统

分时操作系统（Time Sharing Operating System，TSOS）的工作方式是：一台主机连接了若干个终端，每个终端有一个用户在使用。用户交互式地向系统提出命令请求，系统接收每个用户的命令，采用时间片轮转方式处理服务请求，并通过交互方式在终端上向用户显示结果。用户根据上步结果发出下道命令。分时操作系统将 CPU 的时间划分成若干个片段，称为时间片。操作系统以时间片为单位，轮流为每个终端用户服务。每个终端用户轮流使用一个时间片而使每个终端用户并不感到有别的终端用户存在。分时系统具有多路性、交互性、“独占”性和及时性的特征。多路性指，有多个用户使用一台计算机，宏观上看是多个人同时使用一个 CPU，微观上是多个人在不同时刻轮流使用 CPU。交互性指，用户根据系统响应结果进一步提出新请求。“独占”性指，用户感觉不到计算机还在为其他人服务，就像整个系统为他所独占。及时性指，系统对用户提出的请求及时响应。它支持位于不同终端的多个用户同时使用一台计算机，彼此独立互不干扰，用户感到好像一台计算机全为他所用。

常见的通用操作系统是分时操作系统与批处理操作系统的结合。其原则是：分时优先，批处理在后。前台响应需频繁交互的作业，如终端的要求；后台处理时间性要求不强的作业。

（3）实时操作系统

实时操作系统（Real Time Operating System，RTOS）是指使计算机能及时响应外部事件的请求在规定的严格时间内完成对该事件的处理，并控制所有实时设备和实时任务协调一致地工作的操作系统。实时操作系统要追求的目标是对外部请求在严格时间范围内做出反应，具有高可靠性和完整性。其主要特点是资源的分配和调度首先要考虑实时性然后才是效率。此外，实时操作系统应有较强的容错能力。

（4）网络操作系统

网络操作系统（Network Operating System，NOS）通常是运行在服务器上的操作系统，是基于计算机网络的，是在各种计算机操作系统上按网络体系结构协议标准开发的软件，包括网络管理、通信、安全、资源共享和各种网络应用。其目标是相互通信及资源共享。在其支持下，网络中的各台计算机能互相通信和共享资源。其主要特点是与网络的硬件相结合来完成网络的通信任务。网络操作系统被设计成在同一个网络中（通常是一个局部区域网络LAN，一个专用网络或其他网络）的多台计算机中，可以共享文件和打印机访问。流行的网络操作系统有 Linux、UNIX、Windows Server、Mac OS X Server、Novell NetWare 等。

（5）分布式操作系统

分布式操作系统（Distributed Software Systems）是为分布式计算系统配置的操作系统。分布式操作系统是由多个并行工作的处理机组成的系统，提供高度的并行性和有效的同步算法及通信机制，自动实行全系统范围的任务分配并自动调节各处理机的工作负载，如MDS、CDCS 等。它在资源管理、通信控制和操作系统的结构等方面都与其他操作系统有较大的区别。由于分布式操作系统的资源分布于系统的不同计算机上，操作系统对用户的资源需求不能像一般的操作系统那样等待有资源时直接分配的简单做法而是要在系统的各台计算机上搜索，找到所需资源后才可进行分配。分布式操作系统的通信功能类似于网络操作系统。由于分布式操作系统不像网络分布得很广，同时分布式操作系统还要支持并行处理，因此它提供的通信机制和网络操作系统提供的有所不同，它要求通信速度快。分布式操作系统的结构也不同于其他操作系统，它分布于系统的各台计算机上，能并行地处理用户的各种需求，有较强的容错能力。

4.2 计算机语言

4.2.1 计算机语言概述

为了让计算机完成特定任务，程序开发人员需要编写相应的计算机程序，以告诉计算机应当做什么和如何做，其中，处理问题的方法和步骤必须以计算机可以理解的形式表示出来。人与人之间通过自然语言进行交流，如中国人用汉语、日本人用日语、美国人用英语等。同样，人和计算机之间的沟通也需要有语言，如 C 语言、Java 语言和 Python 语言等。我们把这种用于人与计算机之间通信的语言称为计算机语言，也称编程语言，它规定了编写程序时所允许使用的语法规则的集合。

计算机语言的发展大致分为三代：机器语言、汇编语言和高级语言。

（1）机器语言（Machine Language）

机器能直接识别，用二进制指令代码描述的程序语言称为机器语言。用机器语言编写的程序，计算机可直接识别并执行，不需要任何解释，效率高；不过人们很难编写、阅读、记忆、调试和修改。早期的计算机程序就是用机器语言直接编写的，不同计算机结构的机器指令不同。

（2）汇编语言（Assemble Language）

汇编语言是用能反映指令功能的助记符描述的计算机语言，也称符号语言，它实际上是由一组与机器语言指令一一对应的符号指令和简单语法组成的，是一种符号化的机器语言。

用汇编语言编写的程序称源程序，机器无法直接执行。必须用相应的汇编程序把它“翻译”成目标程序（即机器语言）才能执行。完成这个“翻译”过程的是汇编程序。用汇编语言编写程序比用机器语言编写的程序易写、易读、易记忆，由于它能控制计算机内部底层的操作，与机器密切相关，一般人很难使用。与机器语言类似，不同计算机结构的汇编指令不同，由于机器语言和汇编语言都直接操作计算机硬件并基于此设计，所以它们统称为低级语言。

（3）高级语言（High Level Language）

机器语言和汇编语言编写的程序都是面向机器的，与人类的自然习惯相差较远，编程效率低，于是诞生了高级语言。高级语言与低级语言的区别在于，高级语言是接近自然语言的一种计算机程序设计语言，可以更容易地描述计算问题并利用计算机解决问题。例如，执行 x 和 y 的加法操作，高级语言代码直接用“x+y”表示，高级语言代码只与编程语言有关，与计算机结构无关，同一种编程语言在不同计算机上的表达方式是一致的。

同汇编语言程序一样，计算机不能直接识别和执行高级语言编写的源程序，必须将其“翻译”成目标程序后机器才能执行。高级语言有两种“翻译”方式：一种是逐条指令边解释边执行，运行结束后目标程序并不保存，完成这种处理过程的程序称为解释程序；另一种是先把源程序全部一次性翻译成目标程序，然后再执行目标程序，完成这种处理过程的程序称为编译程序。

高级语言主要经历了两个阶段：面向过程的语言和面向对象的语言。面向过程的语言又分非结构化的语言和结构化的语言两个阶段。初期的高级语言属于非结构化语言，编程风格比较随意，只要符合语法规则即可，程序流程可以随意跳转，如早期的 FORTRAN 就属于非结构化语言；之后出现了结构化语言，此类语言支持“结构化程序设计方法”，规定程序必须具有良好特性的基本结构（顺序结构、选择结构、循环结构），程序流程不得随意跳转，如 FORTRAN77 和 C 语言都属于面向过程的结构化语言。面向过程的语言，在编写程序时需要具体指定每一个过程的细节；而面向对象语言是以对象作为基本程序结构单位的程序设计语言，具有封装性、多态性和继承性等特点，C++和 Java 语言属于面向对象的语言。

4.2.2　热门编程语言排行榜

第一个被广泛应用的高级语言是诞生于 1972 年的 C 语言，随后 40 多年先后诞生了 600 多种程序设计语言，但是被广泛使用的只有少数几种。面对层出不穷的编程语言（见图 4-3），选择学习哪一门语言，是 C 还是 Python，该怎样选择？

图 4-3　面对各种编程语言的困惑

应该说，在软件开发或编写程序解决特定任务时，选择合适的语言，会减少编码困难。各种语言有自己的适用领域，如 Java 适用于 Web 开发及网络应用。SQL 语言用于数据库的查询与操作。LISP 语言适用于人工智能应用。Python 语言适用于 Web 开发，在数据科学和机器学习等领域也颇受欢迎。你可以根据自己的专业需要或应用需求选择语言。当然，为了快速入门，你也可以根据语言的入门难易程度进行选择。一言以蔽之，考虑的角度不同，可以做出不同的选择。其中，关注热门编程语言排行榜，不失为一个快捷而有效的方法。

1. TIOBE 编程语言排行榜

从编程语言实时排名网站（https://www.tiobe.com）可以获得 TIOBE 编程语言排行榜，又称世界编程语言排行榜，是编程语言流行的指标展示，每月进行更新，评估结果根据主流搜索引擎（诸如 Google、MSN、Yahoo！、Wikipedia、YouTube 及 Baidu 等）中，搜索所用的关键词中包含“<语言>程序设计”的点击次数进行采样与计算，统计出排名数据。其结果，作为当前业内程序开发语言的流行使用程度的有效指标，可以用来检阅开发者的编程技能能否跟上趋势，或是否有必要做出战略改变，以及什么编程语言是应该及时掌握的。当然，该排行榜只反映某个编程语言的热门程度，并不能说明一门编程语言好不好，或者一门语言所编写的代码数量多少。

2021 年 1 月，TIOBE 公布的编程语言排行榜 TOP10，如图 4-4 所示。位列前三的程序设计语言分别为 C 语言、Java 语言和 Python 语言。其中，C 语言以 17.38% 的比例位居榜首；第二名 Java 语言，占比为 11.96%；第三名 Python 语言，占比 11.72%。与 2020 年同期相比，C 语言的占比上升 1.61%，从第二名上升至第一名；Java 语言的占比下降 4.93%，排名上被 C 语言反超；Python 语言排名上与历史同期相比保持不变，但是占比上升了 2.01%，在前 10 名中上升比例最大；短短一年的时间里，R 语言从第 18 名跃升至第 9 名，排名变化最大。

Jan 2021	Jan 2020	Change	Programming Language	Ratings	Change
1	2	^	C	17.38%	+1.61%
2	1	⌄	Java	11.96%	-4.93%
3	3		Python	11.72%	+2.01%
4	4		C++	7.56%	+1.99%
5	5		C#	3.95%	-1.40%
6	6		Visual Basic	3.84%	-1.44%
7	7		JavaScript	2.20%	-0.25%
8	8		PHP	1.99%	-0.41%
9	18	⌃⌃	R	1.90%	+1.10%
10	23	⌃⌃	Groovy	1.84%	+1.23%

图 4-4　TIOBE 编程语言排行榜 TOP10（来源：www.tiobe.com）

从 TIOBE 公布的编程语言近 20 年走势图可以看出（见图 4-5），C 语言和 Java 语言是近 20 年来仅有的两种占比达到第一位的语言，而 Python 语言自 2018 年以来占比呈飙升趋势，排名上跃升至第三位。

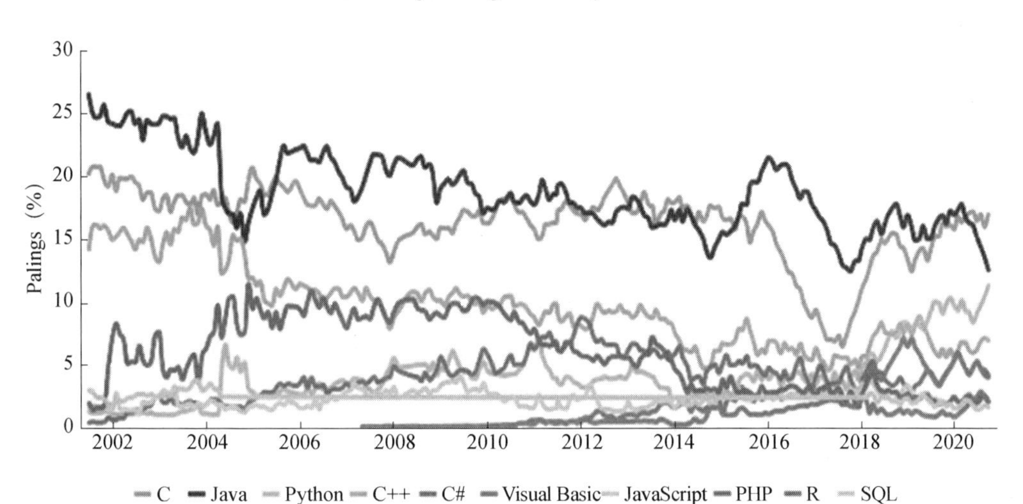

图 4-5　TIOBE 编程语言 TOP10 近 20 年的变化情况（来源：www.tiobe.com）

2. 常用编程语言简介

按照计算机语言的应用领域通用性，可以分为专用语言和通用语言两大类。专用计算机语言有特定的语法专用于某些领域。例如，Matlab 是基于矩阵运算的科学计算语言，SQL 是数据库操作语言，Verilog 是硬件描述语言等。通用计算机语言指能够用于编写多种用途程序的编程语言，可以用于编写各种类型的应用，此类语言的语法中没有专门应用于特定应用的程序元素。下面介绍的常用编程语言，如 C、Java 和 Python 都属于通用计算机语言。

（1）C 语言

C 语言介于汇编语言和高级语言之间，是一门面向过程的结构化程序设计语言，集汇编语言和高级语言优点于一身，于 1972 年在美国贝尔实验室里问世。早期的 C 语言主要用于 UNIX 系统。由于 C 语言的强大功能和各方面的优点逐渐为人们认识，到了 20 世纪 90 年代，C 语言开始进入其他操作系统，并很快在各类大、中、小和微型计算机上得到广泛应用。由于 C 语言实现对硬件的编程操作，所以既可用于系统软件的开发，也适合于应用软件的开发。

C 语言具有如下主要特点。

- 语言简洁、紧凑，使用方便、灵活，仅有 32 个关键字和 9 种控制语句，书写自由。
- 具有丰富的运算符和数据类型，便于实现各类复杂的数据结构。
- 可以直接访问内存的物理地址，允许直接对位、字节和地址进行操作。
- 生成的目标代码质量高，程序执行效率高。

（2）Java 语言

Java 语言是一门面向对象的程序设计语言，来自 Sun 公司的一个叫 Green 的项目，其原先的目的是为家用消费类电子产品研究开发新技术，专供计算机在家电产品上的嵌入式应用。Java 前身 Oak 是一种用于网络的精巧而安全的语言，1995 年更名为 Java，并重新设计用于开发 Internet 应用程序。用 Java 实现的 HotJava 浏览器显示了 Java 的魅力：跨平台、动态 Web 等。Java 语言目前主要应用于 Web 浏览器、网络应用系统。

Java 语言具有如下主要特点。

- 分布式：支持各种层次的网络连接，又以 Socket 类支持可靠的流网络连接。
- 多线程：一个程序里可同时执行多个小任务，具有更好的交互性能和实时控制性能。
- 动态性：适应于动态变化的环境，允许程序动态地装入运行过程中所需要的类。

（3）Python 语言

Python 语言是一门开源的脚本语言，创始人为荷兰人吉多·范罗苏姆（Guido van Rossum）。1989 年圣诞节期间，Guido 为了打发圣诞节的无趣，决心开发一个新的脚本解释程序，次年诞生了 Python 语言。该语言以“Python”命名，源于 Guido 对当时一部英剧 *Monty Python's Flying Circus* 的极大兴趣。随着版本的不断更新和语言新功能的添加，越来越多地被用于独立的、大型项目的开发。Python 语言被称为胶水语言，哪里都可以用。

Python 语言具有如下主要特点。

- 语法简单，易学易用，具有可扩展性。
- 拥有丰富的面向各专业应用开发的“库”资源。

Python 的开源性促使世界上出现了最大的围绕 Python 程序设计的开发社区。至今，该社区已经提供了超过 3 万个不同功能的开源函数库，为基于 Python 语言的快速开发提供了强大支持。Python 语言相比 C 语言在运行性能上略有逊色，不适合性能要求十分苛刻的特殊计算任务；但 Python 程序在可读性、可维护性、开发周期和调试等方面比 C 语言有更大优势。

4.2.3 编程语言的基本元素

虽然不同高级程序设计语言的功能和风格存在差异，具体语法细则也不同，但是用它们编写程序，往往有一些普遍支持的、基本一致的元素。有了这些基本元素及其组合，可以方便表达特定问题求解任务的解决步骤与方法，掌握和理解这些基本元素也是正确书写程序的基础。因此，这里不具体探讨特定编程语言的语法细则，也不求完整罗列编程语言中涉及的所有元素，仅对高级语言程序设计的基本元素进行简要阐述。

程序由各种不同类型的语句构成，赋值语句是程序设计语言中最基本的语句，其基本元素包括常量、变量、运算符。

1. 常量和变量

程序是用来处理数据的，因此数据是程序的重要组成部分。程序中，通常有两种数据：常量和变量。所谓常量，就是在程序的运行过程中其值固定不变的量；而变量，无非就是在程序的运行过程中其值可以改变的量，一般用指定的名字来代表。变量命名要遵循一定规则。

在数学计算中，圆的周长计算公式为 $C=2\pi r$。在该公式中的 2 是常量；圆半径可以取不同的值，不同的圆半径可以计算得到不同的周长，即半径 r 和周长 C 是变量。公式中的圆周率 π 属于常量，但是程序中没有这样的符号，可以用固定值表示，如直接写成 3.14。

不管是常量还是变量，数据区分不同的类型。与此同时，数据的类型决定了数据可以参加的运算类别，不同的数据类型可以参加的运算是不一样的。如 2 是整数，整数可以做求余

运算；3.14 是实数，而实数不能进行求余运算。

2. 运算符及表达式

程序对数据的处理可以通过一系列运算来实现。常量、变量和运算符的组合构成表达式。

圆周长的计算公式 C=2πr，完整的数学表达是 2×π×r，即涉及乘法运算，乘法运算符在编程语言中不用数学里的“×”表示，而用“*”表示。编程语言各自规定了程序中可以使用的合法的运算符符号，有些运算符在不同编程语言中通用，也有些符号会有所不同。通常，最基本的有三类运算符：算术运算符、关系运算符和逻辑运算符。

- 算术运算符：用于数值数据之间的运算。一般地，常见的加、减、乘、除、求余等算术运算，采用“+”“-”“*”“/”“%”等符号表示。
- 关系运算符：用于两个值之间的大小关系比较。一般地，常见的等于、不等于、大于、大于或等于、小于、小于或等于等比较运算，采用“==”“！=”“>”“>=”“<”“<=”等符号表示。
- 逻辑运算符：用于值之间的逻辑操作。一般地，常见的与、或、非等逻辑运算，在 C 语言中用“&&”“||”“！”等符号表示，在 Python 语言中用“and”“or”“not”表示。

各种运算符把不同类型的常量和变量按照语法规则组织在一起就构成了一个表达式。表 4-1 列举了几个数学算式用 C 语言和 Python 语言的表示方式。通过表中的例子可以发现，减、乘和除运算都用“-”“*”“/”运算符表示；而最后一个数学算式“80≤x≤90”，两种语言的表示方式有所区别，在 C 语言中用逻辑运算符“&&”连接两个关系式，而在 Python 中可以用逻辑运算符“and”也可以不用。

表 4-1　数学算式和两种语言表达式的对照关系示意

序号	数学算式	C 语言表达式	Python 语言表达式
1	$\frac{b}{2a}$	b/(2*a)	b/(2*a）
2	b^2-4ac	b*b−4*a*c	b*b−4*a*c
3	$2\pi r$	2*3.14*r	2*3.14*r
4	80≤x≤90	x>=80 && x<=90	x>=80 and x<=90 或 80<=x<=90

同类别运算符在一个表达式中出现时有优先级，如算术运算时，先乘除后加减；不同类别运算符之间也有优先级，如表达式“x>=80 && x<=90”表示“x 的值是否大于等于 80 而且小于等于 90 的判断”，其中既有关系运算符“>=”和“<=”，又有逻辑运算符“&&”，当两种在一起混合运算时，先执行关系运算后执行逻辑运算。

3. 赋值语句

程序中，常量、变量及运算符的组合可以构成表达式，表达式的运算结果既可以作为控制结构语句的判断条件，也可以赋给变量。将表达式的运算结果赋值给一个变量构成一条语句，这就是赋值语句。赋值语句是程序中最基本的语句类型，C 语言中赋值语句的规则是：

变量名=表达式;

其中,"="称为赋值符号,表示将右侧"表达式"的值赋给左侧的变量并予以保存。";"是语句的结束标记,表示一条语句的结束。如"x=b/(2*a);"就是一条赋值语句,把算术表达式"b/(2*a)"的结果保存到变量x中。

要注意区分"="与"=="的区别,与数学中的"="不同,程序中的"="将右侧"表达式"的运算的结果赋给左侧的变量并予以保存。如"i=i+1;"表示把变量i原先的值增加1作为变量i新的值,若原先i的值是1,则执行完该语句后i的值为2。"=="用于关系判断,若左右两边的值相等则条件成立,否则不成立,所以关系表达式"i==i+1"无论i的值是多少都不成立。

4.3 算法及常用算法举例

4.3.1 算法概述

在日常生活中经常会碰到各类问题,比如为了方便Python语言的学习,需要在计算机上安装Python语言开发环境,既可以到别人那里直接复制软件,也可以自己上网下载。选择上网下载软件,下载的过程可以是这样的:先登录Python语言网站(https://www.python.org),然后转到Downloads下载页面,根据操作系统版本选择相应的Python3.X系列安装程序,点击下载。从登录网站到找到软件再到下载软件,整个解决Python开发环境下载问题的过程就是我们生活中的算法。日常生活中我们每天都面临各种各样的问题,或有意识或无意识地在使用各种方法和步骤解决诸如此类的问题。

与日常生活中的算法类似,用计算机求解任何问题,首先要给出解决问题的方法和步骤,也就是算法。有了算法,才能按照某种特定程序设计语言的语法规则编写成计算机程序,交由计算机去自动执行。

1. 什么是算法

算法一词起源于9世纪波斯学者默罕默德·阿尔-花剌子模,他名字的拉丁文音译即为"算法"一词,他为阿拉伯数字制定了四则运算的规则,其创作的《印度计算术》非常有影响力,被誉为"代数之父"。1964年特劳布(J. F. Traub)将算法一词引入教学中,随后由高德纳(Donald Knuth)和戴维·哈雷尔(David Harel)作为计算机科学的一个重点研究领域推广开来。戴维·哈雷尔在其经典著作《算法学:计算精髓》中将"算法"定义如下:算法是一个抽象的"菜谱",它规定程序步骤可以由人、计算机或其他方式执行。因此,算法是一个通用概念,应用广泛。然而,这里的"算法"主要是指那些由计算机执行的程序步骤。

算法是利用计算机解决问题的处理步骤,简而言之,算法就是解决问题的步骤。正如哈雷尔为他的书所起的名字一样,算法称得上是"计算精髓",是计算机程序的"灵魂"。

计算机算法可以分为两大类别:数值运算算法和非数值运算算法。数值运算的目的是求数值解,如求方程的根、求n的阶乘、求两个正整数的最大公约数等都属于数值运算范围。数值运算往往有现成的模型,对各种数值运算都有比较成熟的算法可供选用。非数值运算包括的面非常广泛，最常见的是用于事务管理领域，如按学号查询成绩、按成绩进行排序等。目前，计算机在非数值运算方面的应用远远超过了在数值运算方面的应用。非数值运算的种类繁多，要求各异，只有一些典型的非数值运算算法（如查找算法、排序算法）有现成的、成熟的算法可供使用。本节不可能罗列所有算法，只在最后举例说明几种常用算法以帮助读者更好地理解算法，有进一步学习需求的可以查阅数据结构与算法相关的资料。

请注意，算法不等于程序。算法是解决问题的步骤与方法，算法可以是自然语言的直接表示，其表述相对随意；而程序是计算机指令的有序集合，是算法用某种程序语言的表述，是算法在计算机上的具体实现，必须按照语言的语法规则进行书写。因此，两者既有联系又有所不同。

2. 算法特性

同一个算法可以使用不同的程序设计语言来实现。具体语言的语法规则可能不同，但是算法思想是相通的。一个有效的计算机算法应该具备以下特点。

① 输入：一个算法有零个或多个输入。

② 输出：一个算法应有一个或多个输出。

③ 有穷性：一个算法应包含有限的操作步骤，而不能是无限的。

④ 正确性：算法的描述必须无歧义，以保证算法的实际执行结果可以精确地符合要求或期望，通常要求实际运行结果是确定的。

⑤ 有效性：又称可行性。算法中描述的任何操作步骤都是可以通过已经实现的基本运算执行有限次来实现的。

3. 算法的评价

同一问题可以采用不同的算法解决，不同算法的优劣有相应的评价标准。算法的评价主要有时间复杂度和空间复杂度。

- 时间复杂度：输入同样规模（问题规模）花费多少时间。
- 空间复杂度：输入同样规模花费多少内存空间。

问题的规模不一样，算法所需时间和空间不同。比如英语老师让学生抄单词，每个单词抄三遍和抄十遍所花费的时间与纸张是不同的。

相同的问题规模，不同算法的优劣可以从时间和空间两个角度去考虑。在此不具体讨论时间复杂度和空间复杂度的计算方法，为方便理解算法的评价，下面通过生活实例举例说明，设有如下问题及解决方法。

问题描述：课堂上，你的老师让你和同学们把书本翻到第 100 页，请问你会怎么做？

方法 1：拿出书本，从第 1 页开始，一页一页地翻过去，直到翻到第 100 页。

方法 2：拿出书本，随机翻到某一页，如果该页页码刚好是 100，就结束翻页。否则，比较当前页码和 100 的大小，若当前页码大于 100 就往书的前面部分用刚才同样的方法继续查找页码 100，否则到书的后面部分用同样的方法继续查找；重复这个过程，直到翻到目标页。

不可否认，上述两种方法都能完成老师的要求。但是，课堂上几乎不会有同学按方法 1 去做，因为采用该方法极有可能还没翻到目标页下课铃就已经响了。显然，方法 2 比方法 1 更好更快捷，这里好坏的评价标准是花费的时间。

当然，生活中遇到具体问题时，我们的第一要务是想办法找到能在有限时间内完成的可以得到正确结果的问题解决方法，当找到解决方法以后，可以进一步思考是否还有更高效的解决办法。同理，算法设计的前提应该是能把问题解决，其次才是进一步考虑是否可以优化。当前随着计算机的飞速发展，其运行速度越来越快，其存储容量越来越大，其性能远超过一般问题的使用需求，因此，对于一般问题算法所花费时间和空间的多少显得不是那么至关重要。

4.3.2 算法的表示方法

常用的描述算法的方法有自然语言、流程图和伪代码。为了便于读者理解算法，本章内容涉及的算法基本使用自然语言描述与流程图相结合的方式表示，辅以代码实现。

- 自然语言：用日常使用的语言来表示算法，可以是中文、英语或其他语言。其优点是简单、便于阅读；缺点是文字冗长，容易出现歧义。
- 流程图描述：用一些图形来表示各种操作，基本组成元件包括矩形框、菱形框、箭头线等。用图形表示算法，直观形象，易于理解；但是画流程图比较费事，特别是算法可能要反复修改，而修改流程图是比较麻烦的。各图形名称及作用见表 4-2。

表 4-2 流程图中各图形名称及作用

符号	名称	作用
（圆角矩形）	起止框	表示算法的开始和结束符号
（矩形）	处理框	需要处理的内容，只有一个入口和一个出口
（平行四边形）	输入/输出框	数据的输入和输出
（菱形）	判断框	表示算法过程中的条件判断，有一个入口，两个出口
↓	流程线	表示算法流程的走向

- 伪代码：介于自然语言和程序设计语言之间的一种类自然语言的表示方法。通常采用自然语言、数学公式和符号来描述算法的操作步骤，同时采用高级程序设计语言（如 C、Python 等）的控制结构来描述算法步骤的执行。它是一种用来书写程序或描述算法时使用的非正式的表述方法，而并非是一种编程语言。用这种方法表示算法，书写方便，修改自由。

例题：求 n 的阶乘。

问题分析：众所周知，n！=1×2×⋯×n，平时描述时可以用省略号，而让计算机计算则必须要明确指出操作步骤，不难看出，对于用户给定的 n 值，只要从 1 开始到 n 为止重复地做乘法运算即可求得结果。用自然语言和伪代码表示方法如表 4-3 所示，用流程图表示如图 4-6 所示。算法对应的输入是 n，输出的是 n 的阶乘（用变量 jc 表示）。从 1 到 n 为止，算法通过重复地执行语句 jc=jc*i，求得 n 的阶乘。其中变量 i 的值既表示乘法重复执行的次数，又表示重复执行语句 jc=jc*i 中的乘数。

表 4-3　n 阶乘算法自然语言和伪代码描述

求 n 的阶乘	
自然语言	伪代码
① 输入 n 的值 ② 假设乘法第一项 i 的初始值为 1 ③ 假设阶乘 jc 的初始值为 1 ④ 如果 i≤n，转步骤⑤，否则转步骤⑧ ⑤ 计算 jc 乘以 i 的值，重新赋给 jc ⑥ 计算 i 加 1，将值重新赋给 i ⑦ 转去执行步骤④ ⑧ 输出 jc 的值，算法结束	begin　　　//算法开始 input　n　　//输入 n 1 ⇨ i 1 ⇨ jc while　i≤n {　jc*1 ⇨ jc 　i+1 ⇨ i } print jc　　//输出 jc end　　　//算法结束

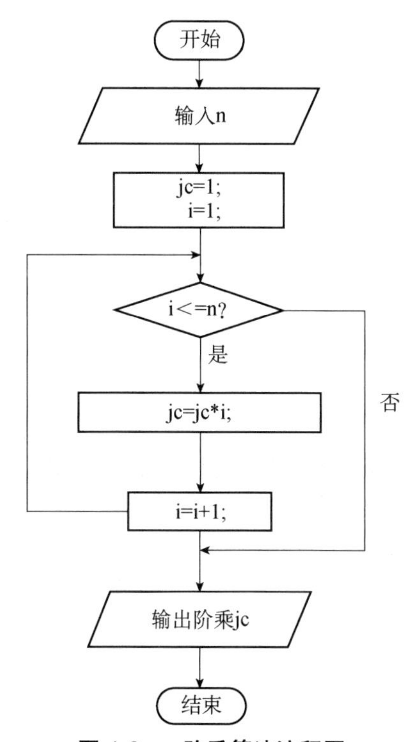

图 4-6　n 阶乘算法流程图

需要指出的是，上述算法基于一种假设，即用户输入的 n 是正整数。用 C 语言实现该算法（代码见图 4-7）。运行输入 3，得到正确的结果 6（只要输入非负整数，结果都正确）。运行程序后输入−1，会发现输出的结果是 1（见图 4-7）（事实上，输入任意负整数，得到的结果都是 1），显然这样的输出结果是错误的（请思考得到错误结果的原因），给定输入不能得到正确结果的算法显然不符合算法特征的正确性要求。为增加算法的健壮性，需要考虑用户可能输入负数的情况，可以在执行阶乘操作之前，先对 n 的值做一个判断。请读者自行尝试修改求 n 阶乘的算法表示。

```
// 求n的阶乘
#include <stdio.h>
int main()
{
    int n,jc,i;

    scanf("%d",&n);
    jc=1;
    i=1;
    while(i<=n)
    {
        jc=jc*i;
        i++;
    }

    Printf("%d的阶乘是：%d\n", n, jc);
    return 0;
{
```

运行情况

```
3
3的阶乘是：6        ✓

-1
-1的阶乘是：1       ×
```

图 4-7　计算 n 的阶乘程序运行示意图

上述计算 n 的阶乘算法描述中，语句“jc=jc*i;”重复执行了 n 次，重复执行在自然语言描述中用“转到某步骤”表达，流程图表示中通过流程线的箭头来表达，伪代码表示中用到了 while 语句表达。重复也即循环，是结构化程序设计中的基本控制结构，下面将对算法的控制结构进行阐述。

4.3.3　结构化程序设计——控制结构

程序中语句和语句之间不是杂乱无章的组合体，而是有一些固定的结构。这就好比我们在日常生活中，按着一定的方式从事各类活动，或者通过一定的方式解决生活中遇到的各类问题。设想遇到如下问题（见图 4-8），怎样描述问题的解决步骤？

问题 1：一瓶可乐和一瓶雪碧，请将两个瓶子里的饮料进行对换。

问题 2：班级竞选班长，甲同学和乙同学 PK。

问题 3：已知全班 30 人的期末考试成绩，求最高分。

对于问题 1，借助空瓶子 temp，按如下核心步骤可以实现交换（见图 4-9）：

图 4-8　日常生活中的问题示例　　图 4-9　饮料对换问题求解示意图

① 将可乐瓶 x 里的可乐倒入空瓶子 temp 中。

② 将雪碧瓶 y 中的雪碧倒入可乐瓶 x 中。

③ 将 temp 瓶中的可乐倒入雪碧瓶 y 中。

对于问题 2，全班同学对甲和乙投票，设已知他们的得票数分别是 x 和 y，接下来按如下步骤得到班长人选：

① 比较甲得票数 x 和乙得票数 y 的大小，如果 x 大于 y：转步骤②，否则转步骤③。

② 甲当选班长。

③ 乙当选班长。

对于问题 3，是在问题 2 的基础上扩展了问题的规模，其实质就是给定一批数据求最大值。不妨这样考虑，依次读取这批成绩数据，当读取第一个成绩时（把读取的成绩保存到变量 x 中），由于此时只有这一个成绩，那这个成绩肯定就是当前的最高分（把成绩 x 的值赋给变量 max）；接着读取后续成绩，每读取一个新的成绩（新读取的成绩还保存到变量 x 中）都与当前的最大值 max 进行比较，若新读取的成绩 x 比 max 更大，就把 max 的值更新为新读取的成绩 x，否则不做修改；重复这个过程，直到 30 个成绩全部读取完毕，即可求得最大值。整个求解过程，可以按如下步骤进行描述：

① 读取一个成绩给 x，并把 x 当作当前最高分赋值给 max。

② 30 人的成绩读完了吗？如果还有成绩没读取，转步骤③，否则转步骤⑦。

③ 读取下一个成绩给 x。

④ 如果 x>max，则转步骤⑤，否则转步骤⑥。

⑤ 修改 max 的值为当前读取的 x 值。

⑥ 转步骤②。

⑦ 输出最高分 max。

做任何事都有一定的步骤，按部就班地进行事先想好的步骤，才能避免产生错乱。就如上述三个生活中再简单不过的问题，因为太过简单以至于我们并没有意识到问题的解决是按着一定的步骤进行的。

在上述问题的解决方法中，问题 1 按序依次执行各个步骤，既不重复执行也不跳过任何一个步骤；问题 2，依据步骤① 中的条件，有选择地执行步骤② 或步骤③，两者只能二选一，就如同我们走到一个十字路口，必须明确向左拐还是向右拐；问题 3，步骤②至步骤⑥重复执行 29 次。与我们日常生活中求解问题的过程类似，程序设计时需要运用计算思维去把任务分解，按步骤解决问题。其中，某些步骤依序逐一执行，某些步骤满足特定条件才会被执行到，而某些步骤又需要重复执行多次，它们涉及结构化程序设计中控制流程走向的三种基本结构：顺序结构、选择结构和循环结构，如图 4-10 所示。

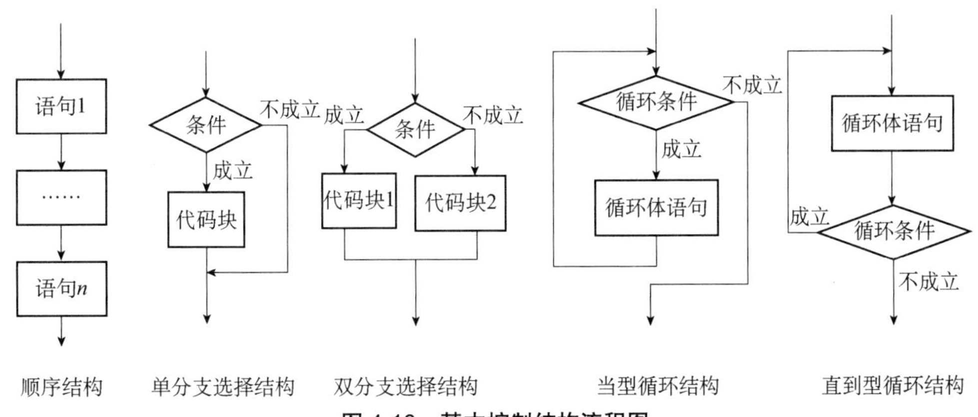

图 4-10 基本控制结构流程图

① 顺序结构：是指程序的执行按语句的排列顺序，从上到下、从头到尾依次逐一执

行，既不重复执行也不跳过任何一句代码。

② 选择结构：也称分支结构，是指程序中需要依据条件判断来改变程序执行的路径，如果条件成立，执行某些语句，否则执行其他语句。选择结构就是让程序“拐弯”，有选择性地执行代码；换句话说，可以跳过没用的代码，只执行有用的代码。程序可以在一处或多处“拐弯”，也即可以是单分支、双分支，甚至多分支的结构。

③ 循环结构：是指用于实现同一段程序多次重复执行的一种控制结构。循环结构就是让程序重复执行同一段代码，可以分为当型循环结构和直到型循环结构。两种循环结构的区别在于当型循环结构先判断循环条件，条件满足才执行循环体语句；而直到型循环结构先执行一次循环体语句，然后再判断循环条件。循环结构只有循环条件不成立或达到指定循环次数时，才执行循环结构后续的代码。

为了叙述的方便，前述生活中的三个例子进行抽象并简化成下列三个数学问题，接着用流程图表示这三个问题的求解过程并给出两种语言的代码实现。

问题 1：交换 x 和 y 的值。

问题 2：求 x 和 y 的最大值。

问题 3：求 5 个数的最大值。

三个问题的解决步骤用流程图表示如图 4-11 所示，可以看出，流程图（1）对应顺序结构，流程图（2）对应双分支选择结构，流程图（3）所示循环结构中嵌套了一个条件结构，由此可见，三种基本结构可以“你中有我，我中有你”，相互组合形成嵌套。

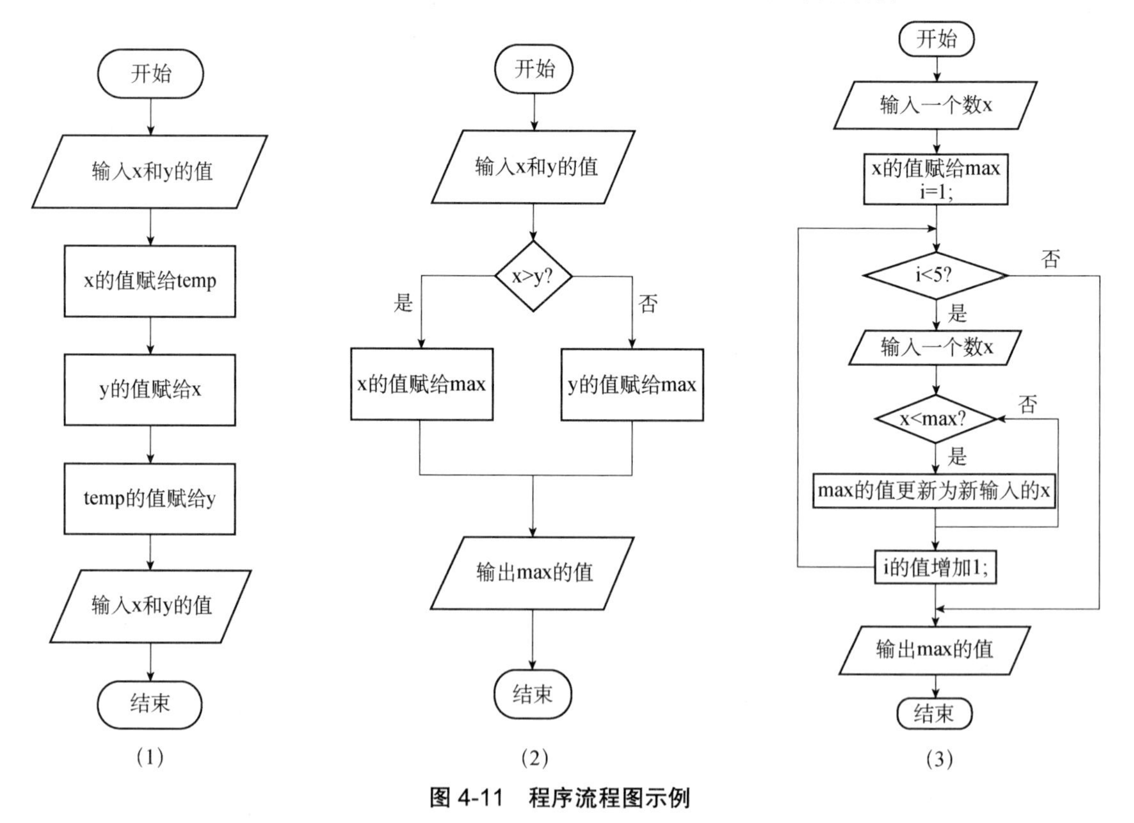

图 4-11　程序流程图示例

三个问题对应 C 语言和 Python 语言的代码实现如表 4-4 所示。从表中可以看出，虽然

具体语法细节有所不同，但是 C 语言和 Python 语言都可以用 if 语句表示选择结构，用 while 语句表示循环结构（需要指出的是，三个问题对应的解决方法并不唯一，表中代码只是与流程图描述解题思路相对应的代码实现）。

表 4-4　程序控制结构应用示例

问题	C 语言实现	Python 语言实现

交换 x 和 y 的值	#include <stdio.h>
	int main()
	{　int x,y,temp;
	　scanf("%d,%d",&x,&y);
	　temp=x;
	　x=y;
	　y=temp;
	　printf("x=%d,y=%d\n",x,y);
	　return 0;
	}
		x,y=eval(input())
		temp=x
		x=y
		y=temp
		print("x=",x,"y=",y);

求 x 和 y 的最大值	#include <stdio.h>
	int main()
	{　int x,y,max;
	　scanf("%d,%d",&x,&y);
	　if(x>y)
	　　max=x;
	　else
	　　max=y;
	　printf("最大值：%d\n",max);
	　return 0;
	}
		x,y=eval(input())
		if　x>y:
		　max=x
		else:
		　max=y
		print("最大值：",max);

求 5 个数的最大值	#include <stdio.h>
	int main()
	{　int x,max,i;
	　scanf("%d",&x);
	　max=x;
	　i=1;
	　while(i<=5-1)
	　{　scanf("%d",&x);
	　　if(x>max)
	　　　max=x;
	　　i++;
	　}
	　printf("最大值：%d\n",max);
	　return 0;
	}
		x=eval(input())
		max=x
		i=1
		while(i<=5-1):
		　x=eval(input())
		　if x>max:
		　　max=x
		　i=i+1
		print("最大值：",max);

结构化程序设计的特点是：程序都可由上述三种基本结构（即顺序、选择、循环）及其组合来描述。这些结构或组合必须由程序设计语言提供的“流程控制语句”来实现。所谓流程控制语句，是专门用来控制程序执行流程的语句，如上述代码中 C 语言和 Python 语言都用 if 语句表达选择结构，用 while 语句表达循环结构。

4.3.4 模块化程序设计——函数

有时程序中要多次实现某一功能，此时需要多次重复编写实现此功能的代码，这使程序代码冗长、不精练。特别当程序的功能比较多、规模比较大时，代码会比较庞杂。

每个函数可以实现一个特定的功能，一般是由多条语句组成的程序段，是对程序进行模块化的一种组织方式。有了定义好的函数，当程序中需要此功能时，你无须重复编写此功能的代码，只需给它提供必不可少的数据信息，它就能帮你完成特定功能，并将结果反馈给你。正如利用各种形状的积木，可以拼搭出各种各样的城堡；利用主板、CPU 和电源等配件，可以组装一台台 PC。同理，可以事先编好一批函数来实现各种常用的功能，当程序中需要用到这些功能时只需调用已经实现的完成相应功能的函数即可。有了各个函数“零部件”，就可以如同搭积木、组装 PC 一样“拼装”程序，这是模块化程序设计的思路。使用函数实现了代码复用，降低了编程难度（函数在有的语言叫方法、过程等）。

1. 程序中的函数和数学中的函数

程序中的函数，有参数和返回值等。数学中的函数，有自变量和因变量。形式上两者非常相似，但是程序函数与数学函数有所区别：数学函数是描述性的，它指明变量之间的关系，即它们之间需要满足方程的条件；程序上的函数是操作性的，它指明为了得到某个结果应该执行的操作步骤。

例如，C 语言中有 y=sqrt(x)函数，数学中有 y=sqrt(x)函数，可以发现两者非常相似，都是通过一定的操作或规则，由一个数得到另一个数。

数学中的函数，如果某个数 y 符合这个函数的答案，那么就要求 y 大于零，并且它的平方等于 x。而对于程序中的函数，从这个函数里我们并不知道如何才能得到 y 的值。计算机需要的是一步一步达到目标的可行的步骤。常用的方法是牛顿逐步逼近法，这个方法首先猜测一个值，然后通过简单的操作得到一个更好的值，这样逐步迭代直到满足条件，这时最好的猜测值就作为想要的答案。这个简单的步骤就是：首个猜测值为 y0，以 y0 和 x/y0 的平均值 y1 作为下一个更接近答案的值；判断是否满足迭代终止条件，也就是 y1 的平方与 x 的差值是否足够小，如果满足了，那么这时的 y1 就是我们要的答案；如果不满足，那么以 y1 替代前面的 y0 计算下一个平均值 y 作为最终答案的备选值。

当然，此处 C 语言中的 sqrt 函数是一个已经定义好了的标准函数，具体实现的过程无须我们自己编写代码，需要时直接调用即可。

2. 标准函数和自定义函数

函数分为标准函数和自定义函数。在程序设计中，一些常用的功能模块编写成的函数放在函数库中供用户选用，称为标准函数。标准函数是系统已经帮你定义了的函数，需要时调用即可，无须自己定义。如 C 语言中函数 sqrt 就是一个标准函数，在 math.h 文件中已定义；还有 C 语言代码中使用的输入/输出函数 scanf 和 printf，也是标准函数，在 stdio.h 文件中已定义。

除了使用标准函数，我们还可以编写自己的函数，自己编写的函数称为自定义函数。以 C 语言为例，函数定义的规则如下：

```
函数返回值类型 函数名（参数列表）
```

```
{
    函数体;
}
```

就好比我们人包括头部和身体一样，可以把函数分为函数头和函数体。其中，函数头包括函数名、参数列表及函数返回值类型。函数体负责完成函数功能，一般由多条语句组成。函数定义中，函数名和函数体必不可少，而参数和返回值可根据需要进行定义。函数返回值类型用于指定发生函数调用时返回结果的数据类型。参数列表可以没有也可以有多个，它用于指定发生函数调用时需要给函数提供必不可少的数据及其类型。

有了自定义函数，在程序中就可以调用它，调用方式和库函数的调用方式完全相同，即通过函数名加参数的方式进行调用。函数调用时，你只需为函数提供必不可少的数据，它就能帮你完成特定功能并返回结果给你。

3. 自定义函数举例

例题：求 3!+5!+7!

问题分析：此算式明确要求计算 3 的阶乘、5 的阶乘和 7 的阶乘，所以不需要输入，直接计算输出结果即可。此算式需 3 次用到阶乘功能的计算。其中，计算 3 的阶乘可以直接列乘法表达式进行计算，但用同样方法列出的 7!乘法算式是这样的：1*2*3*4*5*6*7，书写不便且低效，显然不可取。阶乘计算可以采用在前面学过求 n 阶乘中的方法，用循环结构实现，所不同的是求 n 的阶乘中的 n 需要用户输入，而此处明确 n 的值分别为 3、5 和 7。这样的实现方式，因为同样的求阶乘功能 3 次重复用到，每次都得重复写操作步骤。

不妨这样考虑，把 n 的阶乘计算用一个自定义函数来实现，这样当需要计算具体 3!、5!和 7!的时候直接调用自定义的函数即可。

图 4-12 给出上述两种方法的 C 语言代码实现。从图左边不用自定义函数实现代码可以看出，三个框中的代码书写完全相同，分别对应 n 的值为 3、5 和 7 的情况下计算 3!、5!和 7!，并分别将计算得到的结果 jc 赋值给变量 jc1、jc2 和 jc3。图中右侧代码框中部分是用自定义的函数实现了 n 的阶乘功能，因为有了这个定义，当需要计算 7!时只需通过 fact(7)调用函数即可（图右侧代码加深字体部分）。函数调用结束后通过 return 语句返回结果。

两相比较，从图中可以看出，使用自定义函数的代码量明显比不使用自定义函数的代码量要短，减少了代码的冗余，这就是模块化程序设计的好处。

关于函数定义及调用的具体语法细节本小节并没有详细论述，读者只需理解，我们写代码不用从头到尾将所有功能都自己编写代码来实现。系统帮你实现了的功能可以直接用，也可以把自己编写的用于完成特定功能的程序块定义成函数，之后再需要用到此功能时就不用再重复去编写这块代码了，只需要调用自己定义的函数即可。函数相关的语法细则，后续读者可以通过学习一门高级程序设计语言再进一步深入了解。

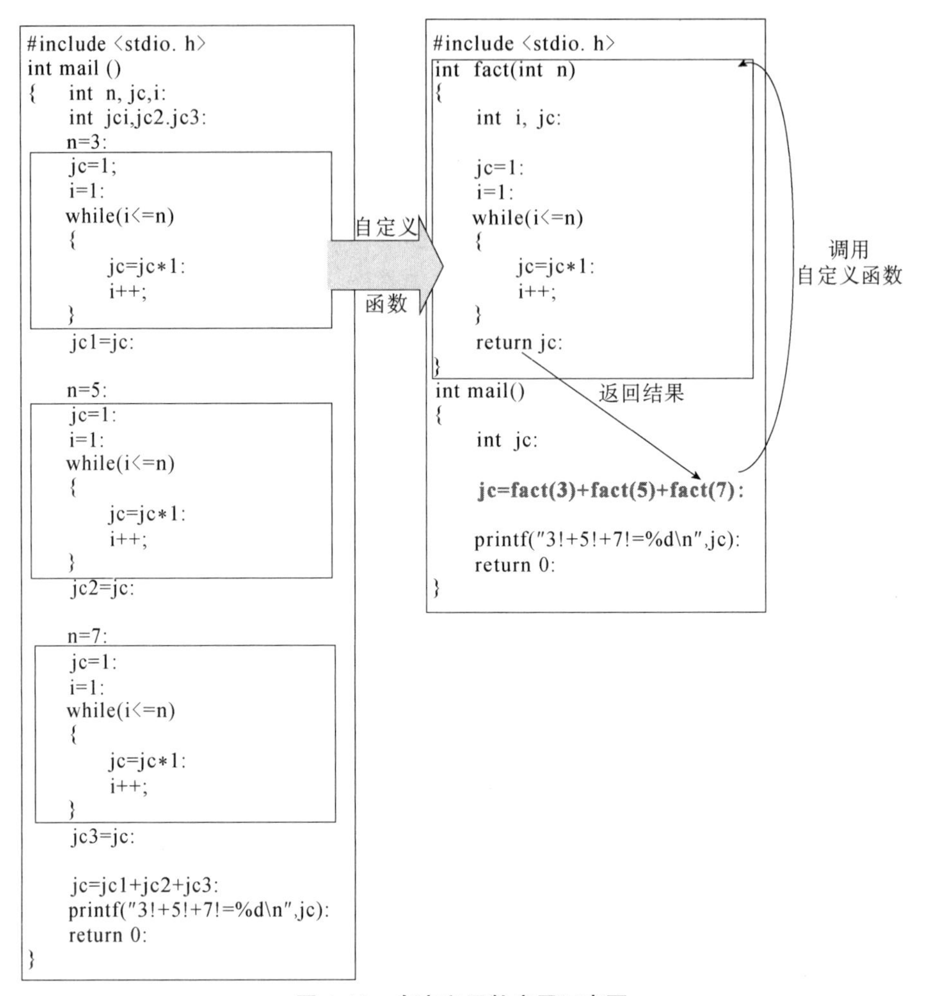

图 4-12　自定义函数应用示意图

4.3.5　常用算法举例

当前，被提出的算法策略数不胜数，下面介绍几个相对简单而又常用的算法思想。

1. *枚举法*

枚举法又称穷举法，顾名思义，就是将所有可能的情况一一列举出来，再进行筛选，找出符合条件的情况。其基本思想是逐一列出该问题可能涉及的所有情形，并根据问题的条件对各个解逐一进行检验，从中挑出符合条件的解，舍弃不符合条件的解。

枚举法求解问题的基本步骤如下：

- 确定枚举对象和枚举范围。
- 确定解的判定条件。
- 按照一定顺序一一列举所有可能的解，逐个判定是否是正确的解。

枚举法由循环结构和选择结构构成：

- 使用循环结构，穷举所有情况。

● 使用选择结构，判断当前情况是否成立，若成立，则得到问题的解，反之循环继续。

例题：输出所有的水仙花数。其中，水仙花数是指一个三位数，其各位数字立方和等于该数本身。例如，$1^3+5^3+3^3=153$，所以 153 是一个水仙花数。

算法分析 1：按照题意把三位数作为枚举对象，那么它所有可能的取值在 100～999 之间；对于每个特定的数 x，计算求得它的百位、十位和个位，根据题意其判定条件是这个三位数的百位、十位和个位的立方和是否等于这个三位数，如果条件满足则是一个正确解，否则舍弃；继续判断下一个三位数 x，直到 x 的值超出范围为止。

算法流程图如图 4-13 所示，其中变量 x 代表枚举对象（一个三位数），变量 b、s、g 分别代表三位数 x 的百位、十位和个位。每个特定的三位数 x，它的百位 b 就是 x 对 100 进行整除运算的结果，即 b=x/100；它的十位 s 就是先求得 x 对 100 的余数后再对 10 进行整除，即 s=（x%100）/10；它的个位 g 就是 x 对 10 的余数，即 g=x%10；由 x 值求得 g、s、b 后，如果满足水仙花数的条件 b*b*b+s*s*s+g*g*g==x，输出结果，否则 x 值增加 1。对于所有 100～999 范围内的 x 都要重复一次这个过程。该算法解题思路简单理解，即任意一个特定的三位数，求得它各个数位上的值后，依据水仙花数条件进行筛选输出。

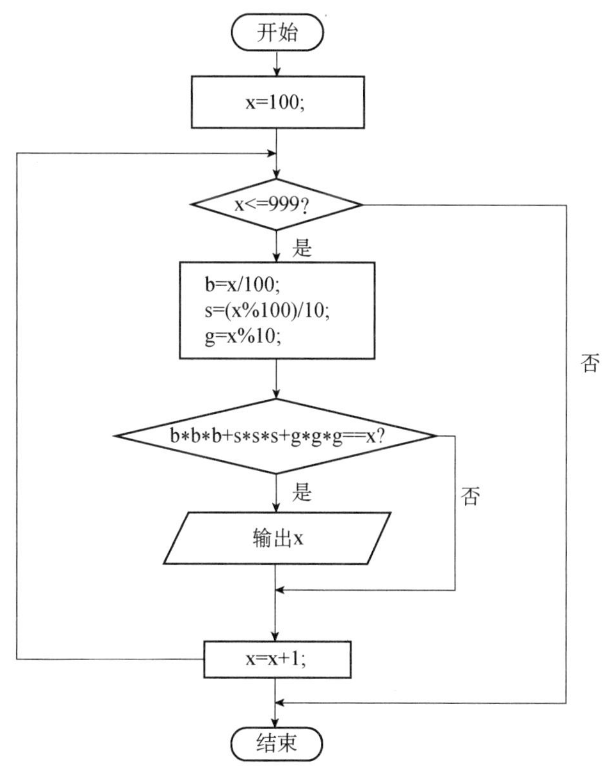

图 4-13 水仙花数流程图（一）

算法分析 2：现在换个角度考虑问题，可以利用各个数位可能的取值，构造出一个三位数，并依据水仙花数判定条件进行筛选。该解题思路下，把百位 b、十位 s 和个位 g 作为枚举对象，百位不能为 0，所有 b 的取值范围是 1～9，十位 s 和个位 g 的取值范围都是 0～9；由特定的 b、s 和 g 值，可得对应的三位数 x=100*b+10*s+g，解的判定条件与算法分析 1 相同。

算法流程图如图 4-14 所示。对于每一个 b 的取值，s 需要取 0～9 的所有值；对于每一个 b 和 s 的值，g 又要从 0～9 一一列举，所以此算法设计的循环里又有循环，涉及三重循环，相比较算法分析 1 要复杂。

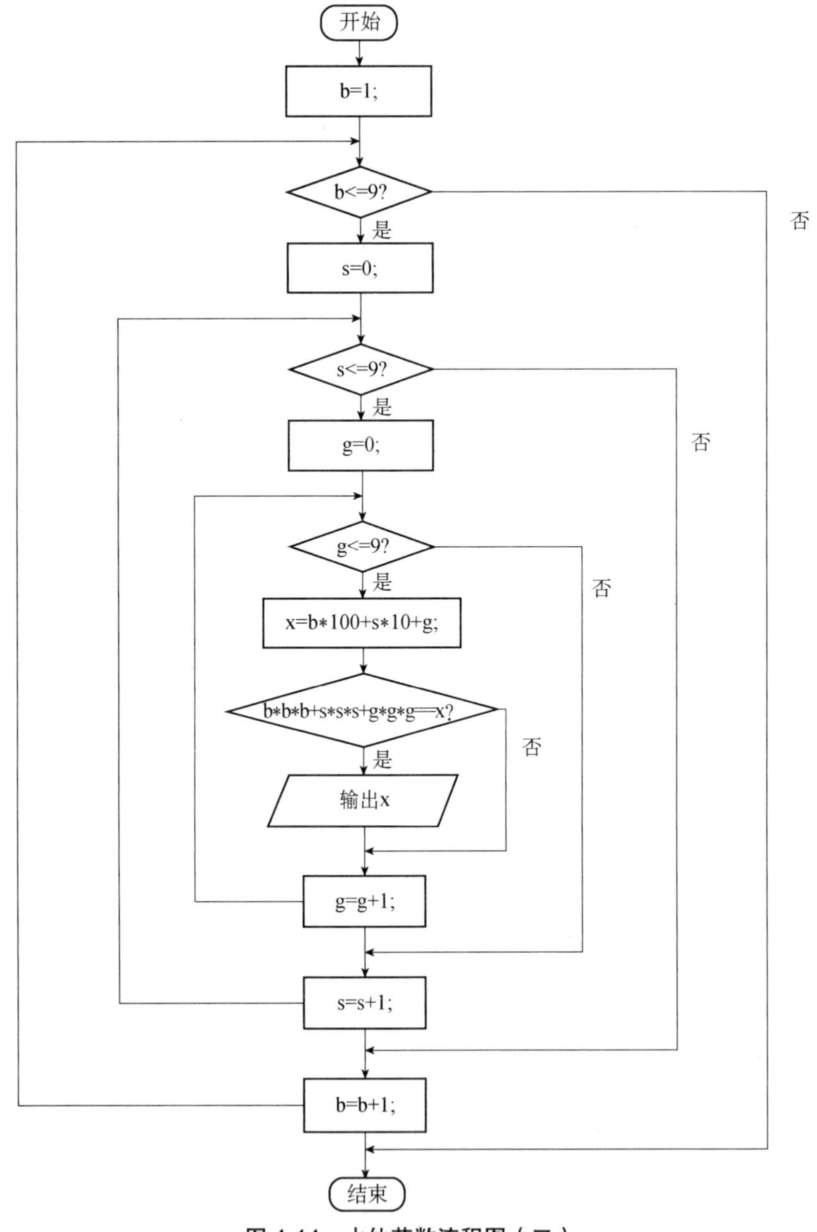

图 4-14　水仙花数流程图（二）

由算法分析 1 和算法分析 2 两种解题方法可以看出，同样是穷举，枚举对象选取的不同，算法也会有差异，共通之处在于采用的都是“循环+选择”的结构。应用枚举法时需要关注的有确定枚举对象、枚举对象的取值范围和枚举条件。算法的 C 语言实现如图 4-15 所示。

```
#include <stdio.h>
int main()
{
    int x,g,s,b;
    for(x=100;x<=999;x++) //三位数x的取值范围
    {
        b=x/100;   //求得x的百位给变量b
        s=x/10%10; //求得x的十位给变量s
        g=x%10;    //求得x的个位给变量g
        if(x==b*b*b+s*s*s+g*g*g) //约束条件
            printf("%d\n",x);  //输出水仙花数
    }
    return 0;
}
```

方法一

```
#include <stdio.h>
int main()
{
    int g,s,b;
    int x;

    for(b=1;b<=9;b++)  //百位b的取值范围
    {
        for(s=0;s<=9;s++)  //十位s的取值范围
        {
            for(g=0;g<=9;g++)  //个位g的取值范围
            {
                x=b*100+s*10+g;
                if(x==b*b*b+s*s*s+g*g*g)
                    printf("%d\n",x);
            }
        }
    }
    return 0;
}
```

方法二

图 4-15　枚举法求水仙花数 C 语言实现

在生活中有很多看似简单，计算过程却比较烦琐的问题，如零钱兑换问题、破解密码等，都可以用枚举法解决。枚举法的优点是思路简单；缺点是要穷举所有可能情况，运算量大，解题效率不高。

2. 递归法

函数作为一种代码封装，可以被其他程序调用，也可以被自己调用，通俗地说，递归法用于函数定义，当函数定义中出现直接或间接的自己调用自己时就构成了递归。递归源于数学中的归纳法，它通常将一个规模较大的问题转化为一个与原问题相似但规模较小的子问题来求解，在逐步解答小问题后再回溯得到原问题的解。

递推法求解问题的基本步骤如下：

- 建立递推关系式，解决用递归做什么的问题。
- 明确递推终止的条件，解决递归如何终止的问题，以避免无休止的递归调用。

构成递归需要具备以下两个条件：

- 子问题与原始问题为同样的事情，二者的求解方法是相同的，且子问题比原始问题更易求解。
- 递归不能无限制地调用本身，必须有个递归终止的条件。

递归的实现由函数和选择结构构成：

- 递归本身是一个函数，需要函数定义方式描述。
- 函数内部，采用选择结构对输入参数进行判断。

递归函数的执行过程总是先通过递归关系不断地缩小问题的规模，直到简单到可以作为特殊情况处理而得出直接的结果，再通过递归关系逐层返回到原来的数据规模，最终得出问题的解。

例题：求 3!+5!+7!。用定义函数求阶乘，要求用递归实现。

算法分析：前面我们用非递归方式已经实现过 n！的计算，这里要求用递归函数实现。通过分析可知 n！=1*2*……*(n−1)*n 也可以描述为 n！=(n−1)！*n，这样 n！的计算就转化成了(n−1)！的计算，n！的计算方法和(n−1)！的计算方法完全一样，只是缩小了计算规模，不断递推下去，最后当 n 的值为 0 时，求得 0!=1，将这个结果一路代回去，最终可以求得 n！。令 fact(n)=n！，fact(n)=fact(n−1)*n，这样就建立了递推关系式；由 0!=1，可以得出 fact(0)=1，对应任何给定的 n，只需要递归求解到 0!即可，也即当 n 的值是 0 时，递推终止。

n！递归定义的 C 语言实现见图 4-16 框中部分的代码，fact 函数在其定义内部引用了自身，形成了递归过程。

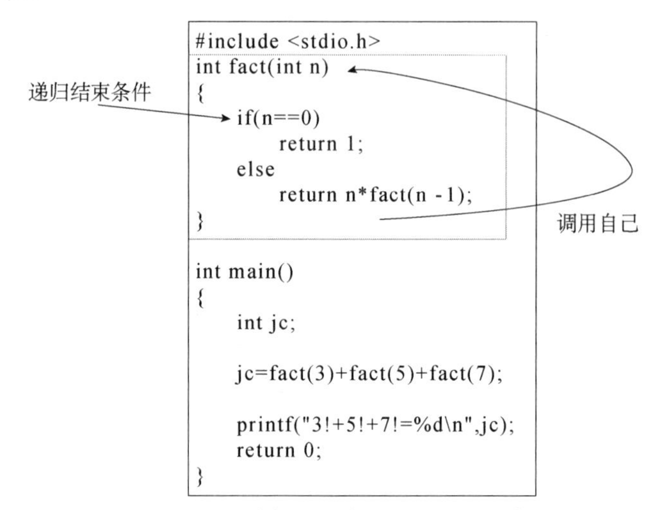

图 4-16　n！递归定义的 C 语言实现示意图

递归，顾名思义，包含了“递”和“归”两个过程，在函数自己调用自己的过程中要“有去”且“有回”。为了方便理解递归过程，每次调用 fact 函数都写出 fact 函数定义的代码块，这样相当于把函数调用自己的过程拉伸了，假设 n=3，则 3!的递归过程如图 4-17 所示，为了求得 3!先要计算 2!，而要求得 2!又得知道 1!，要求得 1!则需要知道 0!，而 0!明确反馈结果 1，这个时候一路返回，得到 1!等于 1，2!等于 2，3!等于 6，得最终结果 3!是 6。

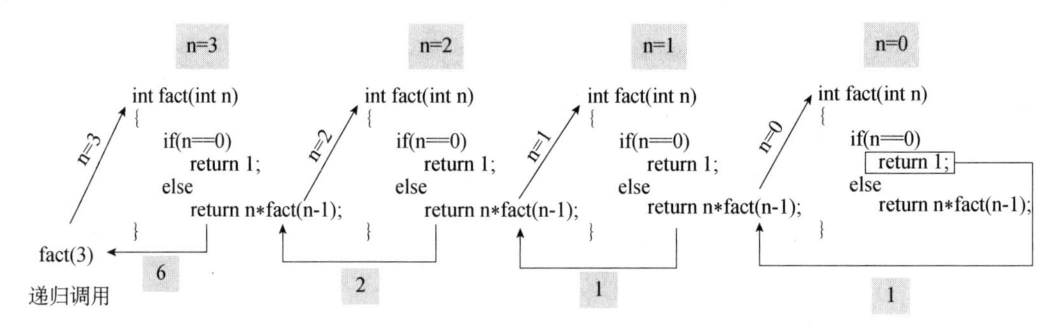

图 4-17　递归调用过程示意图

递归在程序设计中有广泛应用，如汉诺塔问题、树的遍历等。递归算法的优点是代码简洁，只需要几条代码就可以解决问题；其缺点是有时因为太过简洁而难以理解过程，还有递归在“递”和“归”的过程中需要保存大量临时数据和重复的数据，在求解规模比较大时会带来性能问题。就 n！问题而言，我们可以发现 n！非递归定义中用循环结构实现，因为没有函数调用的额外开销，效率反而比递归高。

4.4　本章小结

计算机软件是计算机系统的一个重要组成部分，是计算机的“灵魂”，是用户和硬件之间进行交流的接口。没有任何软件的计算机被称为“裸机”，是不能工作的。计算机软件是计算机运行所需要的各种程序、数据及相关文档的总称，一般分为系统软件和应用软件。操作系统是管理计算机的软、硬件资源的系统软件，它控制其他程序运行并为用户提供交互操作界面，是硬件和用户之间沟通的桥梁。

无论是系统软件还是应用软件，本质上都是程序。程序是指一组计算机能识别和执行的指令的有序集合，用某种程序设计语言编写，运行于某种目标计算机体系结构上。编程语言种类繁多，各有优势。通过 TIOBE 编程语言排行榜对当前热门编程语言可以有个大致了解。不同程序设计语言的具体语法细则有所不同，但是用它们编写的程序中，通常有一些共通的基本要素：常量和变量、运算符和表达式等。有了这些基本要素及其组合，可以表达特定问题求解任务的解决步骤与方法，也即算法。算法设计包括顺序、选择和循环三种基本结构，还可以使用函数进行模块化的设计。迭代和递归是两种常见的算法，迭代用循环+选择结构实现，递归用函数+条件实现，它们在程序设计中被广泛应用。

需要指出的是，程序是软件的一部分，程序离不开算法，算法不等于程序。算法仅是解决问题的步骤与方法，算法可以用自然语言、流程图或伪代码表示，其表述相对随意；而程序是计算机指令的有序集合，是算法用某种程序语言的表述，是算法在计算机上的具体实现，必须按照语言的语法规则进行书写。本章对高级程序设计语言基本要素介绍，以及给出部分算法的代码实现，其目的不在于罗列某一特定程序设计语言的详细语法细节，而仅仅是为了方便理解和描述算法。

思考题

1. 列举你生活中用过的应用软件，说说它们的用处。
2. 说说你所用的计算机安装的是什么操作系统，并简述操作系统的功能。
3. 请问下列问题中，适用哪一种结构化程序设计？

（1）斑马线上，红灯停、绿灯行。
（2）给定一个数 x，求 x 的绝对值。
（3）期末考试，60 分及以上者通过考试，否则不通过。
（4）统计全班 50 个学生的平均成绩。
（5）已知一元二次方程 $x^2-3x-10=0$，求方程的根。

4. 请用流程图表示上题中各小题的求解步骤。
5. 猜数字游戏。设在综艺节目中，主持人在纸条上随机写下一个 1～100 间的数，让嘉宾猜主持人在纸上写下的数字，嘉宾说出一个数之后，主持人只能针对嘉宾猜的数字回答“高了”“低了”“正确”。假设你就是节目嘉宾，请问要如何才能快速地猜到主持人在纸条上写下的数字呢？请简要描述你的猜数字思路。

6．百钱买百鸡问题。鸡翁一，值钱五，鸡母一，值钱三，鸡雏三，值钱一，百钱买百鸡，问鸡翁、鸡母、鸡雏各几何？请用枚举法说说你的解题思路。

7．盒子里共有 12 个球，其中 3 个红球、3 个白球、6 个黑球，从中任取 8 个球，问至少有一个红球的取法有多少种，并输出每一种具体的取法。请用枚举法说说你的解题思路。

8．请查阅资料了解汉诺塔问题，并用递归法说说问题的求解思路。

第 5 章　互联网与物联网

5.1　互联网之基础——计算机网络

5.1.1　计算机网络的产生与发展

计算机网络是计算机技术与通信技术相结合的产物，是一群具有独立功能的计算机通过通信设备及传输媒体互联起来，在通信软件的支持下，实现计算机间资源共享、信息交换或协同工作的系统，如图 5-1 所示。

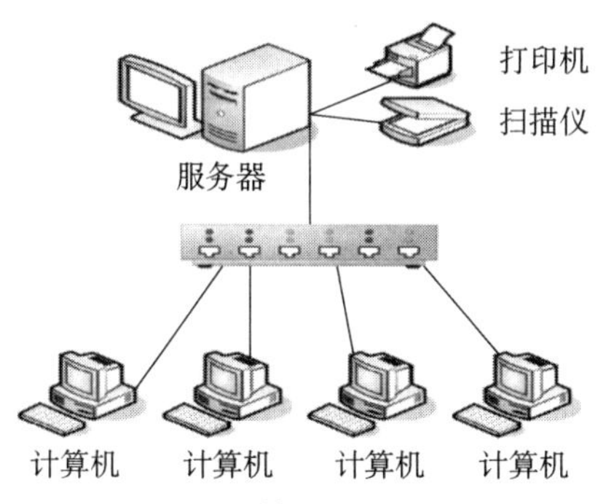

图 5-1　计算机网络示意图

1970 年美国信息处理学会联合会定义的网络概念为：“以能够相互共享资源（硬件、软件和数据等）的方式连接起来，并各自具备独立功能的计算机系统之集合。”

计算机网络涉及通信与计算机两个领域。通信技术与计算机技术的结合是产生计算机网络的基本条件。一方面，通信网络为计算机之间的数据传送和交换提供了必要手段；另一方面，数字计算技术的发展渗透到通信技术中，又提高了通信网络的各种性能。

计算机网络的形成与发展，可大致分为以下 4 个阶段。

第一个阶段，以主机为中心的第一代计算机网络。

20 世纪 50 年代诞生了简单计算机网络。其特点是除主计算机具有独立的数据处理能力外，系统中所连接的终端设备均无独立处理数据的功能。

第二个阶段，以通信子网为中心的第二代计算机网络。

20 世纪 60 年代，出现了将若干台计算机互联起来的系统。这些计算机之间不但可以彼此通信，还可以实现与其他计算机之间的资源共享，这就产生了所谓的多处理中心，如计算机分组交换网 ARPANET。

第三个阶段，体系结构标准化的第三代计算机网络。

第三代计算机网络是从 20 世纪 70 年代开始的。它的主要特点是计算机网络体系结构的标准化。

网络体系结构使得一个公司所生产的各种机器和网络设备可以非常容易地被连接起来。

1984 年国际标准化组织 ISO（International Standard Organization）颁布了开放式系统互联参考模型（Open System Interconnection/Reference Model，OSI/RM）OSI 开放系统互联标准。OSI 模型是一个开放体系结构，它规定将网络分为 7 层。

第四个阶段，以下一代 Internet 为中心的新一代网络。

20 世纪 80 年代末期以来，Internet 诞生并飞速发展。网络互联和以异步传输模式技术（Asynchronous Transfer Mode，ATM）为代表的高速计算机网络技术的发展，使我们的计算机网络进入到第四代。

计算机网络最突出的优点是联网的计算机能够互相共享资源，网络中的计算机资源主要指计算机硬件、软件、数据。

5.1.2 计算机网络的组成

计算机网络是一个非常复杂的系统，是计算机应用的高级形式，是信息传输、信息分配、信息处理技术的综合体现。从用户角度看，计算机网络可看成一个透明的数据传输机构，网上的用户在访问网络中的资源时不必考虑网络的存在。从网络逻辑功能角度看，可以将计算机网络分成通信子网和资源子网两部分，如图 5-2 所示。

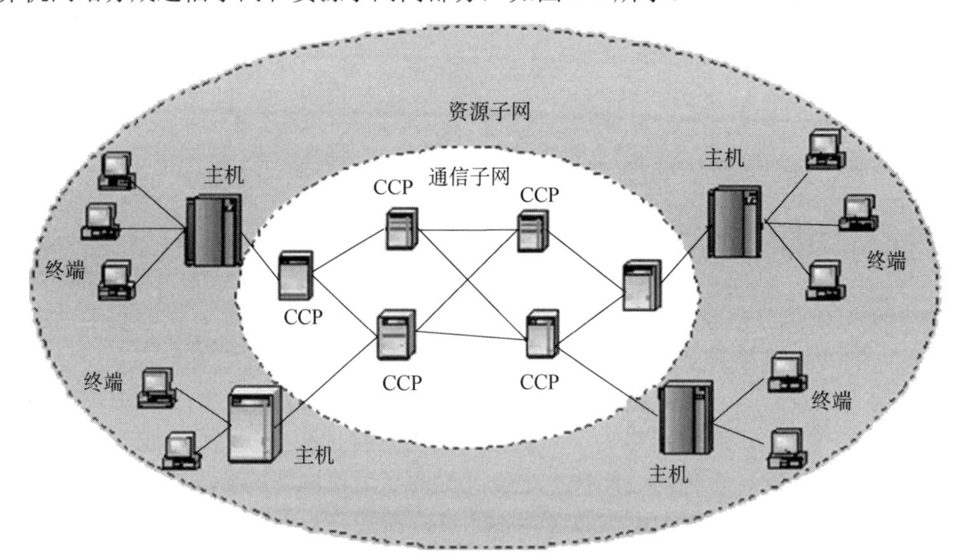

图 5-2　通信子网和资源子网

通信子网由网络中的通信控制处理机、其他通信设备、通信线路和只用作信息交换的计算机组成，负责完成网络数据传输和转发等通信处理任务。互联网的通信子网一般由路由器、交换机和通信线路组成。

资源子网处于通信子网的外围，由主机系统、外设、各种软件资源和信息资源等组成，负责全网的数据处理业务，向网络用户提供各种网络资源和网络服务。主机系统是资源子网的主要组成部分，它通过高速通信线路与通信子网的通信控制处理机相连接。普通用户计算机可通过主机系统连接入网。

1. 网络硬件

（1）传输介质

- 有线传输介质：双绞线、同轴电缆和光纤等，如图 5-3 所示。
- 无线传输介质：微波、红外线和激光。

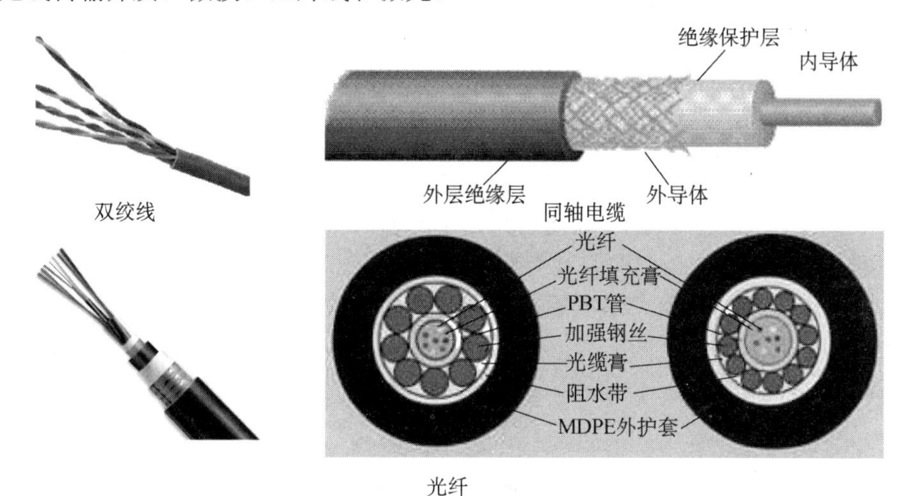

图 5-3　传输介质

（2）网络互联设备

- 中继器（Repeater）：用于同一网络中两个网段的连接，对传输中的数字信号进行再生放大，用以扩展局域网中连接设备的传输距离，如图 5-4（a）所示。
- 交换机（Switch）：在数据链路层实现网络互联，具有路由功能，如图 5-4（b）所示。

（a）中继器

（b）交换机

图 5-4　网络互联设备一

- 网桥（Bridge）：适用于同类局域网间的连接设备，它将一个网的帖格式转换为另一个网的帖格式，它在数据链路层实现操作。
- 集线器（HUB）：它用于局域网内部多个工作站和服务器的连接，实质也是一个中继器，拓扑结构为星形，如图 5-5（a）所示。
- 路由器（Router）：具有判断网络地址、选择路径、数据转发和过滤功能，在复杂的网络互联中快速建立连接，它在网络层实现，如图 5-5（b）所示。

(a) 集线器

(b) 路由器

图 5-5 网络互联设备二

- 网关（Gateway）：又称高层协议转发器或网间连接器，不仅具有路由的功能，且能在不同的网络协议集之间进行转换，从而达到在不同的网络之间进行互联。网关实质上是一个网络通向其他网络的 IP 地址。它可以运作在任意网络通信层上。
- 调制解调器：实现数字信号和模拟信号的互相转换。

（3）网络主机

- 网络服务器（Server）：提供强大的信息资源服务，分为文件服务器、通信服务器、打印服务器，如图 5-6 所示。

图 5-6 网络服务器

- 客户机（Client）：即工作站，网络中的用户计算机。

（4）网络适配器

网络适配器又称网卡或网络接口卡（Network Interface Card，NIC），它是使计算机联网的设备，如图 5-7 所示。网卡主要是将计算机数据转换为能够通过介质传输的信号。网卡有有线网卡和无线网卡两种。制造商将每一个网卡的地址固化在芯片上，这样每个网卡，也就是网络上每台计算机就都具有了唯一地址（12 位十六进制数）。

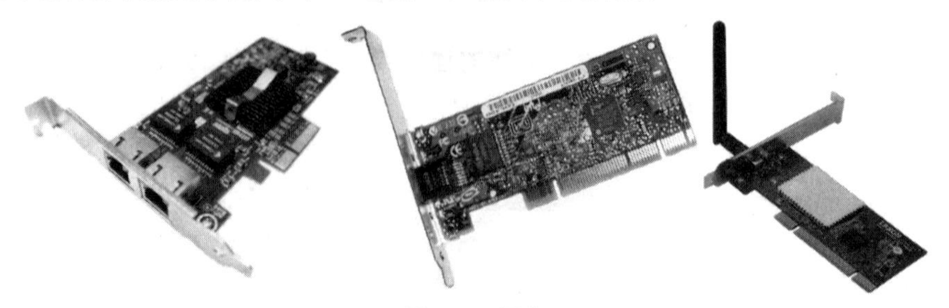

图 5-7 网卡

2. 网络软件

● 网络操作系统（NOS）：是网络的“心脏”和“灵魂”，是向网络计算机提供服务的特殊的操作系统。它在计算机操作系统下工作，使计算机操作系统增加了网络操作所需要的能力。例如，当在 LAN 上使用字处理程序时，用户的 PC 操作系统的行为像在没有构成 LAN 时一样，但其实 LAN 操作系统软件管理了用户对字处理程序的访问。网络操作系统运行在称为服务器的计算机上，并由联网的计算机用户共享，这类用户称为客户。

● 网络应用软件：是一种使用网页浏览器在互联网或企业内部网上操作的应用软件，是一种以网页语言（如 HTML、JavaScript、Java 等编程语言）撰写的应用程序，需要通过浏览器来运行。网络应用软件风行的原因之一，是因为可以直接在各种计算机平台上运行，不需要事先安装或定期升级等程序。

5.1.3　计算机网络的功能

计算机网络的功能主要表现在以下 4 个方面。

1. 资源共享

这是计算机网络最本质的功能。所谓“资源”是指网内用户均能享受网络中各个计算机系统的全部或部分资源。资源共享包括硬件、软件和数据资源等的共享。例如，某些地区或单位的数据库（如飞机机票、饭店客房等）可供全网使用；某些单位设计的软件可供需要的地方有偿调用或办理一定手续后调用；一些外部设备如打印机，可面向用户，使不具有这些设备的地方也能使用这些硬件设备。如果不能实现资源共享，各地区都需要有完整的一套软、硬件及数据资源，则将大大地增加全系统的投资费用。

2. 信息交换

信息交换是计算机网络基本功能之一，用以实现计算机之间各种数据信息的最快捷的传输。利用这一功能，地理位置分散的生产单位或业务部门可通过计算机网络连接起来进行集中的控制和管理。

3. 分布式处理

分布式处理是指网络系统中的若干台计算机可以互相协作共同完成一个任务。或者说，一个较大的计算机任务可以分成若干个子任务，由网络中的几台计算机进行并行处理。这样可缩短计算机运行的时间，并可提高系统的可靠性，使整个系统的性能大为增强。

4. 提高计算机的可靠性和可用性

提高可靠性表现在计算机网络中的各计算机可以通过网络彼此互为后备应急，一旦某台出现故障，故障机的任务就可由其他计算机代为处理，避免了无后备机情况下，某台计算机出现故障导致系统瘫痪的现象，大大提高了系统的可靠性。提高计算机的可用性是指当网络中某台计算机负担过重时，网络可将新的任务转交给网络中较空闲的计算机完成，这样就能均衡各计算机的负载，提高了每台计算机的可用性。

计算机网络的这些重要功能和特点，使得它在经济、军事、生产管理和科学技术等部门发挥重要的作用，成为计算机应用的高级形式，也是办公自动化的主要手段。

5.1.4 计算机网络的分类

计算机网络的分类标准有很多，比如按地理分布范围、拓扑结构、信道带宽、传输技术、传输介质、数据传输率等，下面介绍按地理分布范围分类与按网络拓扑结构分类。

1. 按地理分布范围分类

按地理分布范围可以把网络类型划分为局域网（LAN）、城域网（MAN）和广域网（WAN）三种，如表 5-1 所示。

表 5-1 按地理分布范围的网络分类

距离	覆盖范围	网络种类
10m	房间	局域网
100m	建筑物	
1km	校园	
10km	城市	城域网
100km 及以上	地区/国家	广域网

（1）局域网（LAN）

局域网（Local Area Network，LAN），是指在局部地区范围内将计算机、外设和通信设备互联在一起的网络系统，常见于一幢大楼、一个工厂或一家企业内，它所覆盖的地区范围较小。这是最常见、应用最广的一种网络。局域网在计算机数量配置上没有太多的限制，少的可以只有两台，多的可达上千台。该网络所涉及的地理距离上一般来说可以是几米至近千米。

局域网主要特点是：连接范围窄、用户数少、配置容易、连接速率高、误码率较低。

（2）城域网（MAN）

城域网（Metropolitan Area Network，MAN），一般来说是将一个城市范围内的计算机互联起来，这种网络的连接距离可以在 10～100km。MAN 与 LAN 相比扩展的距离更远，连接的计算机数量更多，在地理范围上可以说是 LAN 的延伸。在一个大型城市或都市地区，一个 MAN 通常连接着多个 LAN。如一个 MAN 连接政府机构的 LAN、医院的 LAN、电信的 LAN、公司企业的 LAN 等。由于光纤连接的引入，使 MAN 中高速的 LAN 互联成为可能。

（3）广域网（WAN）

广域网（Wide Area Network，WAN），也称为远程网，所覆盖的范围比城域网更广，它一般是在不同城市和不同国家之间的 LAN 或者 MAN 互联，地理范围可从几百千米到几千千米。因为距离较远，信息衰减比较严重，目前多采用光纤线路，通过 IMP（接口信息处理）协议和线路连接起来，构成网状结构，解决路径问题。这种广域网因为所连接的用户多，总出口带宽有限，连接速率一般较低，如 CHINANET、CHINAPAC 和 CHINADDN 网。

在以上讲述的几种网络类型中，用得最多的还是局域网，因为它距离短、速度快，无论在企业还是在家庭中实现起来都比较容易，应用也最广泛。

不同的局域网、城域网和广域网可以根据需要互相连接，形成规模更大的网际网，如 Internet。

2. 按网络拓扑结构分类

计算机网络的拓扑（Topology）结构是指一个网络的通信链路和接点（计算机或设备）的几何排列形式（物理布局和逻辑位置）。按拓扑结构分，网络有总线型、星形、环形、树形、网状形拓扑结构（又称为无规则型）等，如图 5-8 所示。

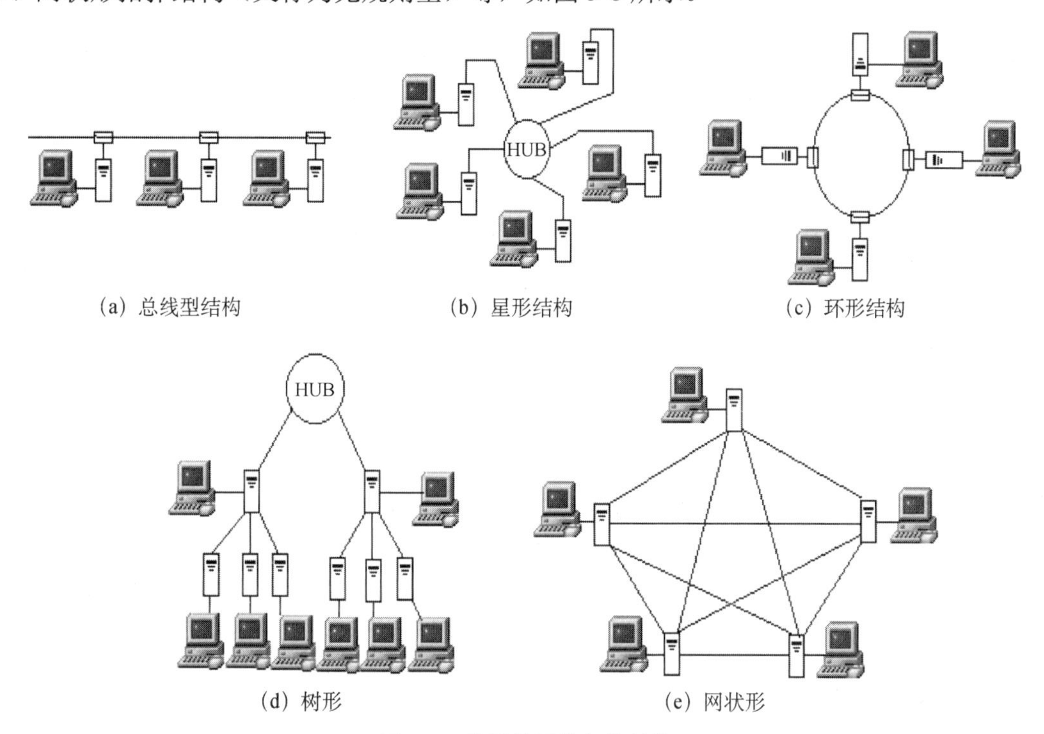

（a）总线型结构　（b）星形结构　（c）环形结构

（d）树形　（e）网状形

图 5-8　常见的网络拓扑结构

（1）总线型拓扑结构

用一条称为总线的中央主电缆，将相互之间以线性方式连接起来的布局方式，称为总线型拓扑，如图 5-8（a）所示。

在总线型拓扑结构中，所有网上微机都通过相应的硬件接口直接连在总线上，任何一个节点的信息都可以沿着总线向两个方向传输扩散，并且能被总线中任何一个节点所接收。由于其信息向四周传播，类似于广播电台，故总线型拓扑网络也被称为广播式网络。

总线有一定的负载能力，因此，总线长度有一定限制，一条总线也只能连接一定数量的节点。

总线型布局的特点：结构简单灵活，非常便于扩充；可靠性高，网络响应速度快；设备量少、价格低、安装使用方便；共享资源能力强，非常便于广播式工作，即一个节点发送所有节点都可接收。

在总线两端连接的器件称为端结器（末端阻抗匹配器或终止器），主要与总线进行阻抗匹配，最大限度地吸收和传送端部的能量，避免信号反射回总线产生不必要的干扰。

总线型拓扑结构是目前使用最广泛的结构，也是最传统的一种主流网络结构，适合于信息管理系统、办公自动化系统领域的应用。

（2）星形拓扑结构

星形拓扑结构是以中央节点为中心与各节点连接而组成的，各节点与中央节点通过点与点方式连接，中央节点执行集中式通信控制策略，因此中央节点相当复杂，负担也重，如图 5-8（b）所示。

以星形拓扑结构组网，其中任何两个站点要进行通信都要经过中央节点控制。中央节点的主要功能有：

- 为需要通信的设备建立物理连接。
- 为两台设备通信过程中维持这一通路。
- 在完成通信或不成功时，拆除通道。

在文件服务器/工作站（File Servers/Workstation）局域网模式中，中央节点为文件服务器，存放共享资源。由于这种拓扑结构，中央节点与多台工作站相连，为便于集中连线，目前多采用集线器（HUB）。

星形拓扑结构的优点有：网络结构简单，便于管理、集中控制，组网容易，网络延迟时间短，误码率低。缺点有：网络共享能力较差，通信线路利用率不高，中央节点负担过重，容易形成网络的瓶颈，一旦出现故障则全网瘫痪。

（3）环形拓扑结构

环形拓扑结构中各节点通过环路接口连在一条首尾相连的闭合环形通信线路中，环路上任何节点均可以请求发送信息。请求一旦被批准，便可以向环路发送信息。环形网中的数据可以单向也可以双向传输。由于环线公用，一个节点发出的信息必须穿越环中所有的环路接口，信息流中目的地址与环上某节点地址相符时，信息被该节点的环路接口所接收，而后信息继续流向下一环路接口，一直流回到发送该信息的环路接口节点为止，如图 5-8（c）所示。

环形拓扑结构的优点有：信息在网络中沿固定方向流动，两个节点间仅有唯一的通路，大大简化了路径选择的控制；某个节点发生故障时，可以自动旁路，可靠性较高。缺点有：由于信息是串行穿过多个节点环路接口的，当节点过多时，会影响传输效率，使网络响应时间变长；由于环路封闭故扩充不方便。

（4）树形拓扑结构

树形拓扑结构是总线型结构的扩展，它是在总线型网络基础上加上分支形成的，其传输介质可有多条分支，但不形成闭合回路，树形网是一种分层网，其结构可以对称，联系固定，具有一定容错能力，一般一个分支和节点的故障不影响另一个分支节点的工作，任何一个节点送出的信息都可以传遍整个传输介质，也是广播式网络，如图 5-8（d）所示。一般树形网上的链路相对具有一定的专用性，无须对原网做任何改动就可以扩充工作站。

（5）网状形拓扑结构

将多个子网或多个局域网连接起来构成网际拓扑结构。在一个子网中，集线器、中继器将多个设备连接起来，而桥接器、路由器及网关则将子网连接起来，如图 5-8（e）所示。

网状形拓扑结构采用一种无规则的连接方式，任意两个节点之间都可以相互连接。网络可靠性高，路径多，信息传递比较方便，主机入网比较灵活、简单；缺点是网络机制复杂，不易建网。在实际组网中，为了符合不同的要求，拓扑结构不一定是单一的，往往都是几种结构的混用。

5.1.5　计算机网络协议

1. 网络通信协议的定义

网络通信协议简称为网络协议。计算机网络中多个互联的节点需要进行数据通信，使得节点之间将不断地交换数据和控制信息。为了做到有条不紊地交换数据，每个节点都必须遵守一些事先约定好的规则。规则精确地规定了所交换数据的内容、格式和时序。这些为网络数据通信而制定的规则（约定或标准）被称为网络协议。

网络协议从本质上来看是计算机网络中各节点数据通信时使用的一种语言，它是组成计算机网络不可缺少的一部分。

2. 网络协议的 3 个要素

一个网络协议应包含以下 3 个要素，即语法、语义和时序。

- 语法，即交换数据和控制信息的结构和格式。例如，一个协议可以定义数据中的若干个字节为目的地址，其后若干个字节为源地址，紧接着的才是实际要传输的信息本身。
- 语义，即控制信息的含义。例如，何种控制信息需要发出、其动作及应有的响应。
- 时序，即通信中事件的实现顺序。

也许上面的描述比较抽象，可以将 3 个要素分别理解为通信双方“如何讲”“讲什么”“说话顺序”。

3. 网络协议的层次结构

一个功能完备的计算机网络需要完成的通信任务是十分复杂的，所以相应的网络协议也必然会十分复杂。为了很好地制定和实现协议，人们采用层次结构模型来描述网络协议。为了更好地理解网络协议分层的作用，下面以日常生活中的邮政通信为例，引出层次结构模型概念。

当甲、乙两人通过邮局进行通信时，完成整个通信过程至少应涉及三个层次，如图 5-9 所示。

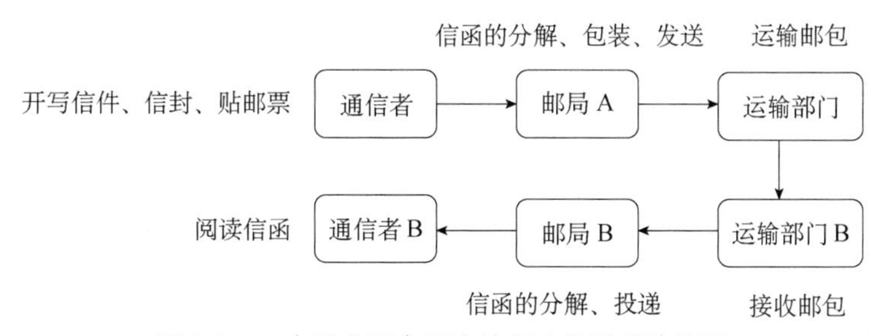

图 5-9　一个具有三个层次的邮政投递系统模型

图 5-9 中最高层为通信者层，中间为邮局层，下面为运输部门层。甲、乙双方的信息交换必须经由三层合作才能完成。其中甲、乙双方按事先约定的格式来书写、阅读信函内容；邮局层完成对信函的分拣、包装、发送、投递；运输部门层则负责运输管理，将信函从一地运输到另一地。这种将一个任务分解成若干层而分别实施的方法，使得每一层只需要关心自己所需要做的工作，其余的由下层提供的“服务”来完成。例如，通信者层只关心信函如何表述，至于信函如何投递则由邮局去完成。同样，邮包在运输中可能经过多个车站转接，也

可能使用不同的交通工具，但这些邮局均无须考虑，而交给运输部门去负责操作。另外，对于每一层来说，通信时总存在着收发双方，例如，通信的甲和乙、收发方的两个邮局、收发方的两个运输部门，并且，每一层的收发双方都将按照一定的规则进行信息交换——通信。

网络协议分层的概念和上述邮政系统分层的概念很类似。整个网络通信操作分解到若干层次中，下层向上层提供“服务”，上层使用下层的“服务”，同时又为更高一层提供自己的“服务”。每一层次中包括两个实体，称为对等实体。邮政系统中的两个通信者、两个邮局、两个运输部门可以比喻为对等实体。网络中各层的对等实体之间都将进行通信，既然有通信，各层都需要有一套双方都遵守的通信规则——通信协议。通常将第 n 层的对等实体之间进行通信时所遵守的协议称为第 n 层协议，所以通信协议也是具有层次结构的。

4. 网络协议层次结构优点

网络协议采取了层次结构具有如下一些优点：

- 各层相互独立。上面一层只要知道下一层通过层间接口所能提供的服务，而不需了解其实现的细节。
- 灵活性好。随着网络技术的不断变化，每一层的实现方法和技术也会发生变化，当某一层发生变化时，只要层间接口不变，则上、下层均不受影响。这种灵活性为协议的修改提供了很大的方便。
- 实现技术最优化。分层结构使得各层都可以选择最优的实现技术，并能不断更新。
- 易于实现和维护。系统被分解为若干部分，分别在较小范围内来实现、调试和维护，显然比将系统当成一个整体来操作要简便。
- 促进标准化。每一层的功能和所提供的服务都可以进行精确的说明，这有助于促进标准化。

5.1.6 计算机网络的体系结构

1. 网络体系结构的定义

从网络协议的层次模型可以看出，整个网络通信功能被分解到若干层次中分别定义，并且各层对等实体之间存在着通信和通信协议，下层通过层间“接口”向上层提供“服务”。一个功能完备的计算机网络需要一套复杂的协议集。

网络体系结构定义为计算机网络的所有功能层次，各层次的通信协议及相邻层间接口的集合。

需要指出的是，网络体系结构说明了计算机网络层次结构应如何设置，并且应该如何对各层的功能进行精确的定义。它是抽象的，而不是具体的。至于用何种硬件和软件来实现定义的功能，则不属于网络体系结构的范畴。可见，对同样的网络体系结构，可采用不同的方法，设计完全不同的硬件和软件来实现相应层次的功能。

2. OSI/RM 参考模型

有网络就有网络体系结构。在 OSI/RM 公布以前，许多大的计算机公司在设计、生产自己网络产品的同时，都定义了自己的网络体系结构，如 IBM 公司的 SNA、DEC 公司的

DNA 等。虽然这些网络体系结构都采用了分层的思想，但层次的划分、功能的分配与采用的技术术语差异极大。采用同一种网络协议的计算机可以互联以进行通信，而不同的协议之间却无法直接相联，因此形成许多“封闭”系统。显然，这种不能互联的封闭系统已不能满足人们对信息传输的要求。各种计算机系统联网和各种计算机网络的互联已成为必须解决的问题。为此，制定一个国际标准的网络体系结构也就势在必行了。

（1）OSI 网络模型

国际标准化组织 ISO 从 1978 年开始，经过几年的工作，于 1983 年正式发布了著名的 ISO 7498 标准。它就是“开放系统互联参考模型”OSI/RM，如图 5-10 所示。

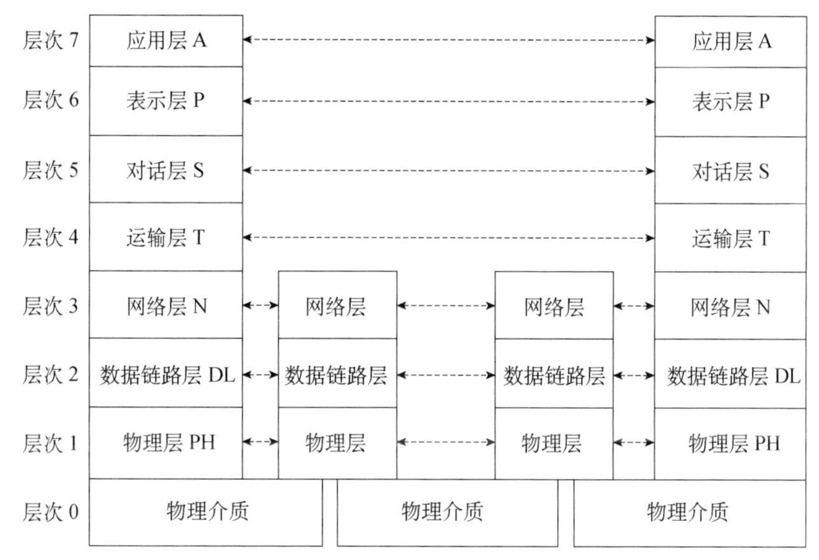

图 5-10　开放系统互联参考模型 OSI/RM 结构

开放系统互联参考模型中的“开放”是指一个系统只要遵循 OSI 标准，就可以和位于世界上任何地方的也遵循这个标准的其他任何系统进行通信。强调“开放”也就是说系统可以实现“互联”。这里的系统可以是计算机、和这些计算机相关的软件及其他外部设备等的集合。

OSI/RM 采用的是分层的体系结构。它定义了网络体系结构的 7 层框架，最下层为第 1 层，依次向上，最高层为第 7 层。从第 1 层到第 7 层的命名为物理层、数据链路层、网络层、运输层、会话层、表示层和应用层，分别用英文字母 PH、DL、N、T、S、P 和 A 来表示。

（2）OSI/RM 各层的主要功能和协议

OSI/RM 定义了每一层的功能及各层通过“接口”为其上层所能提供的“服务”。

- 物理层（Physical Layer）。物理层实现透明地传送比特流，为数据链路层提供物理连接“服务”。
- 数据链路层（Data Link Layer）。数据链路层在通信的实体之间负责建立、维持和释放数据链路连接。在相邻两个节点间采用差错控制、流量控制方法，为网络层提供无差错的数据传输“服务”。
- 网络层（Network Layer）。网络层通过路由算法，为分组选择最适当的路径，并实现差错检测、流量控制与网络互联等功能。

● 运输层（Transport Layer）。运输层完成端到端（End-to-End）的差错控制、流量控制等。这里的“端”指的是进程，和数据链路层的“点—点”概念不同。运输层是计算机网络体系结构中关键的一层，它为高层提供端到端可靠的、透明的数据传输“服务”。

● 会话层（Session Layer）。会话层组织两个会话进程之间的数据传输同步，并管理数据的交换。

● 表示层（Presentation Layer）。表示层处理不同语法表示的数据格式转换、数据加密与解密、数据压缩与恢复等功能。

● 应用层（Application Layer）。应用层是开放系统与用户应用进程，如文件传送和电子邮件等的接口，为 OSI 用户提供管理和分配网络资源的“服务”。

也许上面的讲述太专业化，初学者不易理解，那么可以借用下面的比喻来描述 OSI/RM 中几个主要层次的功能，以便建立一个网络通信分层模型的直观印象。

应用层：这次通信要做什么？

传输层：对方的位置在哪里？

网络层：到达对方位置走哪条路？

数据链路层：沿途中的每一步怎么走？

物理层：每一步怎样实际使用物理介质？

OSI/RM 中每一层次中包括两个实体，称为对等实体。每层对等实体之间都存在着通信，即信息交换，因此定义了 7 层协议，分别以层的名称来命名。各层协议定义了该层的协议控制信息的规则和格式，如图 5-11 所示。

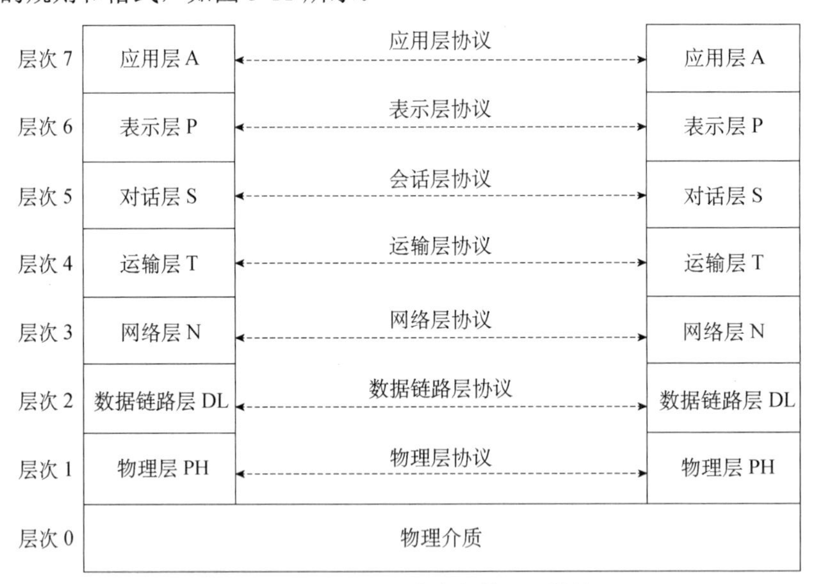

图 5-11　OSI/RM 中定义的 7 层协议

5.2　互联网

5.2.1　什么是互联网

互联网即 Internet 特指起源于美国，前身为 ARPANET，现已覆盖全球的世界上最大的计算机网络。这些网络以 TCP/IP 协议作为网络互联及信息传递的规则，形成逻辑上的单一且巨大的全球化网络，在这个网络中有交换机、路由器等网络设备；各种不同的连接链路；种类繁多的服务器和数不尽的计算机终端。使用互联网可以将信息瞬间发送到千里之外的人手中，它是信息社会的基础。

如图 5-12（a）显示的是一个具有 4 个节点和 3 条链路的简单计算机网络，其中，3 台计算机通过三条链路连接到了一个集线器上，构成了网络（思考：为什么要用交换机，而不是计算机设备两两直接互联？大家可以通过查阅电路交换、分组交换等相关信息得到答案）。这些简单的计算机网络规模十分受限，因此，为了扩大网络规模，需要将这些简单的计算机网络进行互联。将网络互联，形成更大的计算机网络的设备主要是路由器，这样形成的网络可以称为互联网，因此，互联网即是“网络的网络”。

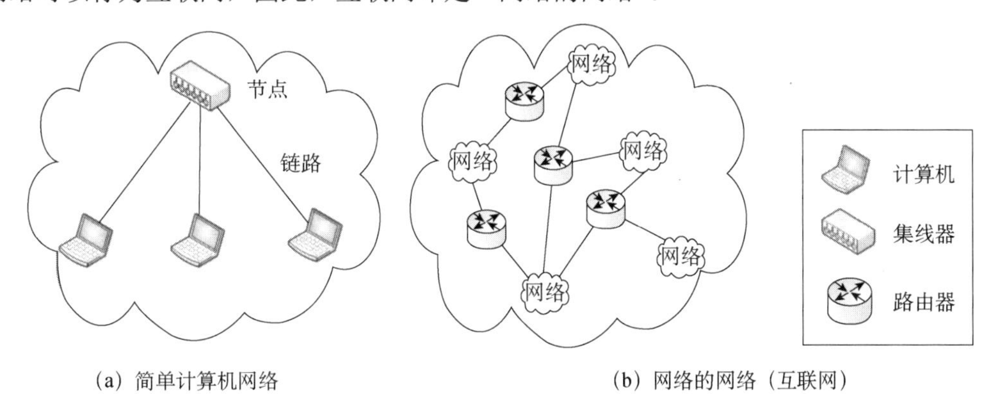

（a）简单计算机网络　　（b）网络的网络（互联网）

图 5-12　从简单计算机网络形成互联网

5.2.2　互联网的诞生和发展

互联网是从单个的计算机网络发展而来的，这个最初的单个计算机网络称为 ARPANET，其是由美国国防部于 1969 年所创建的。所有要连接到 ARPANET 的计算机都直接与就近的交换机节点相连接，形成一个更大的单一计算机网络。到了 20 世纪 70 年代中期，网络管理者认识到不可能仅使用一个单独的网络来满足所有的通信问题，因此，开始研究多个网络互联的技术。面临着不断扩大的网络规模，为了便于网络的管理及互通，制定统一的标准规则是必不可少的。1983 年 TCP/IP 协议成为 ARPANET 的标准协议，使得所有使用 TCP/IP 协议的计算机都能利用该网络相互通信，因此，1983 年就作为互联网的诞生时间。1990 年 ARPANET 正式宣布关闭。

从 1985 年起，美国国家科学基金会 NSF（National Science Foundation）就围绕 6 个大型计算机中心建设计算机网络，称为国家科学基金网 NSFNET。它是一个三级计算机网络，分为主干网、地区网和校园网（或企业网）。其覆盖了全美主要的大学和研究所，并且成为互联网中的主要组成部分。1991 年，NSF 和美国政府的其他一些机构部门开始认识到，互联网不应只限于大学和科研机构，应该扩大其使用范围。在此背景下，一些公司纷纷接入互联网，网络中的信息通信量急剧增加，原有互联网的基础架构和设施已经不能满足需要。于是，美国政府决定将互联网的主干网交给私人公司来经营，并对接入互联网的企业或单位进行收费。1992 年，互联网上的主机超过 100 万台，1993 年，互联网主干网的速率提高到 45Mbit/s。

从 1993 年开始，由美国政府资助的 NSFNET 逐渐被若干个商用的互联网主干网所替代，政府部门也不再负责互联网的运营。这就出现了互联网服务提供者 ISP（Internet Service Provider）。在许多情况下，ISP 就是一个进行商业活动的公司，如中国电信、中国移动等是我国比较常见的 ISP。ISP 可以从互联网管理机构申请到很多的 IP 地址（互联网上的主机必须有唯一的 IP 地址才能连上互联网），同时 ISP 自己建立通信线路及路由器等联网设备（一些小的 ISP 会向其他 ISP 租用），任何机构和个人需要向某个 ISP 缴纳规定费用，就可以从该 ISP 获取 IP 地址的使用权，并接入到互联网。这个过程就是我们平常所谓的“上网”。

互联网已经成为世界上规模最大和增长速度最快的计算机网络，现在已经没有人能够准确说出互联网到底有多大。互联网的快速迅猛发展开始于 20 世纪 90 年代，其主要推动因素为万维网的开发和使用。万维网（World Wide Web）是由欧洲原子核研究组织 CERN 开发的，并被广泛使用在互联网上，大大方便了广大非网络专业人员对网络的使用，成为互联网用户指数级增长的主要驱动力。如图 5-13 所示的是从 2011 年到 2020 年 6 月全球互联网用户数及占世界人口的比重，截至 2020 年 6 月，全球互联网用户数量达到 46.48 亿人，占世界人口的比重达到 59.6%。

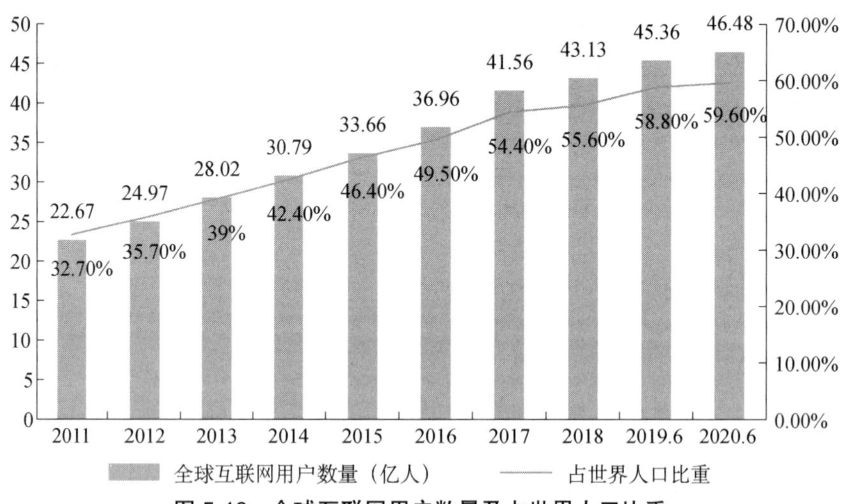

图 5-13　全球互联网用户数量及占世界人口比重

5.2.3　互联网在我国的发展

1980 年当时的铁道部开始进行计算机联网实验，这是我国最早的专用计算机广域网建设项目。1989 年 11 月，我国第一个公用分组交换网 CNPAC 建成运行。在 20 世纪 80 年代后期，银行、公安、军队等一些部门也相继建立了各自的专用计算机广域网。此外，从 20 世纪 80 年代开始，国内的许多单位拥有了大量的局域网，这些局域网的所有权和使用权都属于各自单位本身，便于开发、管理与维护。

1994 年 4 月 20 日，我国用 64Kbit/s 专线正式联入互联网，从此，我国被国际上正式承认为接入互联网的国家。同年 5 月，中国科学院高能物理研究所设立了我国第一个 WWW 服务器，9 月中国公用计算机互联网 CHINANET 正式启动。到目前为止，我国陆续建造了多个基于互联网的全国范围的公用计算机网络，规模较大且具有代表性的主要有 5 个，即中国电信互联网 CHINANET；中国联通互联网 UNINET；中国移动互联网 CMNET；中国教育和科研计算机网 CERNET；中国科学技术网 CSTNET。

随着互联网在我国的不断快速发展，互联网+已经成为现今一个重要的时代特征，出现了一大批对社会有较大影响的人物和事件。

1996 年，张朝阳创立了中国第一家以风险投资资金建立的互联网公司：爱特信公司。两年后该公司推出了“搜狐”产品，并将公司的名称更改为搜狐（Sohu）公司。搜狐的主要产品是搜狐网站，是中国首家大型分类搜索引擎。

1997 年 6 月丁磊在广州创建了网易公司，之后推出了中国第一家全中文搜索引擎。1998 年 1 月网易推出中国第一家免费邮箱系统，成为国内最受欢迎的中文邮箱之一。网易网站现在也是比较有名的综合门户网站。

1998 年，马化腾和张志东等人在深圳创建了腾讯公司。1999 年，腾讯推出了个人 PC 上的即时通信软件 QICQ，简称 QQ。2011 年，腾讯推出了基于智能手机的即时通信软件微信（WeChat）。2018 年 6 月 20 日，世界品牌实验室（World Brand Lab）在北京发布了 2018 年《中国 500 最具价值品牌》分析报告，腾讯位居第二位。

2000 年，李彦宏和徐勇创建了百度网站，现在已经成为全球最大的中文搜索引擎。百度网站可以用主题或关键词进行搜索查找，非常便于网民对各种信息的检索。

1999 年，马云等人创建了阿里巴巴网站，最初是一个企业对企业的网上贸易平台。2003 年，阿里巴巴创立了个人网上贸易平台：淘宝网。2004 年，阿里巴巴创立了第三方支付平台：支付宝。这些均为中国电子商务的使用和发展提供了简单、安全、便捷的平台和方式。

以上的人物或事件在我国互联网发展过程中具有一定的代表性，是我国互联网的弄潮儿，同时也促进了我国互联网的发展。读者可以通过网站 www.cnnic.cn 查看《中国互联网络发展状况统计报告》，该报告是由中国互联网信息中心 CNNIC（China Network Information Center）发布的，该中心以每年两次的方式公布我国互联网的发展情况。

5.2.4　互联网协议 TCP/IP

互联网 Internet 是以 TCP/IP 协议作为网络互联及信息传递的规则。TCP/IP 协议起源于 ARPANET。ARPANET 是美国国防部于 1969 年赞助研究的世界上第一个采用分组交换技术的计算机网络。该网络使用点到点的租用线路，逐步地将数百所大学、政府部门的计算机连接起来，这也就是 Internet 的前身。随着卫星通信系统与通信网的发展，从 1982 年开始，ARPANET 采用了一簇以 TCP 和 IP 协议为主的新的网络协议，不久，又由此定义了 TCP/IP 参考模型（TCP/IP Reference Model）。

1. TCP/IP 参考模型与层次

在如何用分层模型来描述 TCP/IP 体系结构的问题上，目前并没有完全统一。一般认为，TCP/IP 参考模型应包括 4 个层次，从上往下依次为应用层、传输层、互联层、主机-网络层。为了便于理解模型中各层的含义，图 5-14 给出了 TCP/IP 参考模型与 OSI/RM 参考模型的层次对应关系。

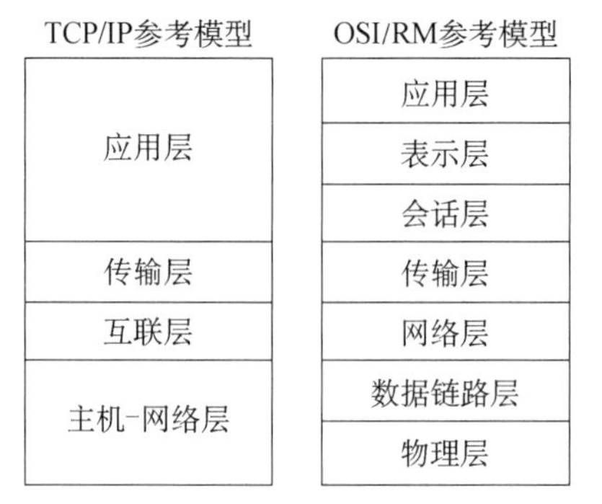

图 5-14　TCP/IP 参考模型和 OSI/RM 参考模型

在 TCP/IP 参考模型中，没有专门设计对应于 OSI/RM 中的表示层、会话层的分层。各层的功能简述如下。

- 应用层：对应于 OSI/RM 参考模型中的会话层、表示层和应用层。它不仅包括了 OSI/RM 会话层以上三层的所有功能，还包括了应用程序，所以 TCP/IP 模型比 OSI/RM 更简洁和更实用，它能为用户提供若干应用程序调用。
- 传输层：对应于 OSI/RM 中的传输层。它实现端—端（进程—进程）无差错通信。由于该层中使用的主要协议是 TCP 协议，因此又称为 TCP 层。
- 互联层：对应于 OSI/RM 中的网络层。负责对独立传送的数据分组进行路由选择，以保证可以发送到目的主机。由于该层中使用的是 IP 协议，因此又称为 IP 层。
- 主机-网络层：对应于 OSI/RM 中的物理层、数据链路层及一部分的网络层功能，负责将数据送到指定的网络上。主机-网络层直接面向各种不同的通信子网。目前常用的以太网、令牌环网等局域网和 X.25 分组交换网等广域网都可以通过本层接口接入。

2. TCP/IP 协议簇

在 TCP/IP 参考模型中定义了一组协议，其中最重要的两个协议是传输控制协议 TCP（Transport Control Protocol）和互联协议（Internet Protocol），因此用 TCP/IP 来为协议簇名。

TCP/IP 协议簇中一些主要协议及其相互关系如图 5-15 所示。

应用层	HTTP	TELNET	FTP	SMTP	DNS	…
传输层	TCP			UDP		
互联层	IP					
			ARP	RARP		
主机-网络层	以太网	令牌环	X.25网	FDDI	…	

图 5-15　TCP/IP 协议簇

下面对各层协议的功能做一个简要的描述。

（1）应用层

应用层包括了许多的高层协议，随着互联网应用范围的扩大，总会不断有新的协议加入。目前主要使用的协议有以下几个。

- HTTP，超文本传输协议，用于互联网上的 WWW 服务。
- TELNET，网络终端仿真协议，用于实现远程系统登录功能，以使用远程主机的资源。
- FTP，文件传输协议，用于实现交互式文件传输和文件管理功能。
- SMTP，简单电子邮件协议，用于实现电子邮件传送功能。通常，电子邮件应用程序向邮件服务器传送邮件时使用 SMTP 协议；而从邮件服务器的邮箱中读取时使用 POP3 或 IMAP 协议。
- DNS，域名服务，用于实现网络设备域名到 IP 地址的映射。

（2）传输层

传输层定义了两种协议，即传输控制协议 TCP（Transport Control Protocol）和用户数据报协议 UDP（User Datagram Protocol）。

- TCP 协议，一种可靠的面向连接的协议，可以将源主机的字节流无差错地传送到目的主机。在多数情况下，传输层使用 TCP 协议，以保证将通信子网中的传输错误全部处理完毕。
- UDP 协议，一种不可靠的无连接协议，分组传输中的差错控制由应用层完成。

应用层协议在传输层协议之上，其中一些使用面向连接的 TCP 协议，如网络终端仿真协议 TELNET、电子邮件协议 SMTP、文件传送协议 FTP；另一些使用面向无连接的 UDP 协议，如简单网络管理协议 SNMP、简单文件传输协议 TFTP。

这里需要解释一下在网络协议中常遇到的“连接”和“无连接”的概念。

所谓“连接”，是指在数据交换前通过收发双方的呼叫与应答，在发方和收方之间建立一条专用通信线路，然后数据沿着这条专用通信线路被传输到目的地。可以借用日常生活中电话系统的实例来比喻这种“连接”关系，当需要打电话时，先要拨号，若线路空闲，即在通话双方之间建立并维持一条通话电路，直到通话结束。当然，计算机网络中的“连接”和电话系统中的“连接”是有区别的。以“连接”方式来传输数据时，可靠性高，适合于同一时间内向同一目的地发送大量的数据，但线路利用率较低。

和“连接”相反，所谓“无连接”，是指在数据交换前，无须在发方和收方之间建立一条专用通信线路，发送方只需将数据通过网络接口传送到网络上，数据在网络中逐站被传送时，途中站点根据网络当时的实际情况来决定下一站点的选择，即路径选择，因此无法预先确定数据将沿着哪条线路到达目的地。可以借用日常生活中邮政系统的实例来比喻这种“无连接”关系。以“无连接”方式来传输数据时，可能会出现数据丢失、重复等现象，其可靠性不高，但优点是灵活方便，线路利用率高。

（3）互联层（IP 层）

互联层定义了 IP 协议。IP 协议是一种面向无连接的协议。它负责将发送主机的数据分组以“无连接”的方式发送到目的主机。由于采用的是“无连接”方式，各数据分组在互联网中是独立传输的，所以 IP 层必须负责数据分组传送过程中的路由选择和差错控制。同时，“无连接”方式也决定了构成一个传输层报文的各个分组的发送顺序和接收顺序可能不同，甚至有丢失现象，这些问题则提交给传输层去解决。

从图 5-15 中可以看出，IP 协议要为 TCP 和 UDP 协议提供服务，即 TCP 和 UDP 都要通过 IP 协议来发送、接收数据，所以 IP 层是 TCP/IP 协议的核心。

IP 层还包括两个重要的协议：地址解析协议 ARP 和反向地址解析协议 RARP。这两个协议用于需要进行 IP 地址与物理地址转换的场合，ARP 根据节点的 IP 地址查找物理地址，这是一般数据传输时常用到的协议。RARP 则根据节点的物理地址来查找 IP 地址。

（4）主机-网络层

主机-网络层可连接多种物理网络协议，如以太网、令牌环和 X.25 分组交换网等。尽管这些网络的拓扑结构、传输介质、控制机制差异很大，但它们的网络数据通过相应的接口程序组装成统一的 IP 数据分组，都可以在互联网上传送，这正体现出 TCP/IP 协议的兼容性与适应性，也是互联网成功的关键所在。

5.2.5 互联网中 IP 地址

Internet 网络采用 TCP/IP 协议，所有联入 Internet 的计算机必须拥有一个网内唯一的地址，以便相互识别，就像每台电话机必须有一个唯一的电话号码一样。Internet 上计算机拥有的这个唯一地址称为 IP 地址。

1. IP 地址结构

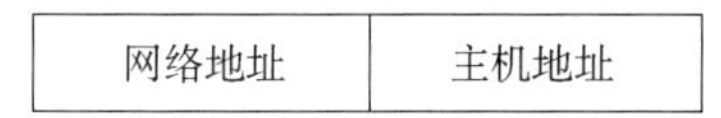

图 5-16 IP 地址的结构

Internet 目前使用的 IP 地址采用 IPv4 结构，层次上采用按逻辑网络结构划分。一个 IP 地址划分为两部分：网络地址和主机地址。网络地址用于标识一个逻辑网络，主机地址用于标识该网络中的一台主机，如图 5-16 所示。

IP 地址由 Internet 网络信息中心 NIC 统一分配。NIC 负责分配最高级 IP 地址，并给下一级网络中心授权在其自治系统中再次分配 IP 地址。在国内，用户可向电信公司、ISP 或单位局域网管理部门申请 IP 地址，这个 IP 地址在 Internet 网络中是唯一的。如果使用 TCP/IP 协议来构成局域网，可自行分配 IP 地址，该地址在局域网内是唯一的，但对外通信时需经过代理服务器。

需要指出的是，IP 地址不仅可以标识主机，还可以标识主机和网络的连接。TCP/IP 协议中，同一物理网络中的主机接口具有相同的网络号，因此当主机移动到另一个网络时，它的 IP 地址需要改变。

IP 协议为每一个网络接口分配一个 IP 地址。如果一台主机有多个网络接口，则要为其中的每个接口都分配一个 IP 地址。但同一主机上的多个接口的 IP 地址没有必然的联系。路由器往往连接多个网络，对应于每个所连的网络都分配一个 IP 地址，所以路由器也有多个 IP 地址。

2. IP 地址分类

IPv4 结构的 IP 地址长度为 4 字节（32 位），在逻辑上相应由两部分组成：网络地址和主机地址。网络地址用来标识主机所在的物理网络，决定互联网上网络的数量；主机地址是主机在物理网络中的编号，决定每个网络上可以容纳的主机数。根据网络地址和主机地址的不同划分，编址方案将 IP 地址划分为 A、B、C、D、E 五类，A、B、C 是基本类，D、E 类作为多播和保留使用，如图 5-17 所示。

A类	0	网络地址（7bit）	主机地址（24bit）

B类	1	1	网络地址（14bit）	主机地址（16bit）

C类	1	1	0	网络地址（21bit）	主机地址（8bit）

D类	1	1	1	0	多目广播地址（28bit）

E类	1	1	1	1	0	尚未定义

图 5-17　IP 地址的分类

A 类地址用第 1 位为 0 来标识。A 类地址空间最多允许容纳 2^7 个网络，每个网络可接入多达 2^{24} 台主机，适用于少数规模很大的网络。

B 类地址用第 1、2 位为 10 来标识。B 类地址空间最多允许容纳 2^{14} 个网络，每个网络可接入多达 216 台主机，适用于国际性大公司。

C 类地址用第 1～3 位为 110 来标识。C 类地址空间最多允许容纳 2^{21} 个网络，每个网络可接入 2^8 台主机，适用于小公司和研究机构小规模的网络。

D 类地址用第 1～4 位为 1110 来标识，用于多目广播，其中没有网络地址。

E 类地址用第 1～5 位为 11110 来标识。暂时保留，尚未定义。

IP 地址的 32 位通常写成 4 个十进制的整数，每个整数对应一个字节。这种表示方法称为“点分十进制表示法”，如一个 IP 地址可表示为 202.115.12.11。

根据点分十进制表示方法和各类地址的标识，可以分析出 IP 地址的第 1 个字节，即头 8 位的取值范围：A 类为 0～127，B 类为 128～191，C 类为 192～223。因此，从一个 IP 地址直接判断它属于哪类地址的最简单方法是，判断它的第一个十进制整数所在范围。下边列出了各类地址的起止范围。

A 类：1.0.0.0～126.255.255.255（0 和 127 保留作为特殊用途）。

B 类：128.0.0.0～191.255.255.255。

C 类：192.0.0.0～223.255.255.255。

D 类：224.0.0.0～239.255.255.255。

E 类：240.0.0.0～247.255.255.255。

3. 特殊 IP 地址

（1）网络地址

当一个 IP 地址的主机地址部分为 0 时，它表示一个网络地址，如 202.115.12.0 表示一个 C 类网络。

（2）广播地址

当一个 IP 地址的主机地址部分为 1 时，它表示一个广播地址，如 145.55.255.255 表示一个 B 类网络“145.55”中的全部主机。

4. 子网（Subnet）和子网掩码（Mask）

从 IP 地址的分类可以看出，地址中的主机地址部分最少有 8 位，显然对于一个网络来说，最多可连接 254 台主机（全 0 和全 1 地址不用），这往往容易造成地址浪费。为了充分利用 IP 地址，TCP/IP 协议采用了子网技术。子网技术把主机地址空间划分为子网和主机两部分，使得网络被划分成更小的网络——子网。这样一来，IP 地址结构则由网络地址、子网地址和主机地址三部分组成，如图 5-18 所示。

网络地址	子网地址	主机地址

图 5-18　采用子网的 IP 地址结构

当一个单位申请到 IP 地址以后，由本单位网络管理人员来划分子网。子网地址在网络外部是不可见的，仅在网络内部使用。子网地址的位数是可变的，由各单位自行决定。为了确定哪几位表示子网，IP 协议引入了子网掩码的概念。通过子网掩码将 IP 地址中分为三部分：网络地址、子网地址部分和主机地址部分。

子网掩码是一个与 IP 地址对应的 32 位数字，其中的若干位为 1，另外的位为 0。IP 地址中和子网掩码为 1 的位相对应的部分是网络地址和子网地址，和为 0 的位相对应的部分则是主机地址。子网掩码原则上 0 和 1 可以任意分布，不过一般在设计子网掩码时，多是将子网地址的开始连续的几位设为 1。

对于 A 类地址，对应的子网掩码默认值为 255.0.0.0，B 类地址对应的子网掩码默认值为 255.255.0.0，C 类地址对应子网掩码默认值为 255.255.255.0。

将 IP 地址和相应的子网掩码相与，就得到网络地址和子网地址，而把 IP 地址和子网掩码的反码进行与运算，得到主机地址。例如，已知一个 IP 地址为 131.65.12.86，相对应的子网掩码为 255.255.255.224。显然，这是一个 B 类地址，其网络地址为 131.65，子网地址和主机地址一起构成 12.86。将子网掩码写成二进制数为 11111111.11111111.11111111.11100000，可知第 3 字节 8 位和第 4 字节前 3 位，共计 11 位为 1，表示它是子网部分。IP 地址中的 12.86 写成二进制数，取其前 11 位表示子网地址 $(00001100010)_2$，后 5 位表示主机地址 $(10110)_2$，如图 5-19 所示。

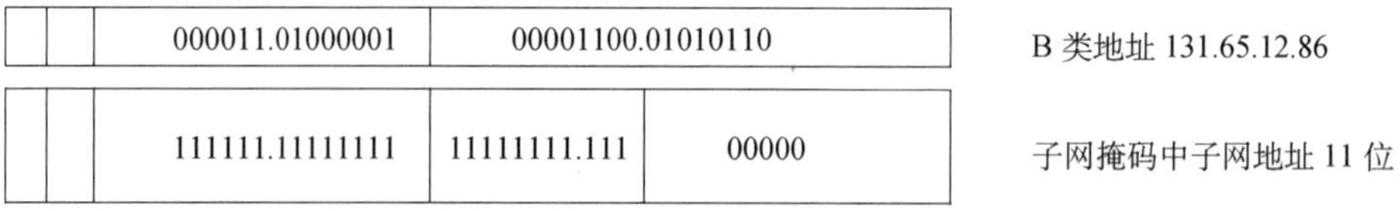

		000011.01000001	00001100.01010110		B 类地址 131.65.12.86
		111111.11111111	11111111.111	00000	子网掩码中子网地址 11 位

图 5-19　利用子网掩码划分子网示例

建立子网掩码时，首先确定需要创建的子网个数，即网段数，再据此确定需要从地址空间中截取多少位作为子网地址。截取两位，考虑到避免全 0 和全 1 的组合，可划分 2 个网段；截取 3 位，可划分 6 个网段。例如，对于一个 C 类网络，如果需要将其划分成 5 个网段，则需要截取 IP 地址中第 4 个字节的前 3 位作为子网地址，与其相对应的子网掩码为 255.255.255.244，二进制数表示为 11111111.11111111.11111111.11100000。

5. IPv6

随着互联网用户的迅猛增加，IPv4 最大的问题在于网络地址资源不足，制约了互联网的应用和发展。IPv6 是互联网工程任务组（IETF）设计的用于替代 IPv4 的下一代 IP 协议。IPv6 的使用，不仅能解决网络地址资源数量的问题，而且能解决多种接入设备联入互联网的障碍。IPv6 的地址长度为 128 位，是 IPv4 地址长度的 4 倍，具有更大的地址空间。

由于 IPv4 和 IPv6 地址格式等不相同，因此在未来的很长一段时间里，互联网中将出现 IPv4 和 IPv6 长期共存的局面。在 IPv4 和 IPv6 共存的网络中，对于仅有 IPv4 地址，或仅有 IPv6 地址的端系统，两者是无法直接通信的，此时可依靠中间网关或者使用其他过渡机制实现通信。

虽然 IPv6 在全球范围内还仅仅处于研究阶段，许多技术问题还有待于进一步解决，并且支持 IPv6 的设备也非常有限。但总体来说，全球 IPv6 技术的发展不断进行着，并且随着 IPv4 消耗殆尽，许多国家已经意识到了 IPv6 技术所带来的优势，特别是中国，通过一些国家级的项目，推动了 IPv6 下一代互联网全面部署和大规模商用。

5.2.6　互联网的应用

随着互联网的不断发展，其已经深刻融入了人们生活、工作的方方面面，互联网应用层出不穷，如电子商务、即时通信、微博等。表 5-2 所示的是中国互联网信息中心 CNNIC 在 2021 年 2 月公布的《中国互联网络发展状况统计报告》中 2020 年 3 月到 2020 年 12 月我国网民常见互联网应用用户规模和网民使用率的情况。可以看到 2020 年我国个人互联网应用增长较为平稳，其中，网络购物、网络支付和网络直播等用户规模增长最为显著。互联网基础类的应用中，即时通信、搜索引擎保持平稳增长态势。在网络娱乐类的应用中，由于网红直播、直播带货等新功能的推广，网络直播保持快速增长，同时，网络视频和网络音乐依然受到网民的喜爱。

表 5-2　2020.3—2020.12 常见互联网应用用户规模和使用率

应用	2020 年 3 月		2020 年 12 月		增长率
	用户规模（万）	网民使用率	用户规模（万）	网民使用率	
即时通信	89613	99.2%	98111	99.2%	9.5%
搜索引擎	75015	83.0%	76977	77.8%	2.6%
网络新闻	73072	80.9%	74274	75.1%	1.6%
远程办公	—	—	34560	34.9%	—
网络购物	71027	78.6%	78241	79.1%	10.2%
网上外卖	39780	44.0%	41883	42.3%	5.3%
网络支付	76798	85.0%	85434	86.4%	11.2%
互联网理财	16356	18.1%	16988	17.2%	3.9%
网络游戏	53182	58.9%	51793	52.4%	-2.6%
网络视频	85044	94.1%	92677	93.7%	9.0%

续表

应用	2020 年 3 月		2020 年 12 月		增长率
	用户规模（万）	网民使用率	用户规模（万）	网民使用率	
网络音乐	63513	70.3%	65825	66.6%	3.6%
网络文学	45538	50.4%	46013	46.5%	1.0%
网络直播	55982	62.0%	61685	62.4%	10.2%
网约车	36230	40.1%	36528	36.9%	0.8%
在线教育	42296	46.8%	34171	34.6%	-19.2%

5.2.7　互联网网络安全

网络安全伴随着互联网的发展而发展，从网络诞生之初，网络安全问题就同步存在，并共生共存于互联网发展的各个阶段，随着网络功能的日益增强和应用的日益广泛，网络安全问题也越来越复杂化、专业化。

1. 网络安全的定义

国际标准化组织（ISO）引用“ISO74982”文献中对安全的定义是这样的：安全就是最大限度地减少数据和资源被攻击的可能性。Internet 的最大特点就是开放性，然而对于安全来说，这又是它致命的弱点。

网络信息安全目前并没有公认和统一的定义，现在采用比较多的定义是：计算机网络信息安全是指利用网络管理控制和技术措施，保证在一个网络环境里，信息数据的机密性、完整性及可使用性受到保护，具体地说就是系统的硬件、软件及其系统中的数据受到保护，不因偶然的或者恶意的原因而遭到破坏、更改、泄露，系统连续、可靠、正常地运行，网络服务不中断。

目前，信息欺骗、系统攻击、病毒传播、盗取他人信息、非法占用系统资源等活动十分猖獗。因此，提高对计算机网络信息安全的防护意识、加强计算机网络信息的安全措施已是当前的重要任务。

2. 影响网络安全的因素

造成计算机网络不安全的因素究竟是什么？归纳起来，主要包括三个方面：自然因素、人为因素和系统本身因素。

（1）自然因素

自然因素一般来自各种自然灾害、恶劣的场地环境、电磁干扰等。这些无目的的事件，有时会直接威胁网络安全，影响信息的存储媒体。

（2）人为因素

人为因素主要包括两类：恶意威胁和非恶意威胁。恶意威胁是计算机网络系统面临的最大威胁。先来说说非恶意威胁，它主要来自一些人为的误操作或一些无意的行为。比如，文件的误删除、输入错误的数据、操作员安全配置不当、用户口令选择不慎、用户将自己的账号随意转借他人或与别人共享等，这些无意的行为都可能给信息系统的安全带来

威胁。

恶意威胁网络安全主要有三种人：故意破坏者、不遵守规则者和刺探秘密者。故意破坏者企图通过各种手段去破坏网络资源与信息，如涂抹别人的主页、修改系统配置、造成系统瘫痪。不遵守规则者企图访问不允许访问的系统，他可能仅仅是到网中看看，找些资料，也可能想盗用别人的计算机资源。刺探秘密者的企图非常明确，即通过非法手段侵入他人系统，以窃取商业秘密与个人资料。无论三种人中的哪一类人，更多的是采用主动攻击的手段。

- 主动攻击。这是一种破坏力极大的攻击手段。主动攻击是指避开或攻破安全防护、引入恶意代码、破坏数据和系统的完整性，如篡改网络中的信息（如修改数据内容、删除其中的部分内容、用一条虚假的数据替代原始数据，或者将某些额外数据插入其中等），又如抵赖、否认自己曾经发布过的信息、伪造对方来信、修改来信等。
- 被动攻击。被动攻击是指监视公共媒体上的信息传送。这种攻击表面上不对系统造成什么破坏，但实际上一般是为了进行进一步的破坏而进行的前期准备工作，如口令嗅探，其目的是获取口令，一旦获取到口令，接下来的就是实施攻击了。
- 内部人员攻击。上面谈到的攻击是从主动和被动的角度来考虑的，还有一种考虑的角度就是攻击来源，即攻击是来自于外部的还是来自内部的。

由网络外部因素引起的安全问题都是来自于外部的，比如自然威胁、外部入侵者对网络的威胁等。而由网络内部因素引起的安全问题就是内部威胁，比如网络系统内部入侵者对网络进行有意或无意的攻击，系统本身的问题等。实际上，内部人员往往是利用偶然发现的系统弱点或预谋突破网络系统安全进行攻击。由于内部人员更了解网络结构，因此他们的非法行为对网络威胁更大，曾有统计资料表明，来自于内部人员的攻击在所有受到的攻击事件中占到 80%以上，这是非常可怕的。

（3）系统本身因素

网络面临的威胁并不仅仅来自自然或人为，事实上很多时候来自系统本身，比如系统本身的电磁辐射或硬件故障、不知道的软件“后门”、软件自身的漏洞等。

3. 网络安全常用技术

（1）密码技术

密码学是一门古老的科学，大概自人类社会出现战争时便出现了密码。在 1949 年之前，密码技术更多地只能称为艺术而不是科学，密码的设计和分析是凭直觉和经验来进行的，而不是靠严格的理论证明。而随着电子计算机的诞生及香农（Shannon）发表了《保密系统的通信理论》一文，密码学的研究才真正进入现代科学研究的范畴。密码学又是一门年轻的科学，随着科学技术的进步，密码学的研究也日新月异。首先，密码学越来越依赖于数学知识，现代密码学离开数学几乎是不可想象的。其次，密码学还与别的学科相互渗透，如量子力学、光学、生物学等。

自古以来，密码主要应用于军事、政治、外交等机要部门，因而密码学的研究工作本身也是秘密进行的。然而随着计算机科学、通信技术、微电子技术的发展，计算机网络的应用进入了人们的日常生活和工作中，从而产生了保护隐私、敏感甚至秘密信息的需求。而且这样的需求在不断扩大，于是密码学的应用和研究逐渐公开化。研究密码编制的科学称为密码编制学，研究密码破译的科学称为密码分析学，它们共同组成了密码学。密码技术的基本思想就是伪装信息，即对信息做一定的数学变换，使不知道密钥的用户不能解读其真实的含义。变换之前的原始数据称为明文，变换之后的数据称为密文，变换的过程叫作加密，而通过逆变换得到原始数据的过程称为解密。

（2）认证技术

在密码技术的应用中，认证通常包括两个方面的内容：身份认证，即通信的对象是合法有效的；信息认证，即确认信息是来自其自称的来源，同时也确认消息传输过程中没有被调换或篡改。

身份认证技术是在计算机网络中确认操作者身份的过程而产生的解决方法。计算机网络世界中一切信息包括用户的身份信息都是用一组特定的数据来表示的，计算机只能识别用户的数字身份，所有对用户的授权也是针对用户数字身份的授权。如何保证以数字身份进行操作的操作者就是这个数字身份合法拥有者，也就是说保证操作者的物理身份与数字身份相对应，身份认证技术就是为了解决这个问题，作为防护网络资产的第一道关口，身份认证有着举足轻重的作用。

常见的身份认证技术包括用户名/口令认证方式、智能卡（IC 卡）/动态口令认证方式、USB Key 认证方式、生物特征认证方式等。常见的信息认证技术包括信息认证码（MAC）和安全散列函数（SHA）。

（3）数字签名技术

数字签名是通过密码技术运算生成一系列符号或代码，来代替书写签名或印章。这种方法被广泛运用于电子政务、电子商务领域。

在传统的商务、政治和外交活动中，为了保证交易、手续的真实有效，一份书面合同或是公文必须由双方当事人签字、盖章以示认可，便于让交易双方查验和备案。但在电子商务和电子政务中，合同和文件是以电子文档的方式保存和传递的，无法进行传统的签字和盖章，为能实现电子文件签字、盖章功能，人们基于非对称密码技术研究出“电子签名”。电子签名可进行技术验证，以保证文件处理的安全性和当事人的不可抵赖性。

数字签名大致包括签署和验证两个过程。在签署阶段，签署方对信息采用摘要算法生成摘要，并使用私钥对摘要信息进行加密，附在原始信息后面；在验证阶段，接收方分离出加密的摘要报文，用公钥解密，同时使用摘要算法进行摘要计算，比对所得的摘要信息与计算机生成的摘要信息的一致性，以确认信息来源。

（4）防火墙技术

防火墙技术，最初是针对 Internet 网络不安全因素所采取的一种保护措施。顾名思义，防火墙就是用来阻挡外部不安全因素影响的内部网络屏障，其目的就是防止外部网络用户未经授权的访问。它是一种计算机硬件和软件的结合，使 Internet 与 Intranet 之间建立起一个安全网关（Security Gateway），从而保护内部网络免受非法用户的侵入。防火墙，广义地说并不专指某种设备，而是一套安全性策略的总称，是网络安全的第一道防线。防火墙主要由服务访问政策、验证工具、包过滤和应用网关 4 个部分组成。它可以是一个路由器、一台计算机，或者是一组设备。

一般部署防火墙时可以参考以下原则：

① 限制他人进入内部网络，过滤掉不安全的服务和非法用户。

② 防止入侵接近防御设施。

③ 限制用户访问特殊站点。

④ 监视 Internet 安全，提供方便。

防火墙主要有哪些类型？ 防火墙从软、硬件形式上可分为软件防火墙、硬件防火墙和纯硬件防火墙。按防火墙对流经数据的处理方法可分为包过滤防火墙和代理技术防火墙。

- 软件防火墙。软件防火墙通过软件实现防火墙的功能，需要在计算机上安装防火墙软件并做好配置工作。
- 硬件防火墙。硬件防火墙基于普通的 PC 架构，运行经过裁剪和简化的现有操作系统，如 UNIX、Linux 和 FreeBSD 系统，其安全性会受到操作系统本身的影响。
- 纯硬件防火墙。纯硬件防火墙基于专门的硬件平台，包括专有的 ASIC 芯片、采用专用的操作系统。其中，专用的 ASIC 芯片具有更快的处理速度、更强的处理能力；而专用的操作系统漏洞比较少，安全性能高。当然，纯硬件防火墙的价格也相对比较高。

硬件防火墙和纯硬件防火墙都是具有防火墙功能的硬件产品，它们的区别在于是否基于专用的硬件平台，是否采用专用的操作系统。

（5）入侵检测系统技术

入侵检测（Intrusion Detection）是识别未经授权的系统访问或操作的监督过程。网络管理员日常的系统检测、日志审核工作，事实上就是在进行入侵检测。入侵检测系统（IDS）是根据已有的检测规则，对计算机网络进行入侵检测的软件或硬件系统。它可以智能化地完成入侵检测任务，减轻网络管理员的工作负担，防范具体的安全事件，给网络安全管理提供了一个集中、方便、有效的工具。

入侵检测系统能够识别口令破解、协议攻击、缓冲区溢出、恶意命令、漏洞扫描、未授权的文件操作、恶意代码、拒绝服务攻击等入侵行为，并进行记录形成日志。入侵检测日志可以帮助管理员明确网络攻击来源、评估入侵损失、判断入侵部位、完善网络安全管理。

入侵检测系统主要基于主机和基于网络两类。基于主机的入侵检测系统在重要的系统服务器、工作站或用户机器上运行，它根据审计数据监视、寻找系统中的可疑活动。这类系统需要定义那些属于不合法的活动，然后将这种安全策略转换为入侵检测规则。基于网络的入侵检测系统则是被动地在网络上监听整个网段上的信息流，通过捕获网络数据包来进行分析，从而检测出网络中发生的入侵现象。

（6）虚拟专用网技术

虚拟专用网（VPN）是对企业内部网（Intranet）的扩展，是指通过一个公用网络（通常是 Internet）建立一个临时的、安全的专用的连接，是建立在公用网络基础上的安全、稳定的专用数据通信网络隧道。VPN 主要采用隧道技术、加解密技术、密钥管理技术和使用者与设备身份认证技术等四项安全保证技术，可以从用户和运营商角度根据网络通信的需求方便地进行管理。

VPN 通过建立一个隧道，利用加密技术对传输数据进行加密，以保证数据的私有性和安全性，VPN 可以根据不同要求提供不同等级的服务质量保证（QoS）。此外，VPN 具有可扩充性和灵活性的特点，支持通过 Internet 和 Extranet 的任何类型的数据流。

5.3 物联网

5.3.1 什么是物联网

物联网（Internet of Things，IoT）即“万物相连的互联网”，是互联网基础上的延伸和扩展的网络，将各种信息传感设备与网络结合起来而形成的一个巨大网络，实现在任何时间、任何地点，人、机、物的互联互通。它包含两层含义：第一，物联网的核心和基础仍然是互联网；第二，其用户端延伸和扩展到了任何物品与物品之间，进行信息交换和通信。因此，物联网的定义是通过射频识别、红外感应器、全球定位系统、激光扫描器等信息传感设备，按约定的协议，把任何物品与互联网相连接，进行信息交换和通信，以实现对物品的智能化识别、定位、跟踪、监控和管理的一种网络。

物联网是互联网的应用拓展，与其说物联网是网络，不如说物联网是业务和应用。因此，应用创新是物联网发展的核心，以用户体验为核心的创新是物联网发展的灵魂。

物联网整体框架通常分为感知层、网络层和应用层三个层次，如图 5-19 所示。

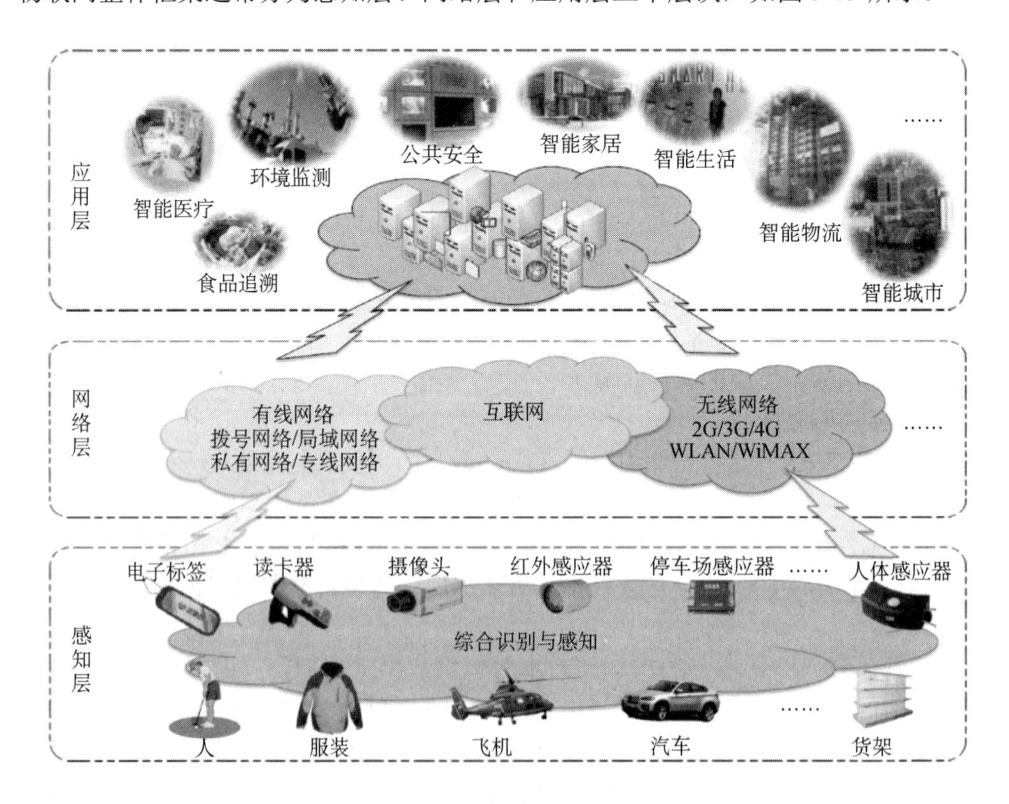

图 5-19 物联网框架图

感知层相当于人的感官和神经末梢，可以利用射频识别、二维码、智能传感器等感知设备感知获取物体的各类信息，包括温度、湿度、速度、位置、震动、压力、流量、气体等各

种各样的传感器。

网络层相当于人的神经系统，用来传输数据。通过对互联网、无线网络的融合，将物体的信息实时、准确地传送，以便信息交流、分享，包括各种各样的无线通信技术和标准，比如 ZigBee、BLE、WiFi、NFC、RFID 等。

应用层相当于人的大脑指示和反应，使用各种智能技术，对感知和传送到的数据、信息进行分析处理，实现监测与控制的智能化，如设备管理、环境监测、智能生活等。

5.3.2　物联网关键技术

物联网涉及的新技术有很多，其中的关键技术主要有射频识别技术、传感器技术和无线传感器网络技术。

1. 射频识别（RFID）技术

射频识别（Radio Frequency Identification）是通过无线电信号识别特定目标并读写相关数据的无线通信技术，是物联网中“让物品开口说话”的关键技术。RFID 最基本硬件系统由电子标签、阅读器和天线三部分组成，如图 5-21 所示。电子标签由耦合元件及芯片组成，具有存储和计算功能，可附着或植入手机、护照、身份证、人体、动物和物品中，每个电子标签具有唯一的电子编码。在国内，RFID 已经在身份证、电子收费系统和物流管理等领域有了广泛应用。RFID 技术市场应用成熟，标签成本低廉，但 RFID 一般不具备数据采集功能，多用来进行物品的甄别和属性的存储，且在金属和液体环境下应用受限，RFID 技术属于物联网重要的信息采集技术之一。

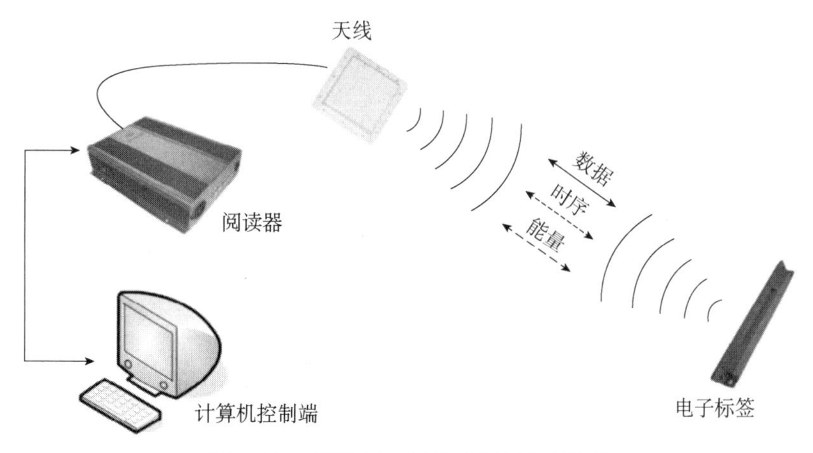

图 5-21　最基本的 RFID 硬件系统组成

读写器通过天线发射一定频率的射频信号；当电子标签进入发射天线工作区域时产生感应电流，它获得能量被激活，并将自身编码等信息通过内置的天线发送出去；系统通过天线接收到从电子标签发送来的载波信号，经天线调节器传送到阅读器，阅读器对接收到的信号进行解调和解码然后送到后台主系统进行相关处理。

2. 传感器技术

传感器技术同计算机技术与通信技术一起被称为信息技术的三大技术。从仿生学观点看，如果把计算机看成处理和识别信息的“大脑”，把通信系统看成传递信息的“神经系统”的话，那么传感器就是“感觉器官”。传感器可以感知热、力、光、电、声、位移等信号，为物联网系统的处理、传输、分析和反馈提供最原始的信息。微型无线传感技术及以此组件的传感网是物联网感知的重要技术手段。

3. 无线传感器网络（WSN）技术

传感器必须依托网络和通信技术来实现感知信息的传递和协同，无线传感器网络（Wireless Sensor Network）主要有 ZigBee、蓝牙、NFC、Wi-Fi 等表现形式。无线传感器网络是一种由独立分布的节点及网关构成的传感器网络，安放在不同地点的传感器节点不断采集外界的物理信息，如温度、声音、震动等，相互独立的节点之间通过无线网络进行通信。无线传感器网络的每个节点都能够实现数据采集和数据的简单处理，还能接收来自其他节点的数据，并最终将数据发送到网关，再从网关获取数据，查看历史数据记录或进行分析。

5.3.3 物联网的应用

物联网的应用领域涉及方方面面，在工业、农业、环境、交通、物流、安保等基础设施领域的应用，有效地推动了这些方面的智能化发展，使得有限的资源得到更加合理的使用分配，从而提高了行业效率、效益，如图 5-22 所示。在智能家居、医疗监护、城市管理、智能交通等与生活息息相关的领域的应用，从服务范围、服务方式到服务质量等方面都有了极大的改进，大大地提高了人们的生活质量；在涉及国防军事领域方面，虽然还处在研究探索阶段，但物联网应用带来的影响也不可小觑，大到卫星、导弹、飞机、潜艇等装备系统，小到单兵作战装备，物联网技术的嵌入有效提升了军事智能化、信息化、精准化，极大地提升了军队的战斗力，是未来军事变革的关键。下面列举物联网的应用。

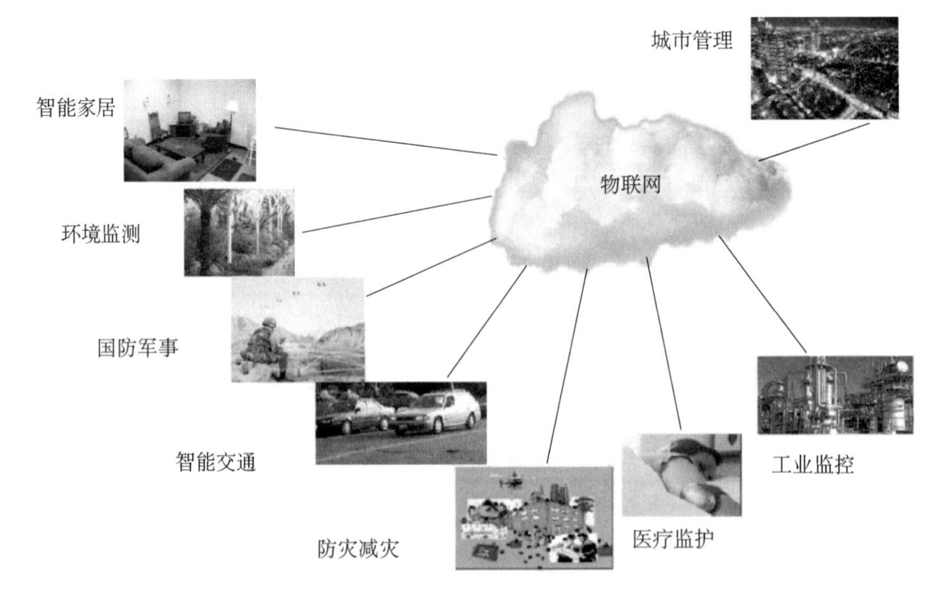

图 5-22 物联网应用领域

示例一：产品质量追溯

给放养的每一只羊都贴上一个二维码，这个二维码会一直保持到超市出售的肉品上，消费者可通过手机阅读二维码，知道羊的成长历史，确保食品安全，如图 5-23 所示。我国已有 10 亿存栏动物贴上了这种二维码。

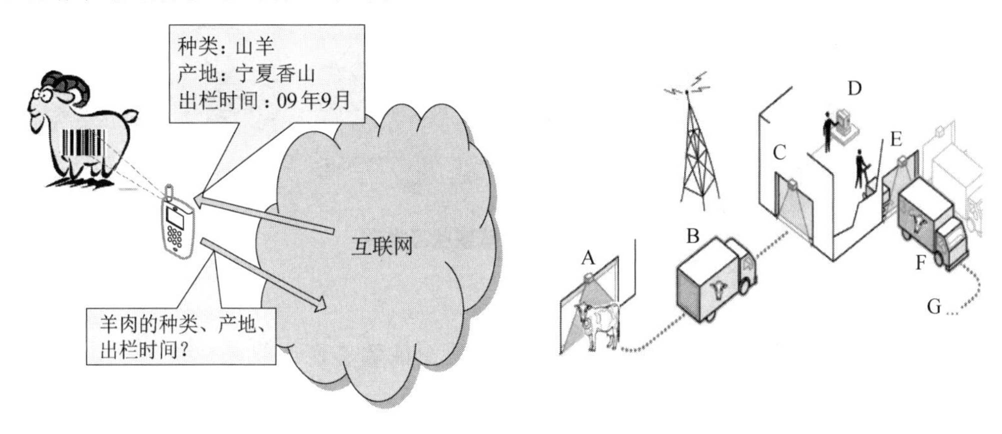

图 5-23　山羊肉品二维码质量追溯

示例二：种植作物环境监测

2002 年，英特尔公司率先在俄勒冈建立了世界上第一个无线葡萄园，如图 5-24 所示。传感器节点被分布在葡萄园的每个角落，每隔一分钟检测一次土壤的温度、湿度或该区域有害物的数量，以确保葡萄可以健康生长。研究人员发现，葡萄园气候的细微变化可极大地影响葡萄酒的质量。通过长年的数据记录及相关分析，便能精确地掌握葡萄酒的质地与葡萄生长过程中的日照、温度、湿度的确切关系。这是一个典型的精准农业、智能耕种的实例。

图 5-24　葡萄园环境监测系统示意图

示例三：医疗监护

人身上安装不同的传感器，对人的健康参数，如体温、血压、心电图、血氧浓度等，进行监控，并且实时传送到相关的医疗保健中心，如果有异常，保健中心通过手机，提醒患者去医院检查身体，如图 5-25 所示。这种模式也应用于独居老人生活状态的监护。

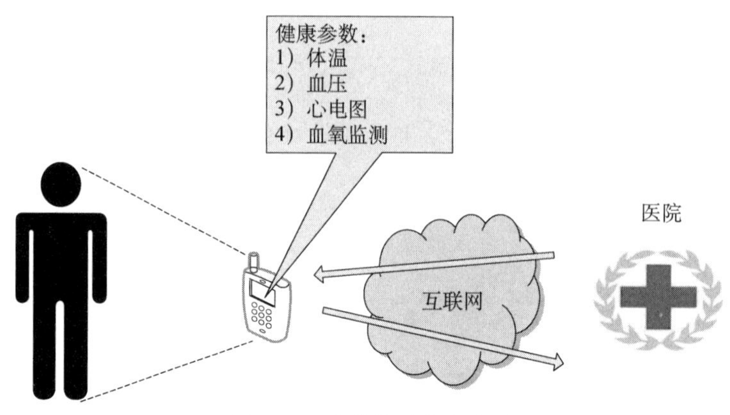

图 5-25 人体健康状态监测

示例四：城市管理

利用部署在大街小巷的全球眼监控探头，实现图像敏感性智能分析并与 110、119、112 等交互，实现探头与探头、探头与人、探头与报警系统之间的联动，从而构建和谐安全的城市生活环境，如图 5-26 所示。

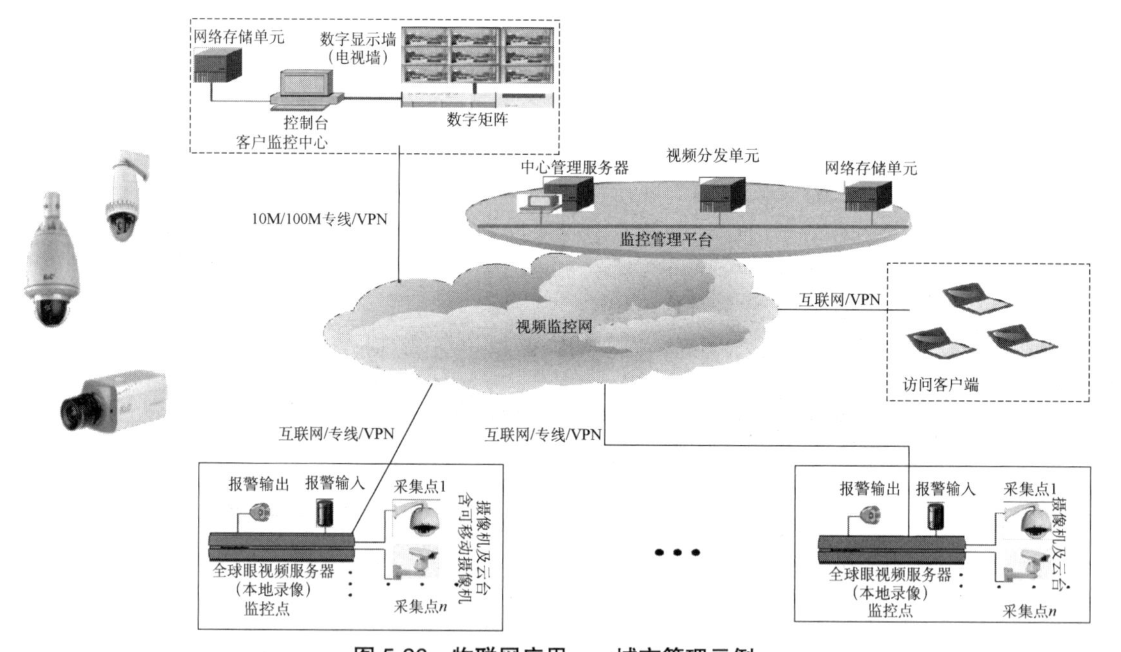

图 5-26 物联网应用——城市管理示例

5.4 本章小结

计算机网络是由通信子网和资源子网连接起来的若干计算机系统的集合，目的是实现资源共享，包括硬件资源共享、软件资源共享和信息资源共享，计算机网络是互联网之基础。

互联网 Internet 是由广域网连接起来的局域网的最大集合，是由若干网络通过路由器连接起来的运行 TCP/IP 协议的并由 ISP 系列组织进行管理的网络。网络安全伴随着互联网的发展而发展，提高对计算机网络信息安全的防护意识、加强计算机网络信息的安全措施已是当前的重要任务。

物联网是互联网基础上的延伸和扩展的网络，是互联网的应用拓展，通过射频识别技术、传感器技术和无线传感器网络技术等实现在任何时间、任何地点，人、机、物的互联互通。物联网的应用已涉及工业监控、农作物生长监测、环境监测、智能交通、智能家居和国防军事等方方面面，将改善人类新的生产和生活方式，对社会和世界带来重大改变。

思考题

1．简述计算机网络的定义、组成及功能。

2．计算机网络怎样实现两台或多台计算机之间的通信？局域网、广域网和互联网是怎样组建起来的？其核心设备有哪些？在组建网络过程中，协议和分层体系结构起什么么作用？

3．试述 TCP/IP 协议进行网络传输的过程。

4．简述 IP 地址中网络地址与主机地址的含义。

5．简述你对物联网定义的理解。

6．举例你身边物联网的应用实例，并对其进行简要描述。

第 6 章　数据科学与大数据技术

6.1　数据与数据科学

6.1.1　数据的定义

生活中，数据无处不在。网站会记录每个用户的每次点击行为。智能手机会记录你每时每刻的位置和速度。“量化自我的人”戴着智能计步器记录自己的心率、运动习惯、饮食习惯和睡眠模式。智能汽车记录人的驾驶习惯，智能家居记录人的生活习惯，智能购物设备记录买家的购买习惯。互联网本就是一幅巨大的知识图谱，其中包括无数交叉引用的百科全书、电影、音乐、体育赛事、弹球机、表情包、鸡尾酒等特定领域的数据库，以及很多政府发布的不计其数的统计数据。

所谓数据（Data）是指对客观事件进行记录并可以鉴别的符号，是对客观事物的性质、状态及相互关系等进行记载的物理符号或这些物理符号的组合。它不仅指狭义上的数字，还可以是具有一定意义的文字、字母、数字符号的组合、图形、图像、视频、音频等，也是客观事物的属性、数量、位置及其相互关系的抽象表示。例如，“0、1、2、…”“阴、雨、下降、气温”“学生的档案记录”“货物的运输情况”等都是数据。总之，数据是事实或观察的结果，是对客观事物的逻辑归纳，是用于表示客观事物的未经加工的原始素材。数据可以是连续的值，如声音、图像，称为模拟数据；也可以是离散的值，如符号、文字，称为数字数据。

在计算机系统中，各种字母、数字符号的组合、语音、图形、图像等统称为数据，数据经过加工后就成为信息。在计算机科学中，数据是指所有能输入计算机并被计算机程序处理的符号的介质的总称，是用于输入电子计算机进行处理，具有一定意义的数字、字母、符号和模拟量等的通称。

6.1.2　数据科学

众所周知，数据覆盖现代经济的各个领域。麦肯锡咨询公司在 2013 年的一份报告中预测大数据在美国医疗中的应用有望使医疗费用每年减少 3000 亿～4500 亿美元，所节省的资金相当于 2011 年美国医疗相关支出（2.6 万亿美元）基线水平的 12%～17%。但是，质量较差的数据或者非结构化数据预计将让美国每年损失高达 3.1 万亿美元。

以数据驱动决策的理念越来越受欢迎。从非结构化数据中获取信息比较复杂，并且也不能简单地通过商业智能分析工具完成，因此数据科学应运而生。

（1）数据科学的定义

数据科学（Data Science），是研究信息感知、抽象、保存、建模、传输，以及数据之间的逻辑、数量统计、计算和转化关系的综合应用科学。数据科学的本质就是表述和指导对事物认知的关系量化，把普适性的科学思维方式应用到数据上，使其成为一门精确的、拥有完整体系的学科。

由此可以看出，数据科学是一门通过系统性研究来获取与数据相关的知识，这里有两个层面的含义：

第一，数据科学研究数据本身，研究数据的各种类型、结构、状态、属性及变化形式和变化规律。

第二，通过对数据的研究，为自然科学和社会科学的研究提供一种新的方法——称为科学研究的数据方法，其目的在于揭示自然界和人类行为的现象与规律。

（2）数据科学的由来

“数据科学”这个词最早出现在 1960 年，是由丹麦人，前图灵奖得主，计算机领域的先驱彼得 • 诺尔（见图 6-1）所提出的。最初，彼得 • 诺尔打算用它来代称计算机科学。

图 6-1　彼得 • 诺尔（前图灵奖得主）

1974 年时，彼得 • 诺尔出版了 *Concise Survey of Computer Methods* 一书，对当时的数据处理方法进行了广泛的调研，在书中他多次提到了“数据科学”。

1997 年，国际知名的统计学家吴建福（见图 6-2）在美国密西根大学做了名为“统计学=数据科学吗？”的演讲，他把统计学归结为由数据收集、数据建模和分析、数据决策所组成的三部曲，并认为应将“统计学”重命名为“数据科学”。

2002 年，国际科学理事会数据委员会科学和技术（CODATA）开始出版数据科学杂志。2003 年，美国哥伦比亚大学开始发布数据科学杂志，主要内容涵盖统计方法和定量研究中的应用。2005 年，美国国家科学委员会发表了 *Long-lived Digital Data Collections：Enabling Research and Education in the 21st Century*，其中给出数据科学家的定义为：信息科学与计算机科学家、数据库和软件工程师、领域专家、标注专家、图书管理员、档案员等数字数据管理收集者都可以称为数据科学家。它们主要任务是“进行富有创造性的查询和分析”。

图 6-2　吴建福（国际知名统计学家）

随着大数据时代的来临，“数据科学”这门学科在近些年来受到了越来越多的关注。

（3）数据科学的范畴

数据科学虽然是新兴学科，但并不是一夜之间出现的，数据科学的研究者和从业人员继承了各个领域前辈们数十年甚至数百年的工作成果，包括统计学、计算机科学、数学、工程学及其他学科。数据科学已成为各行业发展的背后动力，迅速渗透到社会各个行业并通过高等教育传播开来。数据密集型、计算驱动的工作成为未来的热点。

今天，数据科学的知识范畴主要包括领域专业知识、数学、计算机科学等，可用韦恩图来表示，如图 6-3 所示。

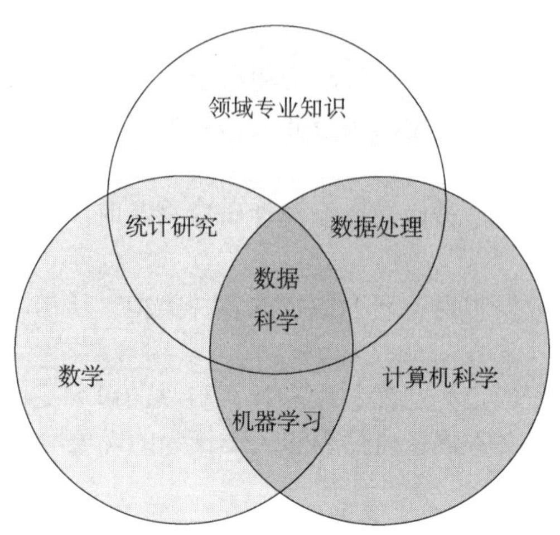

图 6-3　数据科学的韦恩图

第一，领域专业知识，包括处理特定领域的数据分析和解读时需要用到的理论和方法等。例如，使用数据集 ABC 是否可提高 XY 部门的产量？是否可以通过零售数据、天气模式数据及停车场密度数据来提高资产回报率？可以使用产品的哪些特性来增强其竞争力？这些细节问题将帮助数据分析找到行动的方向。

第二，数学。在数据科学中，数学家是团队中解决问题的人，他们能够建立概率统计模型，进行信号处理、模式识别、预测性分析。数据科学具有魔力，能在大数据集上使用精妙的数学方法，产生不可预期的洞察力。科学家研发出人工智能、模式匹配和机器学习等方法来建立这些预测模型。

第三，计算机科学。数据科学是由计算机系统来实现的，数据科学项目需要建立正确的系统架构，包括存储、计算和网络环境，针对具体需求设计相应的技术路线，选用合适的开发平台和工具，最终实现分析目标。

【案例 6–1】数据的力量

1. 杭州公交借助共享单车轨迹改善公交线路

杭州公交集团发现 286B 路公交线路，在某两站每天聚集着数百辆、最多时达上千辆共享单车，杂乱地停在人行道、非机动车道甚至站台、行车道上。通过分析共享单车的出行轨迹，杭州公交集团发现了单车主要社区来源，对 286B 公交车的线路进行优化，调整了首末班时间、发车频率，将很多需要骑行到车站的乘客直接送到了家门口。新线路缓解了相关区域的出行压力，也疏导了共享单车密集可能带来的道路隐患。

社会经济的发展和繁荣，依赖于全社会企业的总体经营状况。在企业日常运营中，每天都产生大量的数据，对企业的运营和发展的决策起到重大作用。通过分析这些数据，企业能够正确地了解目前经营现状、及时发现存在的隐患并分析原因，进一步对未来的发展趋势进行预测，进而制订有效的计划、战略决策。

2. 金融机构借助信用卡人群数据分析，改善信贷决策

根据新浪整理的市场数据发现，信用卡的主流人群、活跃用户中，70%是 18～35 岁的年轻人。虽然 18～24 岁的年轻人有较普遍的透支消费习惯，但透支消费能力差，收入较低

且不稳定，他们的风险最高。25～35 岁的年轻人透支消费主要来源于房子、车子、孩子教育等刚性需求，存在长期大额信用贷款的巨大需求，且还贷能力强。数据显示，年轻男性的失信风险是女性的 1.3 倍。有车人群的信贷需求是无车人群的 1.3 倍，但风险却低了 65%。所以目前金融信贷业务偏爱 25～35 岁人群、女性白领、有车等人群，为吸引这类人群制定了不同的信贷方案，拿出相应的权益和活动吸引他们进行信贷消费。

3. 图像数据分析辅助放射科医生读片，提高医疗效率

近年来，医疗诊断过程中 CT、X 片等应用日益广泛，据统计，我国医学影像数据的年增长率约为 30%，而放射科医师数量的年增长率为 4.1%。很多医疗机构与研究单位合作，基于医院历史的影像资料，利用机器学习等方法建立识别模型，自动读片进行疾病的检测，在皮肤癌、直肠癌、肺癌识别、糖尿病视网膜病变、前列腺癌、骨龄检测等方面达到甚至超过人工检测的准确率，这些疾病的检测模型需要几万至几十万正确标注后的影像资料进行训练才能达到目前的精度。相比较人工读片，机器读片比较容易继承经验知识，客观、快速地进行定性和定量分析，为医生诊断提供高效的辅助工具。

利用数据并不是政府、机构、企业的“专利”，每个人都能在自己的身边享受数据带来的红利。

6.2　大数据

6.2.1　什么是大数据

大数据在物理学、生物学、环境生态学等领域及军事、金融、通信等行业已存有时日，近年来因互联网和信息行业的发展而引起人们的关注。“大数据”一词开始越来越多地被提及，并用于描述和定义信息爆炸时代所产生的海量数据。“Big Data”（大数据）已经上过《纽约时报》《华尔街日报》的专栏封面，进入了美国白宫的官网新闻。目前，这一专业术语不但现身于国内互联网研究领域，而且被列为加快建设数字中国的国家大数据战略。

最早提出“大数据”时代到来的是全球知名咨询公司——麦肯锡。麦肯锡在 *Big Data：The next frontier for innovation，competition and productivity* 报告中指出：数据，已经渗透到当今每一个行业和业务职能领域，成为重要的生产因素。人们对于海量数据的挖掘和运用，预示着新一波生产率增长和消费者盈余浪潮的到来。麦青锡对大数据给出的定义是：一种规模大到在获取、存储、管理、分析方面大大超出了传统数据库软件工具能力范围的数据集合，具有海量的数据规模、快速的数据流转、多样的数据类型和低价值密度四大特征。但它同时强调，并不是说数据量一定要超过特定太字节（TB）值的数据集才能算是大数据。

在维克托 • 迈尔-舍恩伯格、肯尼斯 • 库克耶编写的《大数据时代》中提及，大数据不用随机分析法（抽样调查）这样的捷径分析处理，而将所有数据进行分析处理。全球最具权威的 IT 研究与顾问咨询公司——高德纳咨询公司（Gartner）于 2012 年将大数据的定义修改为：“大数据是大量、高速和（或）多变的信息资产，它需要新型的处理方式去促成更强的决策能力、洞察力与最优化处理。”

亚马逊公司（全球最大的电子商务公司）的大数据科学家John Rauser给出了一个简单的定义：大数据是超过了任何一台计算机处理能力的数据量。

维基百科中只有短短的一句话：巨量资料（或称大数据），指的是所涉及的资料量规模巨大到无法通过目前主流软件工具，在合理时间内达到撷取、管理、处理并整理成为帮助企业经营决策的资讯。在百度百科中是这样定义的：大数据是指无法在可承受的时间范围内用常规软件工具进行捕捉、管理和处理的数据集合。

可见，关于大数据的确切定义，目前尚未获得统一、公认的说法。总结以上定义，针对大数据的基本特征描述如下：

（1）大数据由巨型数据集（Data Set）组成，这些数据集的大小常常超出人类在可接受时间内的收集、管理和处理能力。大数据必须借助计算机对数据进行统计、比对、解析方能得出客观结果，通过数据挖掘可以获得有价值的信息。这也是“Big Data”一词较为贴切的含义。

（2）大数据的大小是相对的，并没有明确的界限。例如，单一数据集的大小从数TB不断增至数十PB不等。在今天的不同行业中，大数据的范围可以从几TB到几PB，但在20年前1GB的数据已然是大数据了。可见，随着计算机软硬件技术的发展，符合大数据标准的数据集容量也会增长。

（3）大数据不只是大，它还包含了数据集规模已经超过了传统数据库软件获取、存储、分析和管理能力的意思。

6.2.2 大数据的特点

从字面来看，“大数据”这个词可能会让人觉得只是容量非常大的数据集合而已。但容量只不过是大数据特征的一个方面，如果只拘泥于数据量，就无法深入理解当前围绕大数据所进行的讨论。因为“用现有的一般技术难以管理”这样的状况，并不仅仅是由于数据量增大这一个因素所造成的。

IBM把大数据的特点归纳为“4V”，即数据量巨大（Volume）、数据类型多样（Variety）、数据流动快（Velocity）和数据潜在价值大（Value），如图6-4所示。

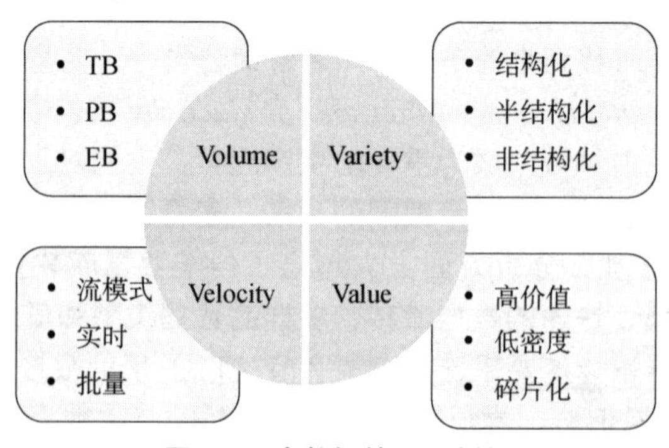

图6-4　大数据的4V特性

（1）Volume（容量）

大数据是互联网时代发展到一定时期的必然结果，伴随着现代社交工具的不断发展及信息技术领域的不断突破，可以记录的互联网数据正在爆发式地增长，人类社会产生的数据和信息正在以几何级数的方式快速地增长。Volume（容量）指的是数据体量巨大。例如，一家三甲医院的影像数据（包括 CT、B 超、X 光片、胃镜、肠镜等）可能就有几百个 TB，全国的医疗影像数据量超过 PB 级别，接近 EB 级别。数据存储单位之间的换算关系如表 6-1 所示。

表 6-1　数据存储单位换算表

单位简写	英文单位	中文单位	换算关系
Byte	Byte	字节	1Byte=8bit
KB	KiloByte	千字节	1KB=1024B=2^{10}Byte
MB	MegaByte	兆字节	1MB=1024KB=2^{20}Byte
GB	GigaByte	吉字节	1GB=1024MB=2^{30}Byte
TB	TeraByte	太字节	1TB=1024GB=2^{40}Byte
PB	PetaByte	拍字节	1PB=1024TB=2^{50}Byte
EB	ExaByte	艾字节	1EB=1024PB=2^{60}Byte
ZB	ZettaByte	泽字节	1ZB=1024EB=2^{70}Byte

全球数据已进入 ZB 时代，根据 IDC（国际数据公司）的监测统计，2011 年全球数据总量已经达到 1.8ZB，这个数值还在以每两年翻一番的速度增长，预计 2025 年全球的数据量将达到 163ZB，是目前的 10 倍之多；同时，数据的来源及应用趋势也会产生变化，这是数据未来的大趋势。在互联网行业中的大数据指的是互联网公司在日常运营中生成、累积的用户网络行为数据，这些数据规模庞大，以至于不能用 GB 或 TB 来衡量。例如，百度平台每天响应超过 60 亿次的搜索请求，日处理数据超过 100PB，相当于 6000 多个中国国家图书馆书籍信息的总量。图 6-5 展示了每分钟互联网产生的各类数据的量。

（2）Variety（种类、多样性）

大数据的数据来源众多，科学研究、企业应用和 Web 应用等都在源源不断地生成新的数据。大数据多样性（Variety）指的是大数据解决方案需要支持多种不同格式、不同类型的数据。此外，随着传感器、智能设备及社交协作技术的激增，企业中的数据也变得更加复杂，因为它不仅包含传统的关系型数据，还包含来自网页、互联网日志文件（包括点击流数据）、搜索索引、社交媒体论坛、电子邮件、文档、主动和被动系统的传感器数据等结构化数据、非结构化数据及半结构化数据。

大数据的种类表示所有的数据类型。其中，爆发式增长的一些数据，如互联网上的文本数据、位置信息、传感器数据、视频等，用企业中主流的关系型数据库是很难存储的，它们都属于非结构化数据。

当然，在这些数据中，有一些是过去就一直存在并保存下来的。和过去不同的是，除了存储，还需要对这些大数据进行分析，并从中获得有用的信息。例如，监控摄像机中的视频数据。近年来，超市、便利店等零售企业几乎都配备了监控摄像机，最初目的是防范盗窃，但现在也出现了使用监控摄像机的视频数据来分析顾客购买行为的案例。图 6-6 所示为大数据多样性的例子。

KB → MB → GB → TB → PB → EB → ZB → YB → NB → DB

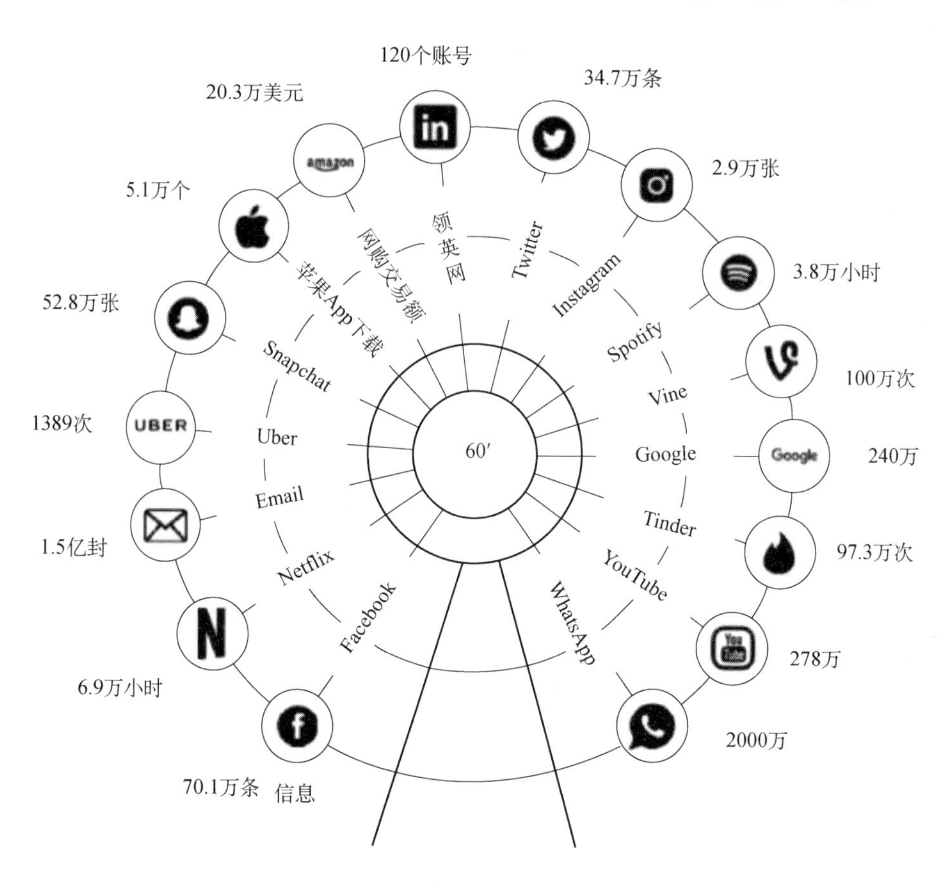

图 6-5　互联网每分钟产生的数据

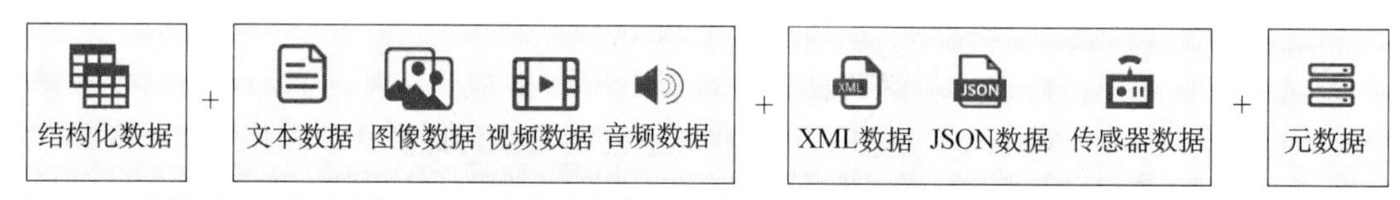

图 6-6　大数据多样性的例子，包括结构化数据、文本数据、图像数据、视频数据、音频数据、XML 数据、JSON 数据、传感器数据和元数据

（3）Velocity（速度）

Velocity 表示大数据的数据产生、处理和分析的速度在持续加快。加速的原因是数据创建的实时性特点，以及将流数据结合到业务流程和决策过程中的需求。数据处理速度快，处理模式已经开始从批处理转向流处理。大数据的处理能力有一个称谓——“1 秒定律”，也就是说，大数据时代的数据产生速度非常快，遍布世界各地的传感器，每一秒都产生大量数据，这就要求能及时快速地响应变化，快速对数据做出分析。在 Web 2.0 应用领域，在 1min 内，新浪可以产生 2 万条微博，Twitter 可以产生 34.7 万条推文，苹果可以下载 5.1 万次应用，淘宝可以卖出 6 万件商品，人人网可以发生 30 万次访问，百度可以产生 90 万次搜索查询，Facebook 可以产生 600 万次浏览量。大名鼎鼎的大型强子对撞机（LHC），大约每秒产生 6 亿次的碰撞，每秒生成约 700MB 的数据，有成千上万台计算机分析这些碰撞。

此外，在大数据的构成中，实时数据占到了相当大的比例，能否及时、有效地进行数据处理会影响交流、传输、感应、决策等。大数据流动快，意味着数据产生速度快，传输速率快，处理速度快。为了解决大数据传输的瓶颈，2007 年 Internet2（第二代互联网）建成，传输速率是第一代互联网的 80 倍，峰值速率可达 10Gbps。2014 年 8 月 25 日，中国工商银行利用 IBM 技术实现了跨数据中心的全球核心业务分钟级切换，以应对每天几亿笔的金融交易，确保每天超过 2TB 的账务数据的正确性和实时性。图 6-7 所示为高速率的大数据例子。

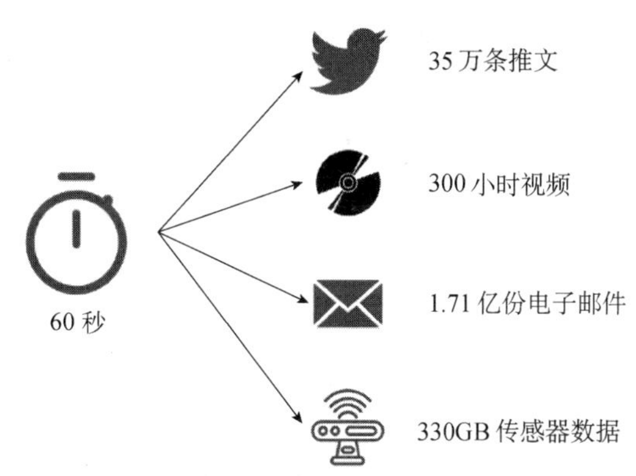

图 6-7　高速率的大数据例子，包括推文、视频、电子邮件、传感器数据

（4）Value（价值）

Value 表示大数据的数据价值密度低。大数据由于体量不断加大，单位数据的价值密度在不断降低，然而数据的整体价值在提高。以监控视频为例，在一小时的视频中，有用的数据可能仅仅只有一两秒，数据等同于黄金和石油，这表示大数据当中蕴含了无限的商业价值。根据中商产业研究院发布的《2018—2023 年中国大数据产业市场前景及投资机会研究报告》，2017 年中国大数据产业规模达到 4700 亿元，同比增长 30%。随着大数据在各行业的融合应用不断深化，当时预计 2018 年中国大数据市场产值将突破 6000 亿元，达到 6200 亿元。

但是，大数据中并不全是有价值的数据，需要进行剥离和分析，尤其是涉及科技、教育和经济领域的重要数据。因此，可以理解为数据价值的大小与数据总量的大小呈反比。发现潜在价值将是大数据挖掘的重要研究方向，同时也会带来高额回报。据麦肯锡公司统计，大数据每年可以给美国医疗保健提供 3000 亿美元价值，给欧洲公共管理商提供 2500 亿美元价值，给服务提供商带来 6000 亿美元年度盈余，给零售商增加了 60%的利润，给制造业减少了 50%的成本，给全球经济带来 23000 亿～53000 亿美元的红利。“大数据将是新的财富源，其价值堪比钻石”，这是很多有识之士的预测。

6.2.3 大数据的构成

大数据分为结构化数据、非结构化数据和半结构化数据三种，如表 6-2 所示。

表 6-2 大数据的构成

数据结构类型	特 征
结构化	简单来说就是数据库。比如企业 ERP、财务系统、医疗 HIS 数据库、教育一卡通、政府行政审批，以及其他核心数据库等。 基本包括高速存储应用需求、数据备份需求、数据共享需求及数据容灾需求
半结构化	半结构化数据具有一定的结构性，但与具有严格理论模型的关系数据库的数据相比，半结构化的数据的例子如存储员工的简历，不像员工基本信息那样一致，每个员工的简历大不相同。有的员工的简历很简单，如只包括教育情况；有的员工的简历却很复杂，如包括工作情况、婚姻情况、出入境情况、户口迁移情况、党籍情况和技术技能等
非结构化	非结构化数据指数据结构不规则或不完整，没有预定义的数据模型，不方便用数据库二维逻辑表来表现的数据，包括所有格式的办公文档、文本、图片、XML、HTML、各类报表、图像和音频/视频信息等。 非结构化数据的格式非常多样，标准也是多样性的，而且在技术上非结构化信息比结构化信息更难标准化和理解

（1）结构化数据

可用二维表结构表现逻辑且易于处理的数据称为结构化数据，也称作行数据。结构化数据严格地遵循数据格式与长度规范，有固定的结构、属性划分和类型等信息，主要通过关系型数据库进行存储和管理，数据记录的每个属性对应数据表的一个字段，如企业财务数据库、医疗 HIS 数据库、环境监测数据库、政府行政审批数据库等。结构化数据约占世界上全部数据量的 5%～10%。SQL 数据表如表 6-3 所示，存有与商家相关的数据。

表 6-3 SQL 数据表

merchant_id	merchant_name	subtitle	status	publish_date
83	Texas Chicken		1	2018-03-22 00:00:00
84	ZALORA		1	2018-03-29 00:00:00
85	Caltex		1	2018-04-02 00:00:00
86	COURTS		1	2018-04-09 00:00:00
87	Aooda		1	2018-04-07 00:00:00
88	Lerk Thai		1	2018-03-02 00:00:00
89	Peach Garden @ Gardens Bv the Bav		1	2018-02-16 00:00:00

（2）非结构化数据

非结构化数据指的是没有一个预定义的数据模型或不是以一种预先已经定义好的方式进行组织的数据，数据不必以某种方式组织，直接按照学科进行分组分类，需要更高级的工具和软件来获取信息，包括图形图像、PDF 文件、Word 文档、视频、音频、邮件、PowerPoint 演示文档、网页及其内容、维基百科、流数据和位置坐标等。典型应用案例有医疗影像系统、教育视频点播、公安视频监控、国土 GIS、广电多媒体资源管理系统等应用。

在早期出现的大数据场合中，大多数都是银行、民航等数据格式严谨的应用场景，数据基本都是以结构化的表形式存放在数据库中的。这些数据通常比较利于处理，在数据量增加的时候，通过采用提升计算或存储节点的处理能力，即可很好地适应数据量的增长。但是随着技术的飞速发展，非结构化数据在整个数据量中所占的比例快速上升。根据 IDC 的统计，在企业数据中，目前已有超过 80%的数据是以非结构化的形式存在的，结构化数据仅占 20%不到。而在整个互联网领域，非结构化数据已占到整个数据量比例的 75%以上，并且非结构化数据超越结构化数据的速度仍在加速中。现在整个数据领域，非结构化数据的年增长速度大约为 63%，远超过结构化数据 32%的增长速度。各种非结构化数据类型如图 6-8 所示。

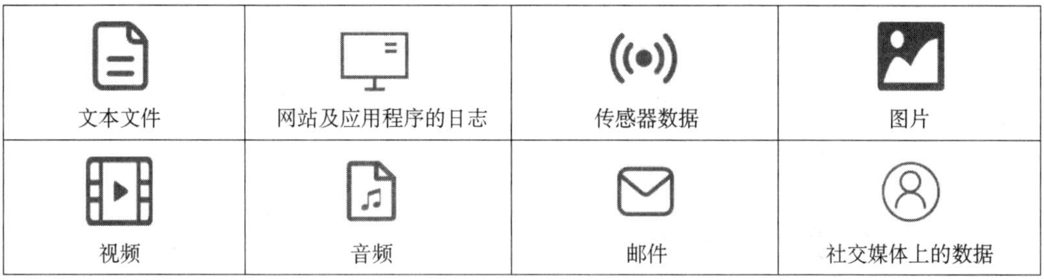

文本文件
网站及应用程序的日志
传感器数据
图片
视频
音频
邮件
社交媒体上的数据

图 6-8　非结构化数据类型

在数据较小的情况下，可以使用关系型数据库将其直接存储在数据库表的多值字段和变长字段中；若数据较大，则存放在文件系统中，数据库则用于存放相关文件的索引信息。这种方法广泛应用于全文检索和各种多媒体信息处理领域。

（3）半结构化数据

半结构化数据是指不规整的结构化数据，既具有一定的结构，又灵活多变，其实也是非结构化数据的一种，如日志记录、安全审计记录、邮件、HTML、报表等，典型应用场景如邮件系统、系统访问日志、档案系统等。和普通纯文本、图片等相比，半结构化数据具有一定的结构性，但和具有严格理论模型的关系数据库的数据相比，其结构又不固定，例如，员工简历，处理这类数据可以通过信息抽取、转换等步骤，将其转化为半结构化数据，采用 XML、HTML 等形式表达；或者根据数据的大小，采用非结构化数据存储方式，结合关系数据存储。半结构化数据约占全部数据的 5%～10%。图 6-9 所示为半结构化数据的例子。

XML
JSON
XML 数据
JSON 数据
传感器数据

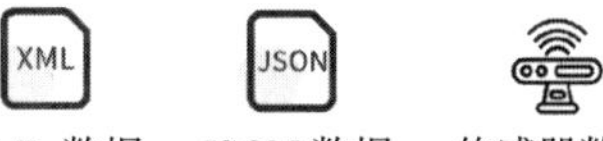

图 6-9　XML 数据、JSON 数据和传感器数据均属于半结构化数据

6.3　大数据技术

一般而言，大数据处理流程可分为 4 步：数据采集、数据清洗与预处理、数据统计分析和挖掘、结果可视化，如图 6-10 所示。这 4 个步骤看起来与现在的数据处理分析没有太大区别，但实际上数据集更大，相互之间的关联更多，需要的计算量也更大，通常需要在分布式系统上，利用分布式计算完成。

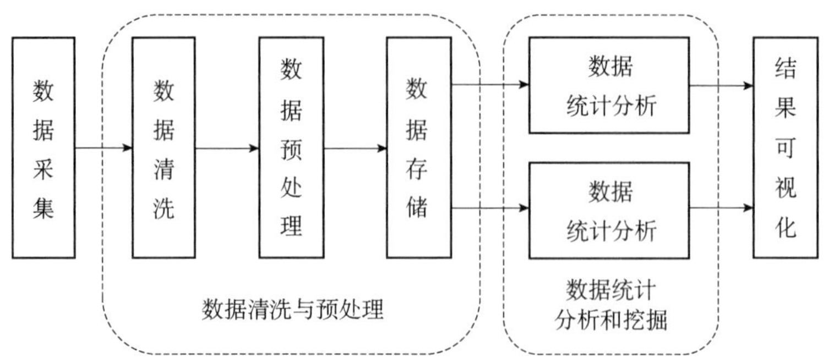

图 6-10　大数据处理流程

6.3.1　数据采集与预处理

1. 数据采集

大数据采集是大数据处理流程的第一步。数据是大数据处理的基础，数据的完整性和质量直接影响着大数据处理的结果。如果没有足够完整和高质量的数据，也就不可能得到好的大数据处理的结果。目前，大数据发展的瓶颈之一就是无法采集到高价值的信息，所以，大数据采集是大数据处理关键的一步。

所谓数据采集是指利用多个数据库或存储系统来接收发自客户端（Web、App 或者传感器形式等）的数据。被采集的数据是已被转换为电信号的各种物理量，如温度、压力、速度、测量值等，可以是模拟量，也可以是数字量。采集，即每隔一段时间（采样周期）对同一个点的数据重复采集。采集的数据大多是瞬时值，也可以是某段时间内的一个特征值。

大数据的采集过程的主要特点和挑战是并发数高，因为同时可能会有成千上万的用户在进行访问和操作，例如，火车票售票网站和淘宝的并发访问量在峰值时可达到上百万，所以在采集端需要部署大量数据库才能对其支撑，并且，在这些数据库之间进行负载均衡和分片是需要深入思考和设计的。根据数据源的不同，大数据采集方法也不相同。

（1）数据类型

早期的数据，在企业数据的语境中主要是文本，如电子邮件、文档、健康/医疗记录；随着互联网和物联网的发展，扩展到网页、社交媒体、感知数据，涵盖音频、图片、视频、模拟信号等，主要有以下几种类型。

第一，文本数据。文本数据是最普通也是最常见的数据类型。例如，每天用社交软件产生的大量信息是采用文本的形式进行记录和保存的。现在计算机处理得最完善和最成熟的就是文本数据。

第二，音频数据。音频数据比较具有代表性的是 MP3 格式的数据。许多用户在线听音乐读取的就是网络上的音频数据，音频数据相对于视频数据而言，占据的存储空间较小，但没有视频画面的内容、只有声音的数据。用户的电话通话录音、微信的语音信息等是音频数据。

第三，图片数据。图片数据比较常见，百度首页专门有图片搜索栏目，主要内容包括摄影写真、高清动漫、高清壁纸、风景图片、卡通头像等。图片数据主要用于记录静态信息，给人以直观的感觉。随着搜索技术的发展，图片搜索取得了非常大的进展，可以根据图片搜索类似的图片数据。

第四，视频数据。日常生活中的视频数据非常普遍，如微信的视频聊天数据、QQ 的视频聊天数据、各种媒体网站（如腾讯视频等）上的电影数据、电视剧数据等是视频数据。这些数据的特点是数据占据的存储空间大、在网络的传输中占据大量带宽资源。目前，对于描述视频文本的数据处理技术非常成熟，但对于如何检测某个视频中是否出现指定的信息或图像等技术还处在试验阶段。一方面，视频文件比较大，即使对其进行检测也需要对其中的每一帧图像进行处理，识别图像中的物体，由于视频由许多帧构成，因此数据处理的工作量巨大。另一方面，图像处理的精度有待进一步提高，对视频处理有时需要识别运动的物体，这种需求给视频的处理技术带来了更为严峻的挑战。

（2）数据来源

根据麦肯锡全球研究所的分析，利用大数据在各行各业能产生显著的财务价值。美国健康护理利用大数据每年产出 3000 亿美元，年劳动生产率提高 0.7%；欧洲公共管理每年产出价值 2500 亿欧元，年劳动生产率提高 0.5%；全球个人定位数据服务提供商收益 1000 多亿美元，为终端用户提供高达 7000 亿美元的价值；美国零售业净收益可增长 6%，年劳动生产率提高 0.5%～1%；制造业可节省 50%的产品开发和装配成本，营运资本下降 7%。

可以看出，大数据的来源众多，科学研究、企业应用和 Web 应用等都在源源不断地生成新的数据。目前我国大数据具体可以划分为以下几种来源。

第一，以 BAT 为代表的互联网公司。如以百度公司（Baidu）、阿里巴巴集团（Alibaba）、腾讯公司（Tencent）三大互联网公司（以其首字母合称为“BAT”）为代表的互联网公司，是产生海量数据的主要来源。百度公司（Baidu）2013 年的数据总量已接近 1000PB，主要来自中文网、百度推广、百度日志、用户原创内容（User Generated Content，UGC）。由于它占有 70%以上的中文搜索市场份额，因而坐拥庞大的搜索数据。阿里巴巴集团（Alibaba）目前保存的数据量近 100PB，其中 90%以上为电商数据、交易数据、用户浏览和点击网页数据、购物数据。腾讯公司（Tencent）存储数据经压缩处理后总量为 100PB 左右，数据量月增 10%，主要是大量社交、游戏等领域积累的文本、音频、视频和关系类数据。

第二，电信、金融与保险、电力与石化系统。电信系统中的数据包括用户上网记录、通话、信息、地理位置等，运营商拥有的数据量都在 10PB 以上，年度用户数据量增长数十 PB。金融与保险系统中的数据包括开户信息数据、银行网点和在线交易数据、自身运营的数据等，金融系统每年产生数据量达数十 PB，保险系统产生的数据量也接近 PB 级别。电力与石化系统，仅国家电网采集获得的数据总量就达到 10PB 级别，石化行业、智能水表等每年产生和保存下来的数据量也达数十 PB。

第三，公共安全、医疗卫生、交通领域。公共安全领域中，北京就有 50 万个监控摄像头，每天采集视频数据量约为 3PB，整个视频监控每年保存下来的数据量在数百 PB 以上。医疗卫生领域中，据了解，整个医疗卫生行业一年能够保存下来的数据量就可达数百 PB。在交通领域，航班往返一次就能产生 TB 级别的海量数据；列车、水陆路运输产生的各种视频、文本类数据，每年保存下来的数据量也达到数十 PB。

第四，气象与地理、政务与教育等领域。中国幅员辽阔，气象局保存的数据量为 4～5PB，每年增加数百 TB，各种地图和地理位置信息每年增加数十 TB。在政务与教育领域，各地政务数据资源网涵盖旅游、教育、交通、医疗等门类。据估计，一个市级政务数据资源网每年的上线公告也达数百个数据包。网络在线教育（如爱课程网的视频课程）的数据规模呈快速上升的发展态势。

第五，其他行业，包括线下商业销售、农林牧渔业、线下餐饮、食品、科研、物流运输等行业的数据量，还处于积累期，目前整个数据规模还不算大，多则为 PB 级别，少则为几百 TB 或者数十 TB 级别，但增速很快。

（3）数据采集方法

可以使用很多方法来收集数据，如制作网络爬虫从网站上抽取数据、从 RSS 反馈或者 API 中得到信息、设备发送过来的实测数据（风俗、血糖等）。常用的几种数据采集方法如下：

第一，DPI 采集方式。这种方式采集的数据大部分是“裸格式”的数据，即数据未经过任何处理，可能包括 HTTP（Hyper Text Transport Protocol）、FTP（File Transfer Protocol）、SMTP（Simple Message Transfer Protocol）等数据，数据来源于 QQ、微信和其他应用 App 的数据，或来自爱奇艺、腾讯视频、优酷、土豆等视频提供商的数据。DPI（Dots Per Inch）数据采集软件主要部署在骨干路由器上，用于采集底层的网络大数据。目前有一些对 DPI 采集到的数据进行分析的开源工具，如 nDPI 等。

第二，系统日志采集方法。很多企业、公司都有自己的业务管理平台，每天会产生大量的日志数据。系统日志用于记录系统中硬件、软件和系统的信息，同时还可以监视系统中发生的事件。用户可以通过系统日志来检查错误发生的原因，或者寻找攻击者在攻击时留下的痕迹。在大数据时代，系统日志的产生速度十分惊人，许多海量数据采集工具应运而生，如 Hadoop 的 Chukwa、Cloudera 的 Flume、Facebook 的 Scribe 等，这些工具均采用分布式架构，能满足每秒数百兆字节的日志数据采集和传输需求。

第三，网络数据采集方法。这种方法主要针对非结构化数据的采集，网络数据采集是指通过网络爬虫或网站公开 API（Application Program Interface）等方式从网站上获取数据信息。该方法可以将非结构化数据从网页中抽取出来，将其存储为统一的本地数据文件，并以结构化的方式存储。它支持图片、音频、视频等文件或附件的采集，附件与正文可以自动关联。用该方法进行数据采集和处理的基本步骤，如图 6-11 所示：①将需要抓取数据网站的 URL（Uniform Resource Locator）信息写入 URL 队列；②爬虫从 URL 队列中获取需要抓取数据网站的 Site URL 信息；③爬虫从 Internet 抓取对应网页内容，并抽取其特定属性的内容值；④爬虫将从网页中抽取的数据写入数据库；⑤DP（Data Process）读取 Spider Data，并进行处理；⑥DP 将处理后的数据写入数据库。

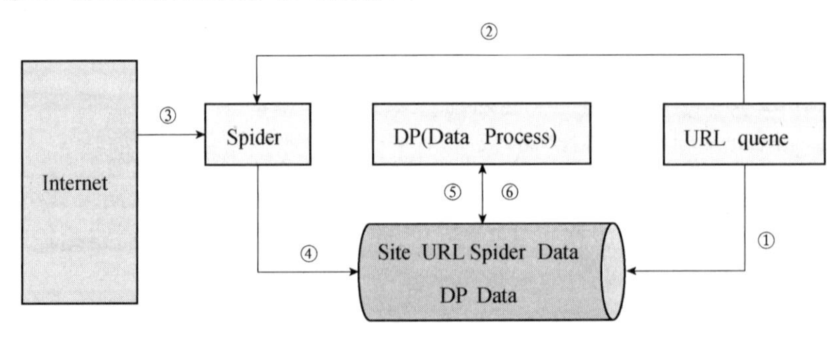

图 6-11 Web 数据采集和处理

第四，数据库采集。一些企业会使用传统的关系型数据库 MySQL 和 Oracle 等存储数据。除此之外，Redis 和 MongoDB 这样的 NoSQL 数据库也常用于数据的采集。这种方法通常在采集端部署大量数据库，并对如何在这些数据库之间进行负载均衡和分片进行深入的思考和设计。

第五，感知设备数据采集。感知设备数据采集是指通过传感器、摄像头和其他智能终端自动采集信号、图片或录像来获取数据。大数据智能感知系统需要实现对结构化、半结构化、非结构化的海量数据的智能化识别、定位、跟踪、接入、传输、信号转换、监控、初步处理和管理等。其关键技术包括针对大数据源的智能识别、感知、适配、传输、接入等。

（4）大数据采集平台

- Apache Flume 平台。Flume 是 Apache 旗下的一款开源、高可靠、高扩展、容易管理、支持客户扩展的数据采集系统。Flume 是一个分布式、可靠、可用的轻量级工具，非常简单，容易适应各种方式的数据收集。Flume 使用 Java 编写，其需要运行在 Java 1.6 或更高版本上。
- Fluentd 平台。Fluentd 是另一个开源的数据收集框架。Fluentd 使用 C/Ruby 开发，使用 JSON 文件来统一管理日志数据。它的可插拔架构支持各种不同种类和格式的数据源与数据输出，同时也提供了高可靠的扩展性。
- Logstash 平台。Logstash 是著名的开源数据栈 ELK（ElasticSearch，Logstash，Kibana）中的那个 L。Logstash 用 JRuby 开发，运行时依赖 JVM（Java Virtual Machine）。
- Splunk Forwarder 平台。Splunk 是一个分布式的机器数据平台，主要有 3 个角色：Search Head 负责数据的搜索和处理，提供搜索时的信息抽取；Indexer 负责数据的存储和索引；Forwarder 负责数据的收集、清洗、变形，并发送给 Indexer。

2. 数据预处理

狭义上来说，大数据即大量的数据，这种理解下的大数据本身并没有价值，它只是一堆结构或者非结构的数据集合。而有价值的是隐藏在大数据背后看不见的信息集，这就是互联网中的数据价值，也是广义上的大数据。人们拿到这些信息后可以利用它们进行各种判断与决策。因此，需要用各种方法对大数据进行分析与挖掘，获取其中蕴含的智能的、深入的、有价值的信息。

但是，现实世界中的数据一般都是不完整、不一致、含有噪声的“脏”数据，无法直接进行数据挖掘，或挖掘结果差强人意。其中，不一致是指数据内涵出现不一致的情况，不完整是指数据中缺少研究者感兴趣的属性，噪声是指数据中存在错误或异常（偏离期望值）的数据。没有高质量的数据，就没有高质量的挖掘结果。为了提高数据挖掘的质量，数据的预处理技术就产生了。数据预处理主要由数据质量评估→数据清洗→数据变换→数据集成→数据归约这一过程来处理原始数据。

（1）数据质量评估

数据质量是保证数据应用的基础，采集来的原始数据可能存在质量问题，需要通过一定的标准来对数据进行评估。对于未通过评估的数据，将采取一系列的后续方法进行处理。

数据质量的评估标准，如图 6-12 所示，评估数据是否达到预期的质量要求，就可以通过这 4 个方面来进行判断。

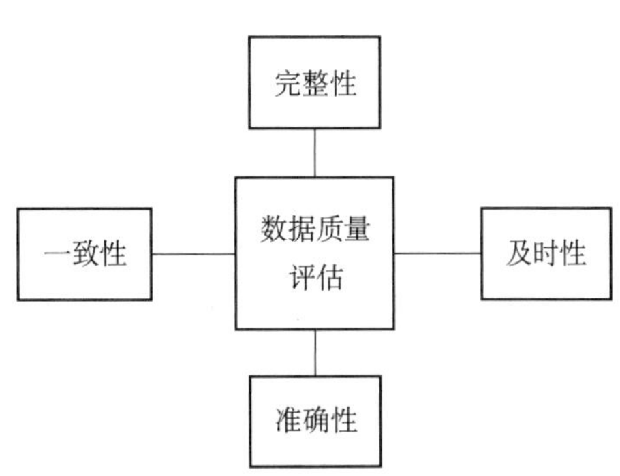

图 6-12 数据质量的评估标准

数据质量的完整性比较容易评估，一般可以通过数据统计中的记录值和唯一值进行评估。例如，网站日志的日访问量就是一个记录值，若平时的日访问量在1000左右，突然某一天降到100了，就需要检查一下数据是否缺失了。再例如，统计地域分布情况时，每一个地区名就是一个唯一值，我国包括23个省、5个自治区、4个直辖市，如果统计得到的唯一值总数小于32，则可以判断数据有可能存在缺失。

一致性是指数据是否遵循了统一的规范，数据之间的逻辑关系是否正确和完整。规范是指一项数据存在它特定的格式。例如，手机号码一定是13位的数字，IP地址一定是由4个0～255间的数字加上“.”组成的。逻辑是指多项数据间存在着固定的逻辑关系。例如，百分率一定是在0～1之间的。

准确性是指数据中记录的信息和数据是否准确，数据记录的信息是否存在异常或错误。如某用户在使用支付宝绑定银行卡时，网站要求验证用户的真实姓名和身份证号码。与一致性不同，存在准确性问题的数据不只是规则上的不一致。导致一致性问题的原因可能是数据记录的规则不一，但不一定存在错误；而准确性关注的是数据记录中存在的错误，如字符型数据的乱码现象就存在着准确性的问题，还有就是异常的数值，如异常大或者异常小的数值、不符合有效性要求的数值等。

及时性是指数据从产生到可以查看的时间间隔，也称数据的延时时长。在现实世界中，真实目标发生变化的时间与数据库中表示其数据更新及使其应用的时间总是存在延迟。例如，如果数据提供正在发生的现象或过程的快照，如顾客的购买行为或Web浏览模式，则快照只代表有限时间内的真实情况。如果数据已经过时，则基于它的模型和模式也就过时了。

（2）数据清洗

按照数据质量评估标准可以筛选出“有问题”的数据，“有问题”的数据主要包含以下3种：残缺数据、噪声数据和冗余数据。

残缺数据，顾名思义，就是指不完整的数据。不完整数据的产生有以下几种原因：有些属性的内容有时没有，例如，参与销售事务数据中的顾客信息不完整；有些数据产生交易的时候被认为是不必要的而没有被记录下来；由于误解或检测设备失灵导致相关数据没有被记录下来；与其他记录内容不一致而被删除；历史记录或对数据的修改被忽略了。对于遗失数据，尤其是一些关键属性的遗失数据或许需要被推导出来。

噪声数据是指在测量一个变量时测量值可能出现的相对于真实值的偏差或错误，这种数据会影响后续分析操作的正确性与效果。噪声数据主要包括错误数据、假数据和异常数据。噪声数据会影响后续分析操作的正确性与效果。造成的原因可能是：

① 数据采集设备有问题。

② 在数据录入过程中发生了人为或计算机错误。

③ 数据传输过程中发生错误。

④ 由于命名规则或数据代码不同而引起的不一致。

冗余数据既包括重复的数据，也包括对分析处理的问题无关的数据。

数据清洗的处理过程通常包括填补遗漏的数据值、平滑有噪声数据、识别或除去异常值，以及解决不一致问题。有问题的数据将会误导数据挖掘的搜索过程。尽管大多数数据挖掘过程均包含对不完全或噪声数据的处理，但它们并不完全可靠且常常将处理的重点放在如何避免所挖掘出的模式对数据过分准确的描述上。因此进行一定的数据清洗对数据处理是十分有必要的。

（3）数据变换

数据变换主要是对数据进行规格化操作。在正式进行数据挖掘之前，尤其是使用基于对象距离的挖掘算法时，如神经网络、最近邻分类等，必须进行数据规格化，也就是将其缩小至特定的范围之内，如[0,1]。例如，对于一个顾客信息数据库中的年龄属性或工资属性，由于工资属性的取值比年龄属性的取值要大许多，如果不进行规格化处理，基于工资属性的距离计算值显然将远远超过基于年龄属性的距离计算值，这就意味着工资属性的作用在整个数据对象的距离计算中被错误地放大了。

（4）数据集成

数据集成就是将来自多个数据源的数据合并到一起。由于描述同一个概念的属性在不同数据库中有时会取不同的名字，所以在进行数据集成时就常常会引起数据的不一致或冗余。例如，在一个数据库中，一个顾客的身份编码为“custom_number”，而在另一个数据库中则为“custom_id”。命名的不一致常常也会导致同一属性值的内容不同，例如，在一个数据库中一个人的姓取“John”，而在另一个数据库中则取“J”。大量的数据冗余不仅会降低挖掘的速度，而且也会误导挖掘进程。因此，除了进行数据清洗之外，在数据集成中还需要消除数据的冗余。

（4）数据归约

原始数据集可能非常大，面对海量数据进行复杂的数据分析和挖掘将需要很长的时间。数据归约技术可以用来得到数据集的归约表示，使数据集小很多，但仍接近保持原数据的完整性。数据归约策略包括维归约和数值归约。

维归约：减少所考虑的随机变量或属性的个数。维归约方法包括小波变换和主成分分析，它们把原数据变换或投影到较小的空间。属性子集选择是一种维归约方法，其中，不相关、弱相关或冗余的属性或维度将被检测和删除。

数值归约：用替代的、较小的数据形式替换原数据。这些技术可以是参数的或非参数的。对于参数方法而言，使用模型估计数据，使之一般只需要存放模型参数，而不是实际数据（离群点可能也要存放），回归和对数线性模型就是例子。存放数据归约表示的非参数方法包括直方图、聚类、抽样和数据立方体聚集。

数据压缩：通过变换以便得到原数据的归约或“压缩”表示。如果能够对压缩后的数据进行重构而不损失信息，则称该数据归约为无损的。如果只能近似重构原数据，则称该数据归约为有损的。

6.3.2　数据存储及管理

1. 数据存储概述

数据存储，即将数据以某种格式记录在计算机内部或外部存储介质上。总体来讲，数据存储方式有三种：文件、数据库、网络，其中文件和数据库存储方式可能用得稍多一些，文件储存方式用起来较为方便，程序可以自己定义格式；数据库存储方式用起来稍烦琐一些，但它也有优点，如在存储海量数据时其性能优越；有查询功能；可以加密；可以加锁；可以跨应用、跨平台等；网络存储方式则用于比较重要的事情，如科研、勘探、航空等实时采集到的数据需要马上通过网络传输到数据处理中心进行存储并处理。

对于企业存储设备而言，根据存储实现方式可将数据存储划分为三种类型：直接附加存储（Direct Attached Storage，DAS）、网络附加存储（Network Attached Storage，NAS）、存储区域网络（Storage Area Network，SAN），具体如图 6-13 所示。

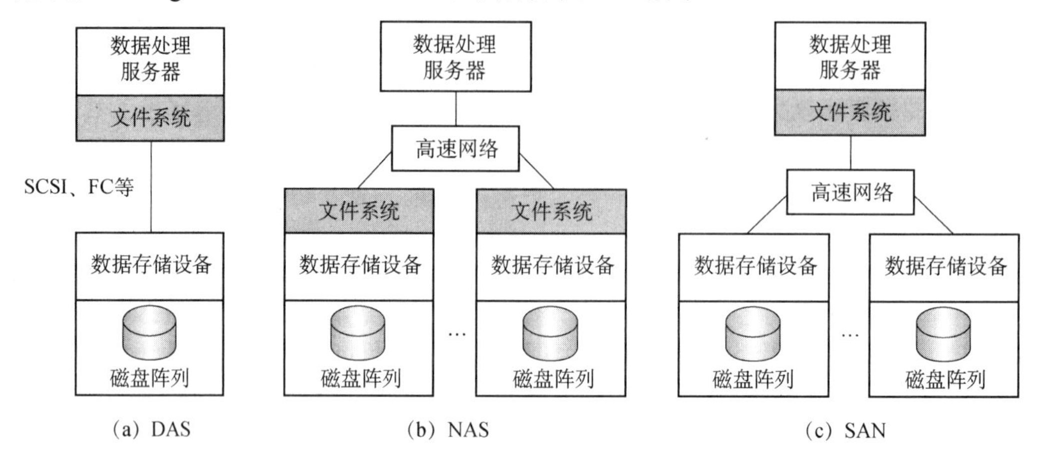

图 6-13　各种存储技术的结构

DAS 是直接连接于主机服务器的一种存储方式，它将数据存储设备通过小型计算机系统接口（Small Computer System Interface，SCSI）直接连接到一台服务器上使用，如图 6-14 所示。每一台主机服务器有独立的存储设备，每台主机服务器的存储设备无法互通，需要跨主机存取资料时，必须经过相对复杂的设定，若主机服务器分属不同的操作系统，要存取彼此的资料，则更复杂，有些系统甚至不能存取。DAS 是最原始、最基本的存储架构方式，在个人 PC、服务器上也最为常见。DAS 的优势在于架构简单、成本低廉、读写效率高等；缺点是容量有限、难于共享，从而容易形成"信息孤岛"。

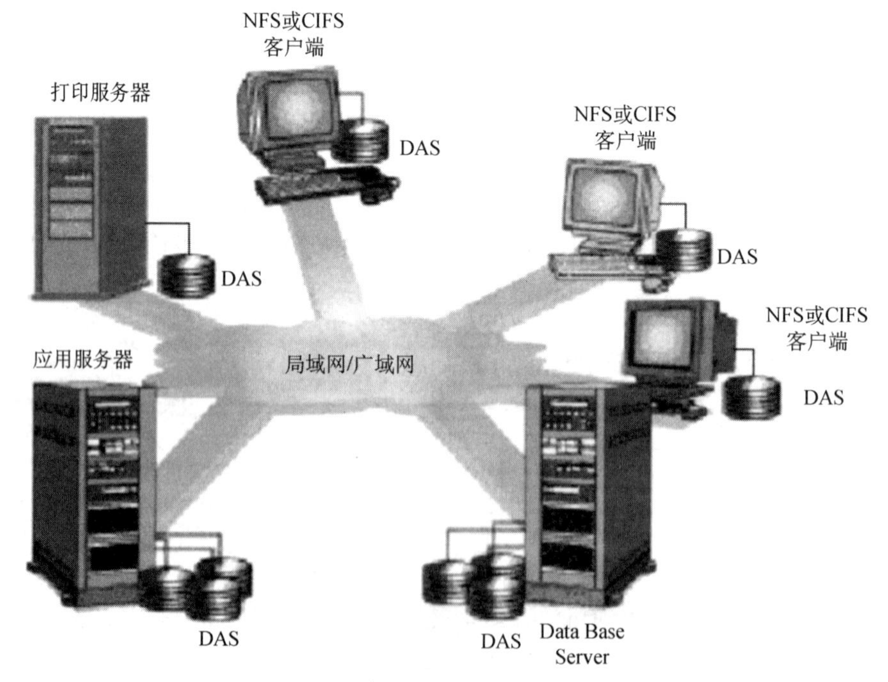

图 6-14　DAS 架构

SAN 是一种用高速（光纤）网络连接专业主机服务器的存储方式，采用网状通道（Fibre Channel，FC）技术，通过 FC 交换机连接存储阵列和应用服务器，建立专用于数据存储的区域网络，如图 6-15 所示。SAN 支持数以百计的磁盘，提供了海量的存储空间，解决了大容量存储问题；这个海量空间可以从逻辑层面上按需要分成不同大小的逻辑单元，再分配给应用服务器。SAN 允许企业独立地增加它们的存储容量。SAN 的结构允许任何服务器连接到任何存储阵列，这样不管数据放在哪里，服务器都可以直接存取所需的数据。

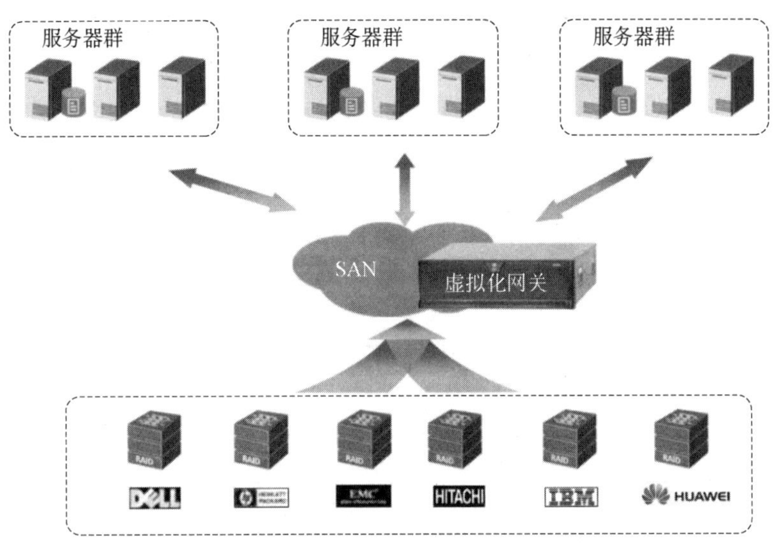

图 6-15　SAN 架构

NAS 存储设备是一种带有操作系统的存储设备，也叫作网络文件服务器。NAS 设备直接连接到 TCP/IP 网络上，网络服务器通过 TCP/IP 网络存取与管理数据。典型的 NAS 架构，如图 6-16 所示。NAS 支持多客户端同时访问，为服务器提供了大容量的集中式存储，从而也方便了服务器间的数据共享。

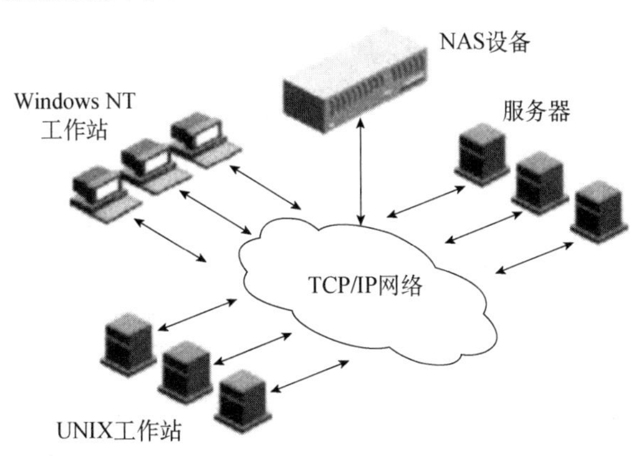

图 6-16　典型的 NAS 架构

SAN 与 NAS 的基本区别在于其提供块（Block）级别的访问接口，一般并不同时提供一个文件系统。通常情况下，服务器需要通过 SCSI 等访问协议将 SAN 存储映射为本地磁盘，在其上创建文件系统后进行使用。目前主流的企业级 NAS 或 SAN 存储产品一般都可以提供 TB 级的存储容量，高端的存储产品也可以提供高达几个 PB 的存储容量。

2. 分布式文件系统

在大数据时代，需要处理分析的数据集的大小已经远远超过了单台计算机的存储能力，因此需要将数据集进行分区并存储到若干台独立的计算机中。但是，分区存储的数据不方便管理和维护，迫切需要一种文件系统来管理多台机器上的文件，这就是分布式文件系统。

相对于传统的本地文件系统而言，分布式文件系统（Distributed File System）是一种允许文件通过网络在多台主机上进行分享的文件系统，可让多台机器上的多个用户分享文件和存储空间。分布式文件系统的设计一般采用“客户/服务器”（Client/Server）模式，客户端以特定的通信协议通过网络与服务器建立连接，提出文件访问请求，客户端和服务器可以通过设置访问权限来限制请求方对底层数据存储块的访问。目前，已得到广泛应用的分布式文件系统主要包括 GFS 和 HDFS 等，后者是针对前者的开源实现。

（1）计算机集群结构

普通的文件系统只需要单个计算机节点就可以完成文件的存储和处理，单个计算机节点由处理器、内存、高速缓存和本地磁盘构成。分布式文件系统把文件分布存储到多个计算机节点上，成千上万的计算机节点构成计算机集群。与之前使用多个处理器和专用高级硬件的并行化处理装置不同的是，目前的分布式文件系统所采用的计算机集群都是由普通硬件构成的，这就大大降低了硬件上的开销。

计算机集群的基本架构，如图 6-17 所示。集群中的计算机节点存放在机架（Rack）上，每个机架可以存放 8～64 个节点，同一机架上的不同节点之间通过网络互联（常采用吉比特以太网），多个不同机架之间采用另一级网络或交换机互联。

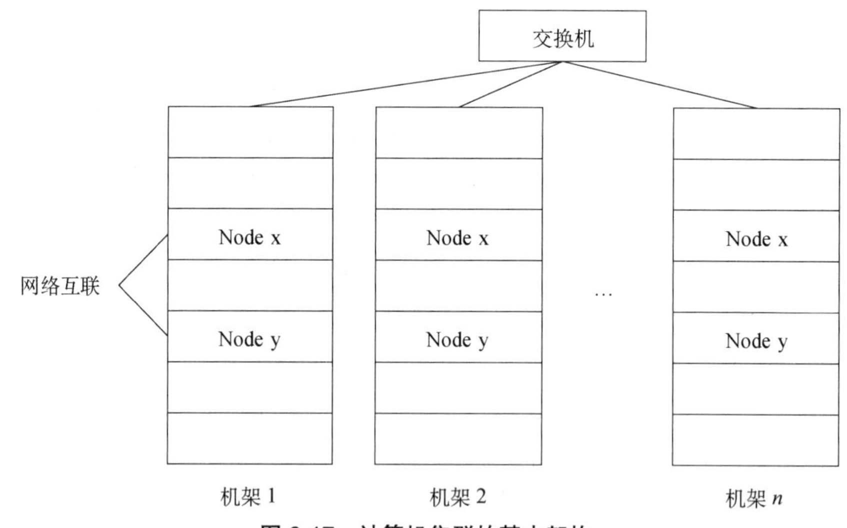

图 6-17 计算机集群的基本架构

（2）分布式文件系统的整体结构

在 Windows、Linux 等操作系统中，文件系统一般会把磁盘空间划分为每 512 字节一组，称为“磁盘块”，它是文件系统读写操作的最小单位，文件系统的块（Block）通常是磁盘块的整数倍，即每次读写的数据量必须是磁盘块大小的整数倍。

与普通文件系统类似，分布式文件系统也采用了块的概念，文件被分成若干个块进行存储。块是数据读写的基本单元，只不过分布式文件系统的块要比操作系统中的块大很多。例如，HDFS 默认的一个块的大小是 64MB。与普通文件不同的是，在分布式文件系统中，如果一个文件小于一个数据块的大小，它并不占用整个数据块的存储空间。

分布式文件系统在物理结构上是由计算机集群中的多个节点构成的，如图 6-18 所示。这些节点分为两类：一类叫“主节点”（Master Node），或者也被称为“名称节点”（Name Node）；另一类叫“从节点”（Slave Node），或者也被称为“数据节点”（Data Node）。名称节点负责文件和目录的创建、删除和重命名等，同时管理着数据节点和文件块的映射关系，因此客户端只有访问名称节点才能找到请求的文件块所在的位置，进而到相应位置读取所需文件块。数据节点负责数据的存储和读取，在存储时，由名称节点分配存储位置，然后由客户端把数据直接写入相应数据节点；在读取时，客户端从名称节点获得数据节点和文件块的映射关系，然后就可以到相应位置访问文件块。数据节点也要根据名称节点的命令创建、删除数据块和冗余复制。

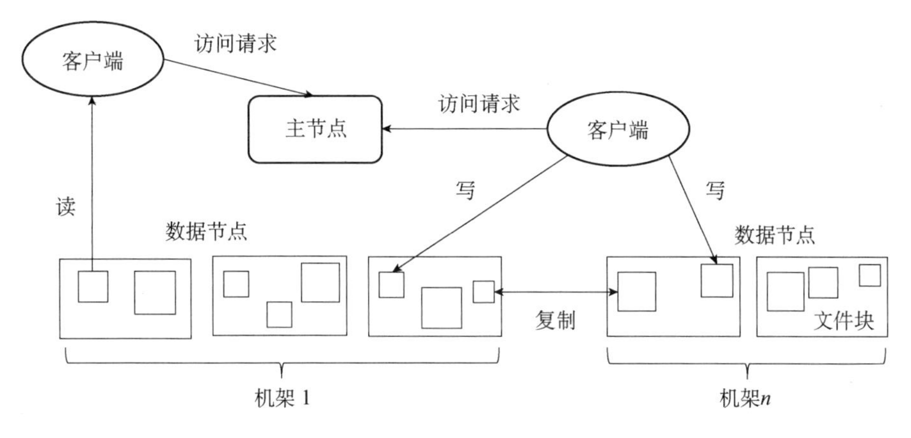

图 6-18　大规模文件系统的整体结构

计算机集群中的节点可能发生故障，因此为了保证数据的完整性，分布式文件系统通常采用多副本存储。文件块会被复制为多个副本，存储在不同的节点上，而且存储同一个文件块的不同副本的各个节点会分布在不同的机架上，这样，在单个节点出现故障时，就可以快速调用副本重启单个节点上的计算过程，而不用重启整个计算过程，整个机架出现故障时也不会丢失所有文件块。文件块的大小和副本个数通常可以由用户指定。

分布式文件系统是针对大规模数据存储而设计的，主要用于处理大规模文件，如 TB 级文件。处理过小的文件不仅无法充分发挥其优势，而且会严重影响系统的扩展和性能。

3. 大数据文件系统 HDFS

（1）HDFS 简介

HDFS 是 Hadoop 的一个分布式文件系统，是 Hadoop 应用程序使用的主要分布式存储系统。HDFS 被设计成适合运行在通用硬件上的分布式文件系统。一个 HDFS 集群包括一个名称节点（Name Node）和若干个数据节点（Data Node）。HDFS 总的设计思想是分而治之，即将大文件和大批量文件分布式地存放在大量独立的服务器上，以便采取分而治之的方式对海量数据进行运算分析。图 6-19 所示为 HDFS 主要组件的功能。

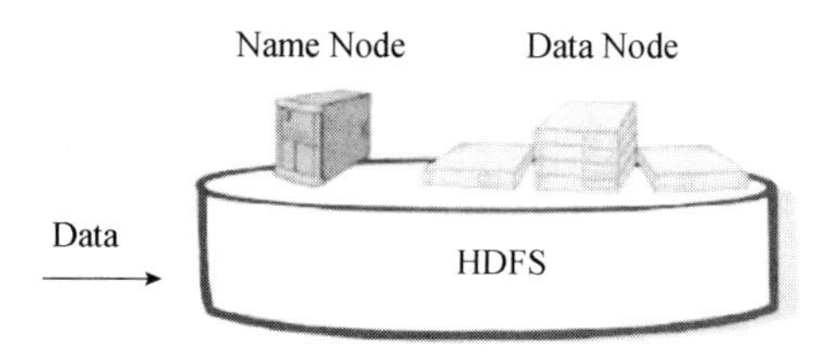

meta data

File.txt=
Blk A:
DN1,DN5,DN6
Blk B:
DN7,DN1,DN2
Blk C:
DN5,DN8,DN9

Name Node	Data Node
• 存储元数据	• 存储文件内容
• 元数据被保存在内存中	• 文件内容被保存在磁盘中
• 保存文件Block和Data Node之间的映射关系	• 维护了BlockId到Data Node本地文件的映射关系

图 6-19　HDFS 主要组件的功能

（2）HDFS 基本原理

文件系统是操作系统提供的磁盘空间管理服务，该服务只需要用户指定文件的存储位置及文件读取路径，而不需要用户了解文件在磁盘上是如何存放的。但是当文件所需空间大于本机磁盘空间时，采用的方法有：一是增加磁盘，但是增加到一定程度就有限制了；二是增加机器，即用远程共享目录的方式提供网络化的存储，这种方式可以理解为分布式文件系统的雏形，它可以把不同文件放入不同的机器中，而且空间不足时可继续增加机器，突破了存储空间的限制。

HDFS 是个抽象层，底层依赖很多独立的服务器，对外提供统一的文件管理功能。HDFS 的基本架构，如图 6-20 所示。

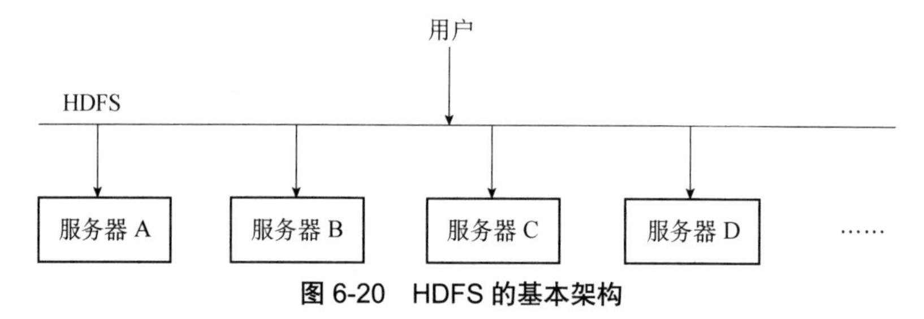

图 6-20　HDFS 的基本架构

例如，用户访问 HDFS 中的/a/b/c.mpg 这个文件时，HDFS 负责从底层的相应服务器中读取该文件，然后返回给用户，这样用户就只需和 HDFS 打交道，而不用关心这个文件是如何被存储的。

为了解决存储节点负载不均衡的问题，HDFS 首先把一个文件分割成多个块，然后再把这些文件块存储在不同服务器上。这种方式的优势就是不怕文件太大，并且读文件的压力不会全部集中在一台服务器上，从而可以避免某个热点文件会带来的单机负载过高的问题。例如，用户需要保存文件/a/b/xxx.avi 时，HDFS 首先会把这个文件进行分割，如分为 4 块，然后分别存放到不同的服务器上，如图 6-21 所示。

但是如果某台服务器坏了，那么文件就会读不全。如果磁盘不能恢复，那么存储在上面的数据就会丢失。为了保证文件的可靠性，HDFS 会把每个文件块进行多个备份，一般情况下是 3 个备份。

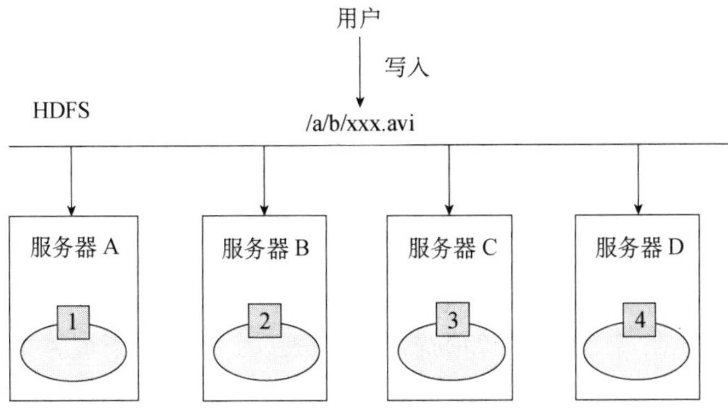

图 6-21　HDFS 文件分块存储示意

假如要在由服务器 A、B、C 和 D 的存储节点组成的 HDFS 上存储文件/a/b/xxx.avi，则 HDFS 会把文件分成 4 块，分别为块 1、块 2、块 3 和块 4。为了保证文件的可靠性，HDFS 会把数据块按以下方式存储到 4 台服务器上，如图 6-22 所示。

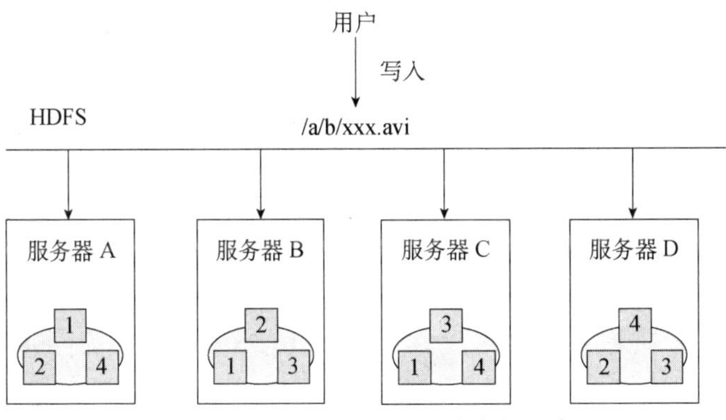

图 6-22　HDFS 文件多副本存储示意

采用分块多副本存储方式后，HDFS 文件的可靠性就大大增强了，即使某个服务器出现故障，也仍然可以完整读取文件，该方式同时还带来一个很大的好处，就是增加了文件的并发访问能力。例如，多个用户读取这个文件时，都要读取块 1，HDFS 可以根据服务器的繁忙程度，选择从哪台服务器读取块 1。

为了管理文件，HDFS 需要记录和维护一些元数据，也就是关于文件数据信息的数据，如 HDFS 中存了哪些文件、文件被分成了哪些块、每个块被放在哪台服务器上等。HDFS 把这些元数据抽象为一个目录树，来记录这些复杂的对应关系。这些元数据由一个单独的模块进行管理，这个模块叫作名称节点（Name Node）。存放文件块的真实服务器叫作数据节点（Data Node）。

6.3.3　数据可视化

1. 数据可视化的定义及作用

在大数据时代下，数据井喷似地增长，分析人员将这些庞大的数据汇总并进行分析，而分析出的成果如果是密密麻麻的文字，那么就没有几个人能理解，所以，需要将数据可视化。

可视化对应两个英文单词：Visualize 和 Visualization。Visualize 是动词，意即“生成符合人类感知”的图像；通过可视元素传递信息。Visualization 是名词，表达“使某物、某事可见的动作或事实”；对某个原本不可见的事物在人的大脑中形成一幅可感知的心理图片的过程或能力。Visual 的结果，即一帧图像或动画。在计算机学科的分类中，利用人眼的感知能力对数据进行交互的可视表达以增强认知的技术，称为可视化。它将不可见或难以直接显示的数据转化为可感知的图形、符号、颜色、纹理等，增强数据识别效率，传递有效信息。

可视化的作用体现在多个方面，如揭示想法和关系、形成论点或意见、观察事物演化的趋势、总结或积聚数据、存档和汇总、寻求真相和真理、传播知识和探索性数据分析等。从宏观的角度看，可视化包括以下三个功能。

（1）记录信息

记录信息指的是将信息成像或采用草图记载。图 6-23 左图展示了意大利科学家伽利略的手绘月亮周期可视化图，右图是达·芬奇绘制的描绘科学发现的作品之一。

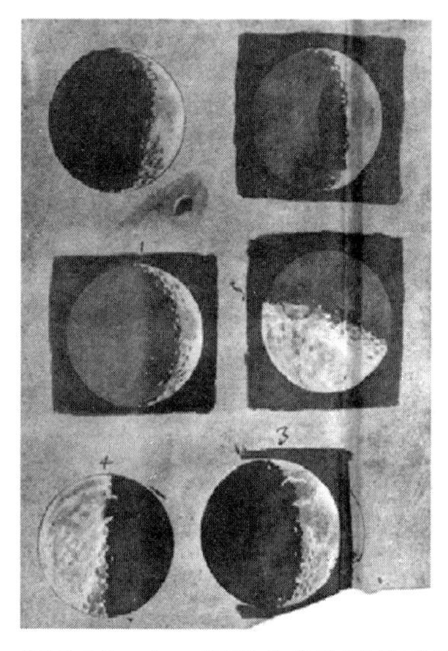
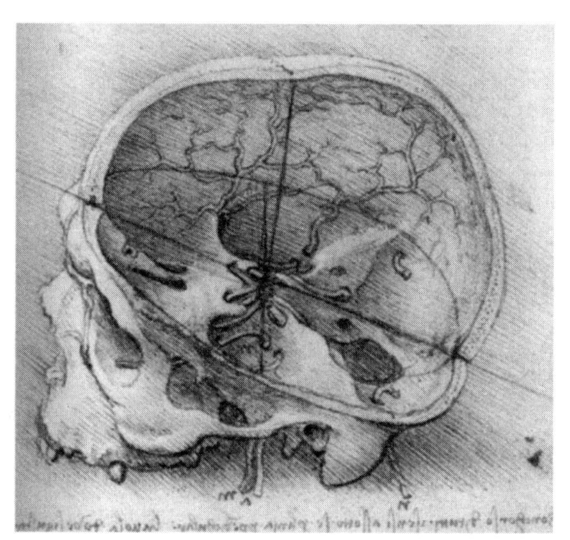

图 6-23　左：1616 年伽利略关于月亮周期的绘图；右：达 · 芬奇绘制的人头盖骨可视化

不仅如此，可视化能极大地激发智力和洞察力，帮助验证科学假设。例如，20 世纪自然科学最重要的三个发现之一——DNA 分子结构的发现起源于对 DNA 结构的 X 射线照片的分析：从图像形状确定 DNA 是双螺旋结构，且两条骨架是反平行的，骨架是在螺旋的外侧等这些重要的科学事实。

（2）支持对信息的推理和分析

数据分析的任务通常包括定位、识别、区分、分类、聚类、分布、排列、比较、内外连接比较、关联、关系等。通过将信息以可视的方式呈现给用户，将直接提升对信息认知的效率，并引导用户从可视化结果分析和推理出有效信息。这种直观的信息感知机制，极大地降低了数据理解的复杂度，突破了常规统计分析方法的局限性。

可视化能显著提高分析信息的效率，其重要原因是扩充了人脑的记忆，帮助人脑形象地理解和分析所面临的任务。图 6-24 展示了两个图形化计算的例子。

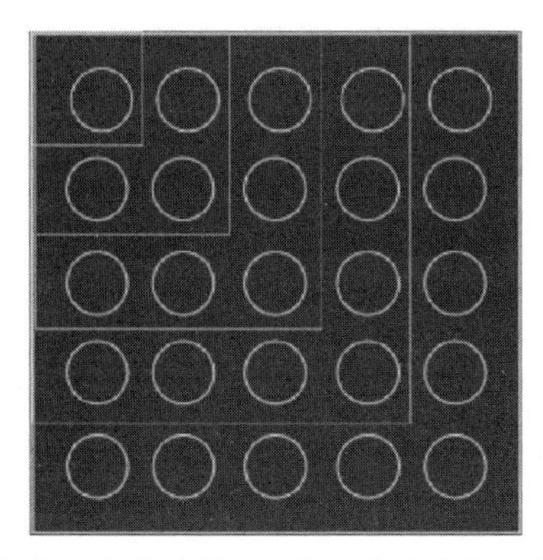

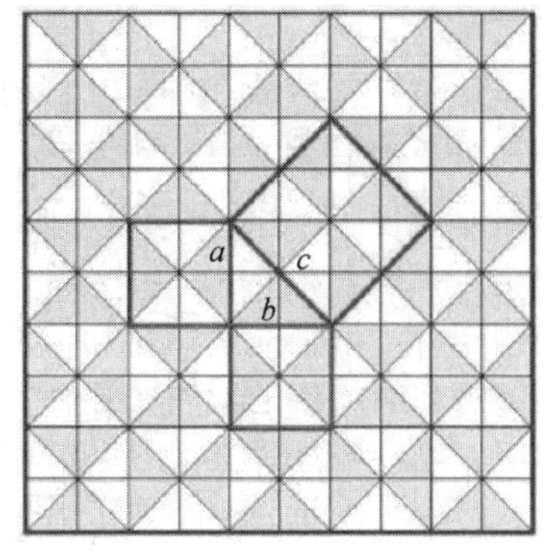

图 6-24　可视化可有效地扩充记忆和内存空间，从而辅助图形化计算。左：对奇数的和的可视化，1+3+5+7+9=25；右：中国古代用于证明勾股定理的图形化证明方法，$c^2=a^2+b^2$

由于可视化可以清晰地展示证据，它在支持上下文的理解和数据推理方面也有独到的作用。1854 年，霍乱在伦敦 Soho 区爆发，并迅速传播，当时对霍乱起因的主流意见仅仅是空气传播，英国医生 John Snow 通过研究霍乱病死者的日常生活情况，找到他们的共同行为模式，并绘制出世界上第一份统计地图——约翰・斯诺伦敦霍乱地图，发现 73 个病例离布拉德街水井的距离比附近其他任何一个水井的距离都更近。在拆除布拉德街水井的摇把后不久，霍乱停息。Snow 绘制了一张布拉德街区的地图（见图 6-25），标记了水井的位置，每个地址（房子）里的病例用图符显示。图符清晰地显示了病例集中在布拉德街水井附近，这就是著名的鬼图（Ghost Map）。

图 6-25　“鬼图”帮助发现霍乱流行原因

（3）信息传播与协同

人的视觉感知是最主要的信息界面，它输入了人从外界获取的 70%信息。因此，面向公众用户，传播与发布复杂信息的最有效途径是将数据可视化，达到信息共享与论证、信息协作与修正、重要信息过滤等目的。美国华盛顿大学的可视化专家 Zoran Popović 教授与蛋白质结构学家开发了一款名叫 Fold.It 的多用户在线网络游戏（见图 6-26）。Fold.It 让玩家从半折叠的蛋白质结构起步，根据简单的规则扭曲蛋白质使之成为理想的形状。实验结果表明，玩家预测出正确的蛋白质结构的速度比任何算法都快，而且能凭直觉解决计算机没办法解决的问题。这个实例表明，在处理某些复杂的科学问题上，人类的直觉胜于机器智能，也证明可视化、人机交互技术等在协同式知识传播与科学发现中的重要作用。

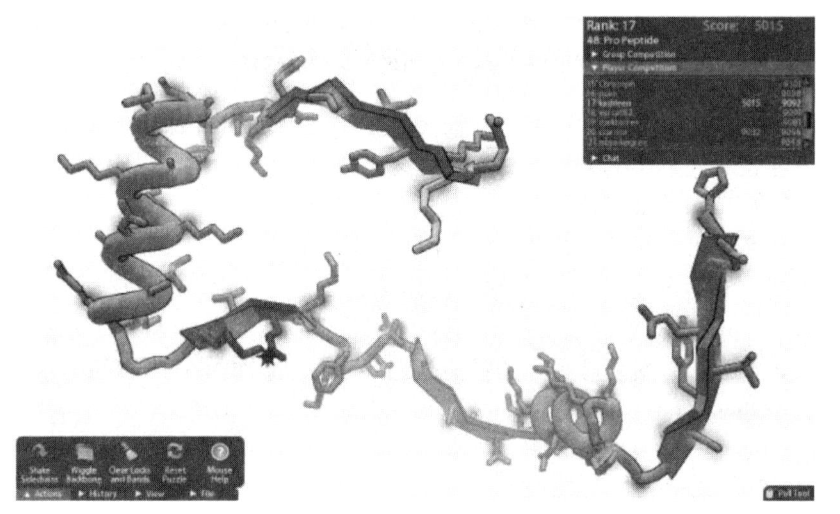

图 6-26　在线游戏 Fold.It 向用户提供可视化交互界面，实现科学知识的传播与协同探索

2. 数据可视化类型

从纯技术角度来看，数据可视化大体可以分为 5 类：基于几何投影的数据可视化、面向像素的数据可视化、基于图标的数据可视化、基于层次的数据可视化及基于图形的数据可视化。纯技术角度的数据可视化，是专业科研人员研究的领域。

从实用角度来看，数据可视化大体可以分为 3 类：科学可视化、信息可视化和可视化分析学。下面我们对这 3 类数据可视化做较详细的介绍。

（1）科学可视化

科学可视化（Scientific Visualization）最初称为“科学计算之中的可视化”，是可视化领域历史最久远、技术也最成熟的一门学科，可以追溯到晶体管计算机时代，计算机图形学在其发展的过程中扮演了关键性的角色。1982 年，关于科学可视化技术的首次会议在美国举行，1987 年科学可视化有了一个比较准确的定位——运用计算机图形学和图像处理的研究成果创建视觉图像，替代那些规模庞大而又错综复杂的数字化呈现形式，帮助人们更好地理解科学技术概念和科学数据结果。

科学可视化在工程和计算领域有着广泛的应用，其主要关注的是三维现象的可视化，如建筑学、气象学、医学或生物学方面的各种系统，重点在于对体、面及光源等的逼真渲染，甚至还包括某种动态成分。此类数字型表现形式或数据集可能会是液体流型（Fluid Flow）

或分子动力学之类的计算机模拟的输出，或者经验数据（如利用地理学、气象学或天体物理学设备所获得的记录）。就医学数据（CT、MRI 和 PET 等）而言，常常听说的一条术语就是“医学可视化”。图 6-27 所示为人类的颅骨 CT 片。

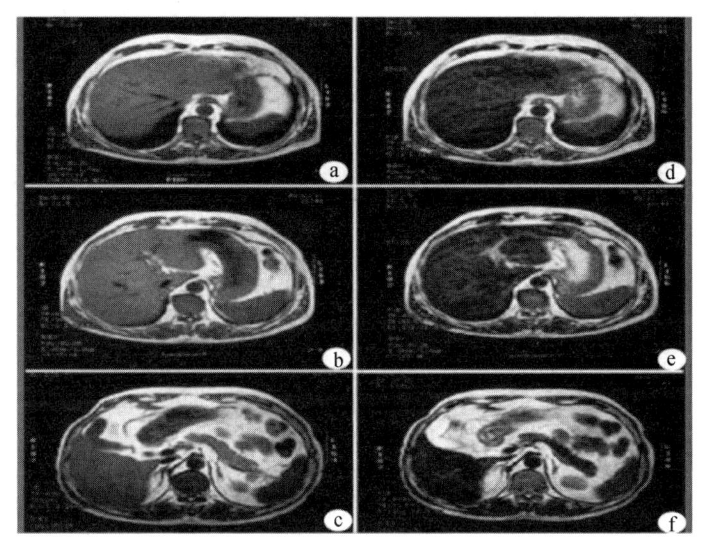

图 6-27　人类的颅骨 CT 片

（2）信息可视化

信息可视化是 1989 年由斯图尔・特卡德、约克・麦金利和乔治・罗伯逊提出的。其研究历史最早可以回溯到 20 世纪 90 年代，那时图形化界面（简称 GUI）刚刚诞生，给人们提供了一个能直接与信息进行交互的平台，科学家们对信息可视化的研究也就由此开始并且持续到今日。

信息可视化就是利用计算机支撑的、交互的、对抽象数据的可视表示，以增强人们对这些抽象信息的认知，是将非空间数据的信息对象的特征值进行抽取、转换、映射、高度抽象与整合，用图形、图像、动画等方式表示信息对象内容特征和语义的过程。信息对象包括文本、图像、视频和语音等类型，它们的可视化分别采用不同模型方法实现。与科学可视化相比，信息可视化则侧重于抽象数据集，如非结构化文本或者高维空间当中的点。现代信息可视化技术主要分为以下几种。

- 文本信息可视化：如微博、电子文档、报纸文章等。通过可视化界面研究文本的信息属性与构成特点，可以快捷地从文档中获取信息。
- 层次信息可视化：如操作系统文件目录、文档管理、图书分类、磁盘目录结构、面向对象程序的类之间的继承关系都普遍存在层次信息结构，并且在某些情况下，任意的图都可以转化为层次关系。层次信息可视化能够清晰展示层次结构，同时对关心的属性进行合理显示，易于观察细节信息。
- Web 信息可视化：Web 是一个信息空间，所包含的信息量更是以 TB 计的。如何最大限度地利用 Web 上所展现出来的信息，成为一个急需解决的问题。Web 信息可视化的研究包括网页导航和布局、信息搜索的可视界面，以及网络多节点信息的动态显示与交互控制等，目前该方面的研究主要集中在如何有效地可视化信息空间的网络结构。
- 可视化数据挖掘：当前的可视化数据挖掘方法分为三类，即由传统的可视化方法组成或者独立于数据挖掘算法；在对数据挖掘算法进行抽取的过程中，可以利用可视化对模式进行更好的理解；综合多种可视化方法，用户可以方便地对数据挖掘算法运行过程进行指导、控制。

- 多维信息可视化：金融分析、地震预测和气象分析等通常需要处理多个数据变量，通过坐标调动、镶嵌，以及多视图处理等手段可以将这些多维数据映射到传统的二维界面或三维空间内，如透视表就实现了大型数据库中多变量数据的便捷浏览和特征辨认。

【案例】数据与图形

将信息可视化能有效地抓住人们的注意力。有的信息如果通过单纯的数字和文字来传达，可能需要花费数分钟甚至几小时，甚至可能无法传达；但通过颜色、布局、标记和其他元素的融合，图形却能够在几秒钟之内把这些信息传达给人们。

假设你是第一次来到华盛顿，想到处走走看看，参观白宫和各处的纪念碑、博物馆等。为此，需要利用当地的交通系统——地铁。这看上去挺简单，但如果没有地图，不知道怎么走，即使遇上个把好心人热情指点，要弄清搭乘哪条线路，在哪个站上车、下车，也是一件困难的事。幸运的是，华盛顿地铁图（见图 6-28）可以传达很多数据信息。

图 6-28　华盛顿地铁图

地铁图上每条线路的所有站点都按照顺序用不同颜色被标记出来，还可以看到线路交叉的站点，方便换乘，如何搭乘地铁变得轻而易举。地铁图呈献出的不仅是数据信息，更是清晰的认知。你不仅知道了该搭乘哪条线路，还大概知道了到达目的地需要花多长时间。无须多想，就能知道到达目的地有几个站，每个站之间大概需要几分钟。除此之外，地铁图上的路线不仅标注了名字或终点站，还用了不用的颜色——红、黄、蓝、绿、橙来帮助你辨认。

（3）可视化分析学

可视化分析学被定义为一门以可视交互界面为基础的分析推理科学。它综合了图形学、数据挖掘和人机交互等技术（见图 6-29 右图），以可视交互界面为通道，将人的感知和认知能力以可视的方式融入数据处理过程，形成人脑智能和机器智能优势互补和相互提升，建立螺旋式信息交流与知识提炼途径，完成有效的分析推理和决策。图 6-29 左图诠释了可视化分析学涉及的学科。

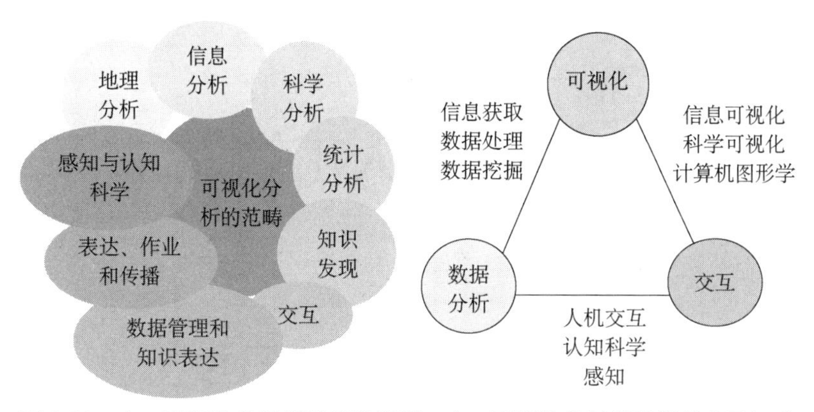

图 6-29　左：可视化分析学涉及的学科；右：可视化分析学的学科交叉组成

可视化分析学尤其关注的是意会和推理，科学可视化处理的是那些具有天然几何结构的数据，信息可视化处理的是抽象数据结构，如树状结构或图形。人们可以利用可视化分析工具从海量、多维、多源、动态、时滞、异构、含糊不清甚至矛盾的数据中综合出信息并获得深刻的见解，能发现期望看到的信息并觉察出没有想到的信息，能提供及时的、可理解的评价，在实际行动中能有效沟通。

此外，可视化分析学也是一个多学科领域，涉及以下方面：一是分析推理技术，它能使用户获得深刻的见解，这种见解直接支持评价、计划和决策的行为；二是可视化表示和交互技术，它充分利用了人眼的宽通道带宽的视觉；三是数据表示和变换，它以支持可视化分析的方式转化所有类型的异构和动态数据；四是支持分析结果的产生、演示和传播的技术，它能与各种观众交流有适当背景资料的信息。

6.4　本章小结

随着计算机网络用户数量的增长，每天都会产生上万亿的数据，大数据时代已经到来。本章着重介绍了大数据相关的基础知识，包括数据和数据科学的定义、大数据概念与定义、大数据信息处理技术及其应用等。

思考题

1．简述大数据的概念。和传统数据相比，大数据有哪些主要特征？
2．简单描述大数据的主要特征。
3．举例说明什么是半结构和非结构的数据。
4．结合实际谈谈大数据的社会价值。
5．分别用一个具体例子来说明什么是科学可视化、信息可视化和可视化分析学。

第 7 章　人工智能

7.1　人工智能概述

7.1.1　人工智能的提出

1956 年 8 月，在美国汉诺斯小镇宁静的达特茅斯学院（见图 7-1）中，约翰・麦卡锡（John McCarthy）、马文・明斯基（Marvin Minsky，人工智能与认知学专家）、克劳德・香农（Claude Shannon，信息论的创始人）、艾伦・纽厄尔（Allen Newell，计算机科学家）、赫伯特・西蒙（Herbert Simon，诺贝尔经济学奖得主）等科学家聚在一起，讨论着一个主题：用机器来模仿人类学习及其他方面的智能。研究者们正式提出“人工智能”这一概念，AI 从此走上历史舞台。当时讨论的研究方向包括可编程计算机、编程语言、神经网络、计算复杂性、自我学习、抽象表示方法、随机性和创见性等几个方面。

达特茅斯会议被公认为是人工智能研究的开始，会议的参加者们在接下来的数十年里都是这个方向的领军人物，完成了一次又一次的创举和突破。

图 7-1　达特茅斯学院

7.1.2　什么是人工智能

1. 图灵测试

图灵测试的基本内容是：如果机器能在 5min 内回答由人类测试者提出的一系列问题，并且其超过 30%的回答让测试者误认为是人类所答的，则机器通过测试。被测试者包括一个被测试人和一个声称自己拥有人类智能的机器。测试时，测试人与被测试人是分开的，测试

人只能通过一些装置（如键盘）向被测试人问一些问题，随便什么问题都可以。问过一些问题后，如果测试人能够正确地分出谁是人、谁是机器，那么机器就没有通过图灵测试；如果测试人没有分出谁是机器、谁是人，那么机器就通过了图灵测试，即拥有人类智能。

图灵测试是由英国数学家、逻辑学家艾伦·麦席森·图灵（见图 7-2）提出的。1950 年，他发表了一篇名为《计算的机器和智能》的论文，在论文中他提出了“机器能否拥有智能？”的问题。在论文中，图灵既没有讲计算机怎样才能获得智能，也没有提出如何解决复杂问题的智能方法，只是提出了一个验证机器有无智能的判别方法。不过，这是他第一次成功定义“什么是机器”，但是，当时的人们还不能给“智能”下定义。

图 7-2　计算机科学之父，人工智能之父——图灵

经过实验，图灵得出机器是具有一定思维的，由此，他对智能问题从行为主义的角度给出了定义，并且大胆做出假设：“一个人在不接触对方的情况下，通过一种特殊的方式，和对方进行一系列的问答，如果在一段时间内，他无法根据这些问题判断对方是人还是机器，那么，就可以判定这个机器具有与人相当的智力。”这就是著名的“图灵测试”。但是，在当时的世界环境中，几乎所有机器都无法通过这一测试。图 7-3 为图灵测试操作过程示意图。

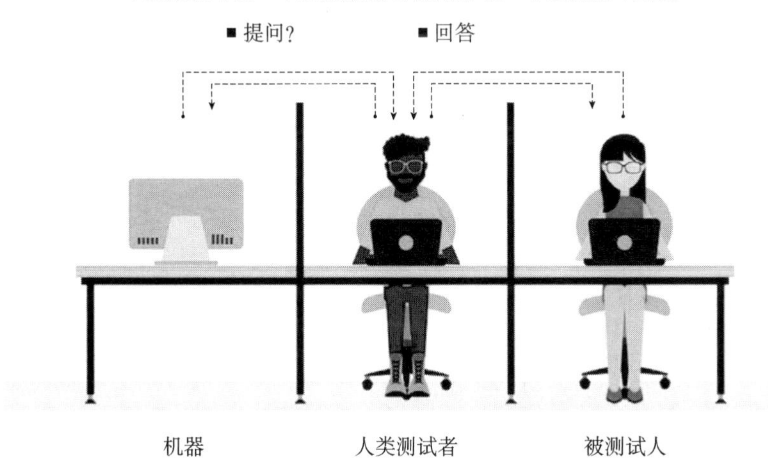

图 7-3　图灵测试操作过程示意图

后来，计算机科学家对此进行了补充，如果计算机实现了下面几件事情中的一件，就可以认为它具有图灵所说的那种智能，这几件事分别是语音识别、机器翻译、文本的自动摘要或者写作、战胜人类的国际象棋冠军、自动问答问题。

今天，计算机已经做到了上述的这几件事情，甚至还超额完成了任务，比如战胜人类围棋冠军的难度比战胜人类象棋冠军的难度要高出 6～8 个数量级。当然，人类走到这一步并非一帆风顺，而是走了几十年的弯路。

2. 人工智能的定义

人工智能（Artificial Intelligence，AI），是计算机科学的一个分支，是一门用于研究模拟和拓展人类行为与思考方式的新兴科学技术。

关于人工智能的定义较多，目前采用较多的是斯图亚特·罗素（Stuart Russell）与彼得·诺维格在《人工智能：一种现代的方法》一书中的定义。人工智能是关于“智能主体（Intelligent Agent）的研究与设计”的学问，而“智能主体是指一个可以观察周遭环境并做出行动以达目标的系统”。这一定义既强调人工智能可以通过感知环境做出主动反应，又强调人工智能所做出的反应必须满足目标，同时，不再强调人工智能对人类思维方式或人类总结的思维法则的模仿。

从根本上讲，人工智能是研究使计算机模拟人类的某些思维过程和智能行为（如学习、推理、思考、规划等）的学科，主要包括计算机实现智能的原理、制造类似于人脑智能的计算机、探究代替人类智力行为的科学应用，如机器视、听、触、感觉及思维方式的模拟，以及人脸识别、视网膜识别、专家系统、智能搜索、逻辑推理、博弈、信息感应与辨证处理。人工智能技术也被认为是21世纪三大尖端技术（基因工程、人工智能、纳米科学）之一，如图7-4所示。

图7-4　21世纪三大尖端技术：基因工程、人工智能、纳米科学

此外，人工智能的研究不仅涉及计算机科学，而且还涉及脑科学、神经生理学、心理学、语言学、逻辑学、认知（思维）科学、行为科学、生命科学和数学，以及信息论、控制论和系统论等许多学科领域。实际上人工智能是一门综合性的交叉学科和边缘学科。

7.1.3　人工智能的分类

人工智能是知识的工程，是机器模仿人类利用知识完成一定行为的过程。根据人工智能是否能真正实现推理、思考和解决问题，可以将人工智能分为图7-5所示的两种。

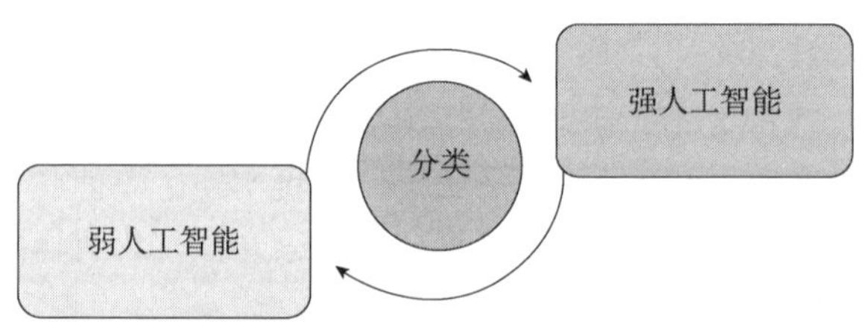

图7-5　人工智能的分类

弱人工智能（Weak AI）是指仅能针对某一类特定任务，并不能真正实现推理和解决问题的智能机器，这些机器表面看像是智能的，但是并不真正拥有智能，也不会有自主意识。迄今为止的人工智能系统都还是实现特定功能的专用智能（如计算机国际象棋深蓝、智力问答系统沃森、自动驾驶汽车、语音控制的智能个人助理、实时通用语音翻译系统等），而不

是像人类智能那样能够不断适应复杂的新环境并不断涌现出新的功能。例如，曾经战胜世界围棋冠军的人工智能 AlphaGo 就是一个典型的弱人工智能（见图 7-6），尽管它很厉害，但它只会下围棋；又如，苹果公司的语音助手 Siri，它只能执行有限的预设功能，并且不具备智力或自我意识，它只是一个相对复杂的弱人工智能。

图 7-6　赛前李世石与 AlphaGo 之父哈萨比斯握手

强人工智能（Strong AI）是指能够将智能应用于任何问题，而不仅仅是一个特定的任务。这意味着机器具有处理任何问题的能力，能像人类一样，能够进行抽象思维、理解复杂理念、快速学习等，这类机器可分为图 7-7 所示的两类。从一般意义来说，达到人类水平的、能够自适应地应对外界环境挑战的、具有自我意识的人工智能称为“通用人工智能”“强人工智能”或“类人智能”。

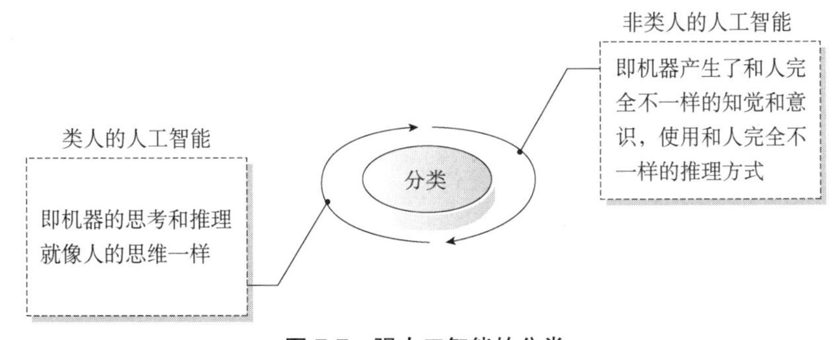

图 7-7　强人工智能的分类

7.1.4　人类智能与人工智能

人类的自然智能伴随着人类活动无时不在、无处不在。人类的许多活动，如解题、下棋、猜谜、写作、编制计划和编程，甚至骑车、驾车等，都需要智能。如果机器能够完成这些任务的一部分，那么就可以认为机器已经具有某种程度的“人工智能”。

那么，什么是人类智能？人的智能和人工智能有什么区别和联系？虽然目前学术界对人类智能还没有统一的定义，但是，原理上可以这样理解，人类的智能是指为了不断提升生存发展的水平，人类利用知识去发现问题、定义问题（认识世界）和解决问题（改造世界）的能力，是人类智慧能力中最具创造力的能力。其中，人类根据自身目的和知识发现问题、预定目标修正目标，在此过程中人类进行了具有创造性的开拓工作。人类具有学习、直觉、感悟、想象力、灵感、顿悟、道德感等一些内隐性的认知能力，称为“隐性智能”；由已知的信息推导进而获得问题的求解策略，这样一种外显性的操作能力，称为“显性智能”。隐性智能和显性智能相互促进扶持共同构成了人类智能。图 7-8 所示为利用人工智能的手段去发掘中医的隐性知识，复制中医的黑箱。

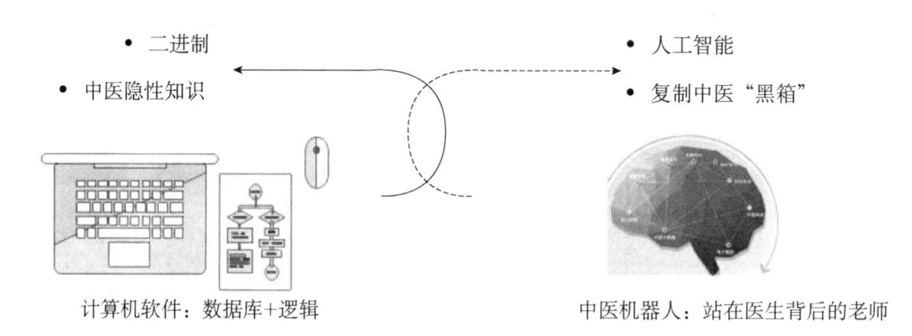

图 7-8 利用人工智能的手段去发掘中医的隐性知识

研究表明，人类的隐性智能颇为复杂，甚至颇为神秘，通常只能由人类自身来承担。显性智能具有“外显”特性，因而，可以通过人工的方法在外部来模拟实现。机器没有生命，也没有自身的目的，难以自行建立直觉、想象、灵感、顿悟和审美的能力，而人类对于这些能力的理解也十分有限，因此难以在机器上实现隐性智能。学术界通常把人类智慧中比较容易理解、可能在机器上模拟的显性智慧专门称为“人类智能”。

（1）研究认知过程的任务

人类认知活动是一个非常复杂的行为，并且具有不同的层次，它可以与计算机的层次相比较，如图 7-9 所示。

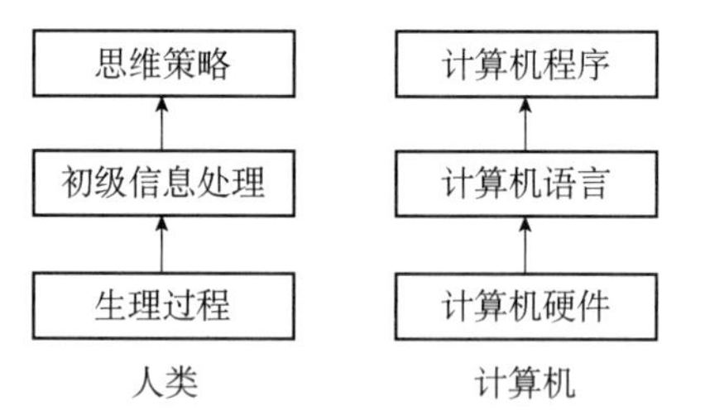

图 7-9 人类认知活动与计算机的比较

认知活动的最高层次是思维策略，中间一层是初级信息处理，底层是生理过程，即中枢神经系统、神经元和大脑的活动；与此相对应的是计算机程序、计算机语言和计算机硬件。

研究认知过程的主要任务是探求高层思维决策与初级信息处理的关系，并用计算机程序来模拟人的思维策略水平，用计算机语言模拟人的初级信息处理过程。

（2）智能信息处理系统的假设

信息处理系统又叫符号操作系统（Symbol Operation System）或物理符号系统（Physical Symbol System）。所谓符号就是模式（Pattern）。例如，不同的汉语拼音字母或英文字母就是不同符号。对符号进行操作就是对符号进行比较，从中找出相同和不同的符号。物理符号系

统的基本任务和功能就是辨认相同的符号和区别不同的符号。为此，这种系统就必须能够辨别出不同符号之间的实质差别。符号既可以是物理符号，也可以是头脑中的抽象符号，或者是电子计算机中的电子运动模式，还可以是头脑中神经元的某些运动方式。

一个完善的符号系统应具有下列6种基本功能：输入符号（Input）；输出符号（Output）；存储符号（Store）；复制符号（Copy）；建立符号结构，即通过找出各符号间的关系，在符号系统中形成符号结构；条件性迁移（Conditional Transfer），即根据已有符号，继续完成活动过程。

如果一个物理符号系统具有上述全部6种功能，能够完成这个全过程，那么它就是一个完整的物理符号系统。人能够输入信号，如用眼睛看，用耳朵听，用手触摸等。计算机也能通过卡片或纸带打孔、磁带或键盘打字等方式输入符号。人具有上述6种功能，现代计算机也具备物理符号系统的这6种功能。

假设任何一个系统，如果它能表现出智能，那么它就必定能够执行上述6种功能。反之，任何系统如果具有这6种功能，那么它就能够表现出智能。这种智能指的是人类所具有的那种智能。把这个假设称为物理符号系统的假设。

物理符号系统的假设伴随有3个推论，或称为附带条件。

推论1 既然人具有智能，那么他（她）就一定是个物理符号系统。人之所以能够表现出智能，就是基于他（她）的信息处理过程。

推论2 既然计算机是一个物理符号系统，它就一定能够表现出智能的基本条件。这是人工智能的基本条件。

推论3 既然人是一个物理符号系统，计算机也是一个物理符号系统，那么就能够用计算机来模拟人的活动。

物理符号系统假设的推论1也告诉人们，人有智能，所以是一个物理符号系统。推论3指出，可以编写出计算机程序模拟人类的思维活动。这就是说，人和计算机这两个物理符号系统所使用的物理符号是相同的，因而计算机可以模拟人类的智能活动过程，如下棋、证明定理、翻译语言文字和解决难题等。

但是，推论3并不一定是从推论1和推论2推导出来的必然结果，同时，计算机也并不一定都是模拟人活动的，它可以编制出一些复杂的程序来求解方程式，进行复杂的计算。所以，计算机的这种运算过程未必就是人类的思维过程。不过，可以按照人类的思维过程来编制计算机程序。如果做到了这一点，就可以用计算机在形式上来描述人的思维活动过程，或者建立一个理论来说明人的智力活动过程。

（3）人类智能的计算机模拟

帕梅拉·麦考达克（Pamela McCorduck）在她著名的人工智能历史研究《机器思维》（*Machine Who Think*，1979）中曾经指出：在复杂的机械装置与智能之间存在着长期的联系。从几世纪前出现的神话般的复杂巨钟和机械自动机开始，人们已对机器操作的复杂性与自身的智能活动进行直接联系。今天，新技术已使人们所建造的机器的复杂性大为提高。现代电子计算机要比以往的任何机器复杂几十倍、几百倍，甚至几千倍以上。

下面考虑下棋的计算机程序。现有的国际象棋程序是十分熟练的、具有人类专家棋手水平的最好实验系统，但是下得没有像人类国际象棋大师那样好。该计算机程序对每个可能的走步空间进行搜索，它能够同时搜索几千种走步，进行有效搜索的技术是人工智能的核心思想之一。不过，计算机不一定是最好的棋手，其原因在于向前看并不是下棋所必须具有的技能，需要彻底搜索的走步又太多；在寻找和估计替换走步时并不能确信能够导致博弈的胜利。国际象棋大师们具有尚不能解释的能力。一些心理学家指出，当象棋大师们盯着一个棋位时，在他们的脑子里出现了几千盘重要的棋局，这大概能够帮助他们决定最好的走步。

近年来，智能计算机的研究取得许多重大进展。对神经型智能计算机的研究就是一个新的范例，它必将为模拟人类智能做出新的贡献。

人脑有 140 亿个神经元都与其他数千个神经元交叉相联，它的作用相当于一台微型计算机，其功能相当于每秒 1000 万亿次的计算机功能。用许多微处理机模仿人脑的神经元结构，采用大量的并行分布式网络就构成了神经计算机。神经计算机除有许多处理器外，还有类似神经的节点，每个节点与许多点相连。若把每一步运算分配给每台微处理器，它们同时运算，其信息处理速度和智能会大大提高。

神经计算机的信息不是存储在存储器中的，而是存储在神经元之间的联络网中的。若有节点断裂，计算机仍有重建资料的能力，它还具有联想记忆、视觉和声音识别能力。日本科学家已开发出神经计算机用的大规模集成电路芯片，在 1.5cm^2 的硅片上可设置 400 个神经元和 40000 个神经键，这种芯片能实现每秒 2 亿次的运算速度。1990 年，日本理光公司宣布研制出一种具有学习功能的大规模集成电路“神经 LST”。这是依照人脑的神经细胞研制成功的一种芯片，它处理信息的速度为每秒 90 亿次。富士通研究所开发的神经计算机，每秒更新数据近千亿次。日本电气公司推出一种神经网络声音识别系统，能够识别出任何人的声音，正确率达 99.8%。美国研究出由左脑和右脑两个神经块连接而成的神经计算机。右脑为经验功能部分，有 1 万多个神经元，适于图像识别；左脑为识别功能部分，含有 100 万个神经元，用于存储单词和语法规则。纽约、迈阿密和伦敦的飞机场已经用神经计算机来检查爆炸物，每小时可查 600～700 件行李，检出率为 95%，误差率为 2%。

7.1.5 人工智能的流派

随着第一台电子计算机的问世，人类拉开了人工智能技术发展的历史序幕。一般认为，人工智能是对人脑的模拟和扩展，是研究以人造的智能机器或智能系统来延伸人类智能的一门科学。人工智能研究者基于对“智能”的不同理解，形成了符号主义、连接主义和行为主义三大流派，如图 7-10 所示。

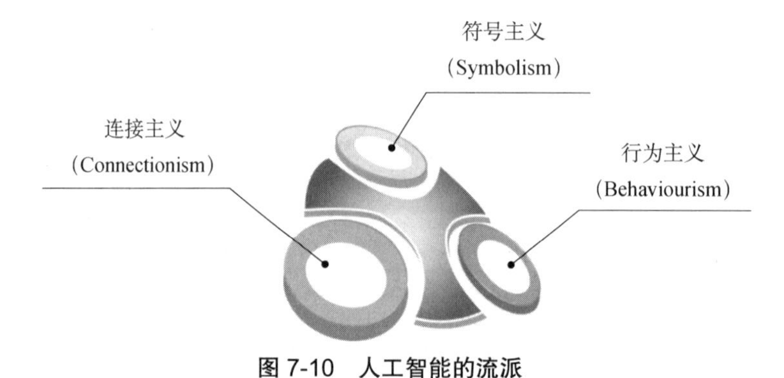

图 7-10 人工智能的流派

（1）符号主义

早期的人工智能研究者绝大多数属于符号主义。符号主义的实现基础是纽威尔和西蒙提

出的物理符号系统假设。该学派认为："人类认知和思维的基本单元是符号，而认知过程就是在符号表示上的一种运算。"该学派认为，人是一个物理符号系统，计算机也是一个物理符号系统。因此，我们就能够用计算机来模拟人的智能行为，即用计算机的符号操作来模拟人的认知过程。这种方法的实质就是模拟人的左脑抽象逻辑思维（见图 7-11），通过研究人类认知系统的功能机理，用某种符号来描述人类的认知过程，并把这种符号输入到能处理符号的计算机中，就可以模拟人类的认知过程，从而实现人工智能。可以把符号主义的思想简单地归结为"认知即计算"。

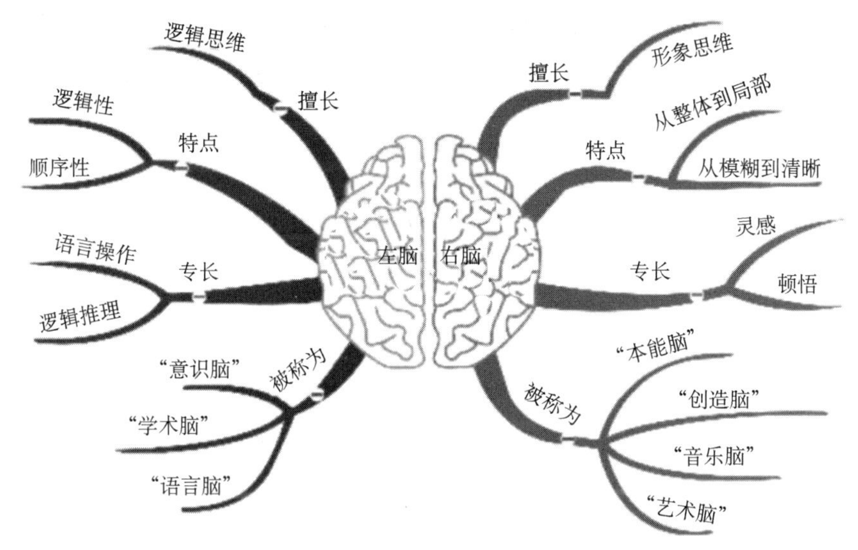

图 7-11　左、右脑图示

符号主义的代表性成就是专家系统。专家系统是一个智能计算机程序系统，其内部含有大量的某个领域专家水平的知识与经验，能够利用人类专家的知识和解决问题的方法来处理该领域的问题。也就是说，专家系统是一个具有大量的专门知识与经验的程序系统，它应用人工智能技术和计算机技术，根据某领域一个或多个专家提供的知识和经验，进行推理和判断，模拟人类专家的决策过程，以便解决那些需要人类专家处理的复杂问题。20 世纪 60 年代末至 70 年代，专家系统的出现使人工智能研究出现新高潮，同时也使得符号主义成为最成功的流派而一枝独秀。

（2）连接主义

连接主义（Connectionism），又称为仿生学派或生理学派，是基于神经网络及网络间的联结机制与学习算法的人工智能学派。连接主义认为人工智能起源于仿生学，特别是人脑模型的研究。其代表性成果是 1943 年由麦克洛奇和皮兹创立的脑模型，即 MP 模型。它从神经元开始进而研究神经网络模型和脑模型，为人工智能创造了一条用电子装置模仿人脑结构和功能的新途径。从 20 世纪 60 年代到 20 世纪 70 年代中期，连接主义尤其是对以感知机（Perceptron）为代表的脑模型研究曾出现过热潮，但由于当时的理论模型、生物原型和技术条件的限制，20 世纪 70 年代中期到 20 世纪 80 年代初期落入低谷。直到 1982 年霍普菲尔特提出的 Hopfield 神经网络模型和 1986 年鲁梅尔哈特等人提出的反向传播算法，使得神经网络的理论研究取得了突破。2006 年，连接主义的领军者 Hinton 提出了深度学习算法，使神经网络的能力大大提高。2012 年，使用深度学习技术的 AlexNet 模型在 ImageNet 竞赛中获得冠军。

连接主义学派从神经生理学和认知科学的研究成果出发，把人的智能归结为人脑的高层活动的结果，强调智能活动是由大量简单的单元通过复杂的相互连接后并行运行的结果。其典型代表技术为人工神经网络，如图 7-12 所示。

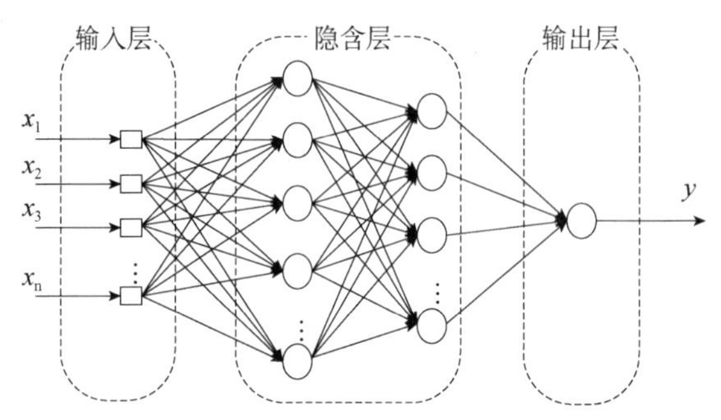

图 7-12　神经网络的典型结构图

连接主义认为神经元不仅是大脑神经系统的基本单元，而且是行为反应的基本单元，思维过程是神经元的连接活动过程。他们认为任何思维和认知功能都不是少数神经元决定的，而是通过大量突触相互动态联系着的众多神经元协同作用来完成的。实质上，这种基于神经网络的智能模拟方法是以工程技术手段模拟人脑神经系统的结构和功能为特征，通过大量的非线性并行处理器来模拟人脑中众多的神经元，用处理器的复杂连接关系来模拟人脑中众多神经元之间的突触行为的。这种方法在一定程度上实现了人脑形象思维的功能，即实现了人的右脑形象思维功能的模拟。

（3）行为主义

行为主义（Actionism），又称为进化主义或控制论学派，是基于控制论和“感知—动作”型控制系统的人工智能学派。行为主义认为人工智能起源于控制论，提出智能取决于感知和行为，取决于对外界复杂环境的适应，而不是表示和推理。

控制论于 1948 年由维纳创立，其早期的研究重点是模拟人在控制过程中的智能行为和作用，如对自寻优、自适应、自校正、自镇定、自组织和自学习等，进行了“控制动物”的研制和实验，如“迷宫老鼠”等。到 20 世纪 60～70 年代，上述控制论系统的研究取得了一定的进展，为智能机器人的研制奠定了基础。自 20 世纪 80 年代以来，微计算机技术、微电子技术等的突破，为智能控制系统的设计和实现提供了新的方法和工具，从而兴起了智能控制和智能机器人研究、开发和应用的热潮。

行为主义学派以布鲁克斯（R. A. Brooks）等人为代表，认为智能行为只能在现实世界中，由系统与周围环境的交互过程中表现出来。1991 年，Brooks 提出了无须知识表示的智能和无须推理的智能。他还以其观点为基础，研制了一种机器虫。布鲁克认为要求机器人像人一样去思维很困难，在做一个像样的机器人之前，不如先做一个像样的机器虫，由机器虫慢慢进化，或许可以做出机器人。于是他在 MIT 的人工智能实验室研制成功了一个由 150 个传感器和 23 个执行器构成的像蝗虫一样能做六足行走的机器人实验系统。这个机器虫虽然不具有像人那样的推理、规划能力，但其应付复杂环境的能力却大大超过了原有的机器人，在自然（非结构化）环境下，具有灵活的防碰撞和漫游行为。图 7-13 所示为布鲁克斯和他的六足机器人。

图 7-13　布鲁克斯和六足机器人

1991 年 8 月在悉尼召开的第 12 届国际人工智能联合会议上，布鲁克斯在他多年进行人造机器虫研究与实践的基础上发表了论文《没有推理的智能》，对传统人工智能进行了批评和否定，提出了基于行为（进化）的人工智能新途径，从而在国际人工智能界形成了行为主义这个新的学派。

行为主义学派出现以后，其思想引起人们的广泛关注。该学派的主要观点可以概括如下：首先，智能系统与环境进行交互，即从运行的环境中获取信息（感知），并通过自己的动作对环境施加影响；其次，指出智能取决于感知和行为，提出了智能行为的“感知-行为”模型，认为智能系统可以不需要知识、不需要表示、不需要推理，像人类智能一样可以逐步进化；最后，强调直觉和反馈的重要性，智能行为体现在系统与环境的交互之中，功能、结构和智能行为是不可分割的。

7.2　人工智能发展历史

人工智能这个术语自 1956 年被正式提出，并作为一个新兴学科的名称被使用以来，经历了孕育期、形成期、发展期、综合集成期四个阶段，具体如图 7-14 所示。

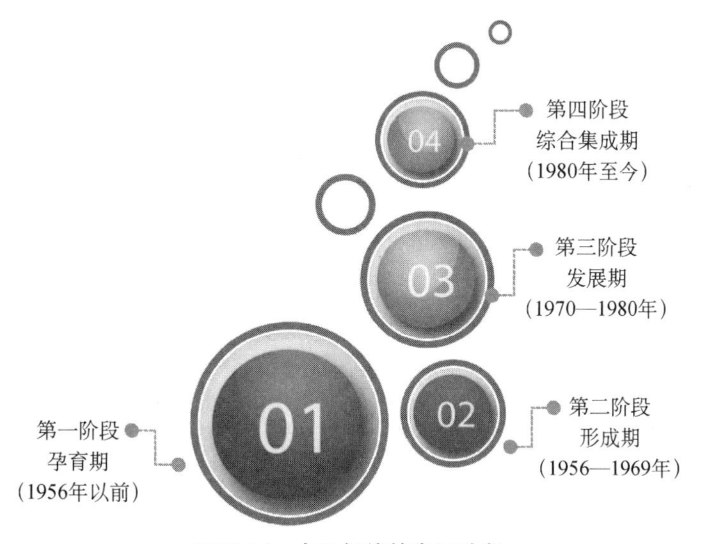

图 7-14　人工智能的发展阶段

7.2.1 孕育期（1956 年以前）

自远古以来，人类就有着用机器代替人们的脑力劳动的幻想。早在公元前 900 多年，我国就有歌舞机器人流传的记载。到公元前 850 年，古希腊也有了制造机器人帮助人们劳动的神话传说。其中，对人工智能的产生、发展有重大影响的主要成果有以下几个方面：

① 公元前 384 年到公元前 322 年，古希腊哲学家和思想家亚里士多德建立了第一个演绎推理的公理系统，创立了古典形式逻辑。他在其著作《工具论》中，给出了形式逻辑的一些基本规律，如矛盾律、排中律，其中的“三段论”至今仍是演绎推理的基本依据。

② 17 世纪，英国哲学家和自然科学家培根系统地提出了古典归纳推理，其思想对于研究人类思维过程，以及自 20 世纪 70 年代人工智能转向以知识为中心的研究都产生了重要的影响。

③ 德国数学家和哲学家莱布尼茨提出了万能符和推理计算的思想，认为可以建立一种通用的符号语言及在此符号语言上进行推理的演算。这一思想不仅为数理逻辑的产生和发展奠定了基础，而且是现代机器思维设计思想的萌芽。图 7-15 所示为德国数学家和哲学家莱布尼茨的手稿及他发明的计算机。

图 7-15 莱布尼茨的手稿及他发明的计算机

④ 英国数学家布尔创立了布尔代数。他在其著作《思维法则》中，首次用符号语言描述了思维活动中推理的基本法则，实现了莱布尼茨的理想，并在 1854 年发表的论文 *An Investigation on the Law of Thoughts*（对思维规律的探讨）中，试图找出思维模拟的机械化规律，并明确提出符号逻辑代数是基于“机器是否放大智力”的探讨。可见，布尔所关注的是研制“智能机器”。

⑤ 1936 年，图灵创立了理想计算机模型的自动机理论，提出了以离散量的递归函数作为智能描述的数学基础，给出了基于行为主义的测试机器是否具有智能的标准，即图灵测试。这一理论推进了思维机器的研究，并为电子计算机的诞生奠定了理论基础。

⑥ 1943 年，心理学家麦克洛奇（McCulloch WS）和数理逻辑学家皮兹（Pitts W）在《数学生物物理公报》（Bulletin of Mathematical Biophysics）上发表了关于神经网络的数学模型。这个模型，现在一般称为 M-P 神经网络模型。他们总结了神经元的一些基本生理特性，提出神经元形式化的数学描述和网络的结构方法，从此开创了神经计算的时代。

⑦ 1945 年，美籍匈牙利数学家冯·诺依曼提出了存储程序的概念，这一思想被誉为电

子计算机时代的开始。至今，计算机的体系结构还基本上采用的是冯 • 诺依曼型。

⑧ 1946 年，美国数学家莫克利（J. W. Mauchly）和埃克特（J. P. Eckert）研制成功了世界上第一台通用电子数字计算机 ENIAC（Electronic Numerical Integrator And Calculator），为机器智能的研究与实现提供了物质基础。图 7-16 所示为世界上第一台通用计算机 ENIAC。

图 7-16 世界上第一台通用计算机 ENIAC

⑨ 1949 年，加拿大心理学家赫布（D. O. Hebb）提出了关于神经元连接强度的 Hebb 规则，即当相互连接的两个神经元都处于兴奋状态时，它们的连接强度将增强。Hebb 学习规则为人工神经网络学习算法的研究奠定了基础。

7.2.2 形成期（1956—1969 年）

1956 年夏季，美国达特茅斯学院的麦卡锡（J. McCarthy）、哈佛大学的明斯基（M. Minsky）、IBM 公司的罗彻斯特（N. Lochester）和贝尔实验室的香农（E. Shannon）四人共同发起，邀请 IBM 公司的摩尔（T. More）和塞缪尔（A. Samuel）、麻省理工学院的塞弗里奇（O. Selfridge）和门罗索夫（R. Solomonff）、卡内基-梅隆大学的西蒙（H. Simon）和纽厄尔（A. Newell）等人参加学术讨论班，在一起共同学习和探讨机器智能的问题。会上经 McCarthy 提议正式采用“人工智能”这一术语，McCarth 由此被称为“人工智能之父”。从此，一个以研究如何用机器来模拟人类智能的新兴学科——人工智能诞生了。

自这次会议以后，人工智能的研究在机器学习、定理证明、模式识别、问题求解、专家系统及人工智能语言等方面都取得了许多令人瞩目的成就。

① 1956 年，Newell 和 Simon 等人编写的程序 Logic Theorist，证明了罗素（B. Russell）和怀特海（A. N. Whitehead）的数学名著《数学原理》中第二章的三十八条定理，他们的成果使人工智能研究走上以计算机程序来模拟人类思维的道路，是人工智能的真正开端。

② 1956 年塞缪尔研制了跳棋程序，该程序具有学习功能，能够从棋谱中学习，也能在实践中总结经验，提高棋艺。它在 1959 年打败了塞缪尔本人，又在 1962 年打败了美国一个州的跳棋冠军。这是模拟人类学习过程的一次卓有成效的探索，其主要贡献在于发现了启发式搜索是表现智能行为最基本的机制，是人工智能的一个重大突破。

③ 1957 年，罗森 • 布拉特（F. Rosenblatt）提出著名的感知机（Perceptron）模型，试图

模拟人脑感知能力和学习能力。该模型是第一个完整的人工神经网络，也是第一次将人工神经网络研究付诸于工程实现。

④ 1958年，美籍逻辑学家王浩在自动定理证明中取得重要的进展。他的程序在IBM-704计算机上用不到5min的时间证明了《数学原理》中“命题演算”的全部220条定理。1959年，王浩的改进程序用8.4min证明了上述220条定理及谓词演算的绝大部分定理。

⑤ 1958年，麦卡锡提出表处理语言LISP，它不仅可以处理数据，而且可以方便地处理符号，成为人工智能程序设计语言的重要里程碑。目前LISP语言仍然是人工智能系统重要的程序设计语言和开发工具。

⑥ 1960年，Simon、Newell和Shaw又一次合作开发了通用问题求解系统GPS（General Problem Solver）。GPS是根据人在解题中的共同思维规律编制而成的，可解11种不同类型的问题，从而使启发式程序有了更普遍的意义。

⑦ 1965年，罗伯特（L. G. Roberts）编制了可以分辨积木构造的程序，开创了计算机视觉的新领域。同年，美国数理逻辑学家鲁宾逊（J. A. Robinson）提出了与传统演绎法完全不同的消解法（也称归结法），掀起了研究计算机定理证明的又一高潮。

⑧ 1968年，美国斯坦福大学教授费根鲍姆（E. Feigenbaum）主持开发出世界上第一个化学分析专家系统DENDRAL，开创了以知识为基础的专家咨询系统研究领域。同年，奎廉（J. R. Quillian）提出了语义网络的知识表示方法，试图解决记忆的心理学模型，后来Simon等人将语义网络应用于自然语言理解方面取得了很大的成效。

⑨ 1969年，由国际上许多学术团体共同发起成立了国际人工智能联合会议（International Joint Conference on Artificial Intelligence，IJCAI），它标志着人工智能作为一门独立学科已经得到了国际学术界的认可。

7.2.3 发展期（1970—1980年）

人工智能开始从理论走向实践，解决了一些实际问题，同时也很快就发现了一些问题。例如，在博弈方面，塞缪尔的下棋程序在与世界冠军对弈时，5局中败了4局；在定理证明方面，发现鲁宾逊归结法的能力有限，当用归结法证明两个连续函数之和还是连续函数时，推了10万步也没证明出结果；在问题求解方面，由于过去研究的多是“良”结构的问题，而现实世界中的问题又多数为“不良”结构，如果仍用那些方法去处理，将会产生组合爆炸问题；在机器翻译方面，原来人们以为只要有一个双解字典和一些语法知识就可以实现两种语言的互译，但后来发现并不那么简单，甚至会闹出笑话。例如，把“心有余而力不足”的英语句子“The spirit is willing but the fleshis weak”翻译成俄语，然后再翻译回来时竟变成了“酒是好的，肉变质了”，即英语句子为“The wine is good but the meat is spoiled”。在其他方面，人工智能也遇到了这样那样的问题，人工智能的研究一时陷入了困境。

人工智能的先驱们认真反思，总结前一段研究的经验和教训。1977年费根鲍姆在第五届国际人工智能联合会议上提出了“知识工程”的概念，对以知识为基础的智能系统的研究起到了重要作用。从此，人工智能研究又迎来了蓬勃发展的以知识为中心的新时期，这个时期也称为知识应用期。在这个时期，专家系统的研究在多个领域中取得了重大突破，如麻省理工学院研制的符号数学专家系统MACSYMA、自然语言理解系统SHRDLU、诊断和治疗青光眼病的专家系统CASNET、诊断内科疾病的专家系统INTERNIST、肾脏病专家咨询系统 PIP、DEC 公司开发的诊断系统 VAX、卡内基-梅隆大学开发的计算机配置专家系统 XCON（RI）和 XSEL。

此外，1972 年，肖特利夫（E. H. Shortliffe）等人开发了医学诊断专家系统 MYCIN，该系统使用了产生式系统的概念框架，是一个用于细菌感染患者的诊断和治疗的医学专家系统。从应用角度来看，它可以识别 51 种病菌，正确使用 23 种抗生素，能协助内科医生诊断细菌感染疾病，并为患者提供最佳处方。从技术角度来看，它解决了知识表示、不精确推理、搜索策略、人机联系、知识获取及专家系统基本结构等一系列重大技术问题，在人工智能领域有着重要的历史地位。同年，W. Woods 研制成功了自然语言理解系统 LUNAR，该系统用于查询月球地质数据，回答用户的问题，是第一个用英语与机器进行对话的人机接口系统。

1973 年，法国马赛大学教授考尔麦劳厄（A. Colmerauer）的研究小组提出了逻辑式程序设计语言 PROLOG（Programming in Logic）。

1975 年，明斯基创立了框架理论（Frame Theory），该理论的核心是以框架的形式来表示知识。框架的顶层是固定的，表示固定的概念、对象或事件。它的下层由若干个槽组成，其中可填入具体值以描述具体事物的特征。每个槽可以有若干个侧面，对槽做附加说明，如槽的取值范围、求值方法等。这样，框架就可以包含各种各样的信息。明斯基最初把框架作为视觉感知、自然语言对话和其他复杂行为的基础提了出来，但框架理论一经提出，就因为它既是层次化的又是模块化的，在人工智能界引起了极大的反响，成为通用的知识表示方法而被广泛接受和应用。今天流行的 C++、Java 等程序设计语言都是在明斯基的框架理论的启发和指导下产生的。图 7-17 所示为明斯基和他的机器人。

图 7-17 明斯基和他的机器人

1976 年 7 月，美国的阿佩尔（K. Appel）等人用 3 台大型计算机，用 1200h 的时间，证明了四色定理。同年，斯坦福大学国际人工智能中心杜达（R. D. Duda）等人开始研制地质勘探专家系统 PROSPECTOR，到 1981 年该系统已拥有 15 种矿藏知识，能根据岩石标本及地质勘探数据对矿藏资源进行估计和预测，能对矿床分布、储藏量、品味、开采价值等进行推断，合理制定开采方案。1982 年，美国利用该系统预测了华盛顿州的一个钼矿位置，随后的实际勘探充分证明了预测的准确性。

1977 年，我国的吴文俊院士给出了一类平面几何问题的机械化证明理论，在计算机上证明了一大批平面几何定理。

1979 年，鲍勃罗夫（D. G. Boborow）采用基于框架的设计，实现了 KRL 语言（Knowledge Representation Language）。

7.2.4 综合集成期（1980 年至今）

20 世纪 80 年代，人工智能发展达到了阶段性的顶峰，并且开始逐步向多技术、多方法的综合集成与多学科、多领域的综合应用型发展。

1982 年，日本启动了第五代计算机系统项目，用于知识处理。虽然此计划最终失败，但它的开展形成了一股研究人工智能的热潮。

美国物理学家霍普菲尔德（J. J. Hopfield）于 1982 年提出了一个新的人工神经网络模型——Hopfield 网络模型。他在这种网络模型的研究中，首次引入了网络能量函数的概念，并给出了网络稳定性的判定依据。1984 年，他又提出了网络模型实现的电子电路，为人工神经网络的工程实现指明了方向，他的研究成果开拓了人工神经网络用于联想记忆的优化计算的新途径，并为神经计算机研究奠定了基础。

1984 年，希尔顿（G. Hinton）等人将模拟退火算法引入到人工神经网络中，提出了玻耳兹曼（Boltzmann）机网络模型，玻耳兹曼机网络算法为人工神经网络优化计算提供了一个有效的方法。

1986 年，鲁姆尔哈特（D. E. Rumelhart）和麦克莱伦（J. L Mcclelland）重新提出了多层网络的误差反向传播算法 BP（Back-Propagation），证明了采用 Sigmoid 型神经元作为隐含层神经元的 BP 网络具有任意非线性特性。BP 网络成为广泛使用的人工神经网络，并以此为基础做了许多改进，发展了快速有效的算法。从此，人工神经网络的研究进入新的高潮。

1987 年 6 月，第一届国际人工神经网络会议在美国召开，宣告了这一新学科的诞生，会上竟提出了“人工智能已经死亡，人工神经网络万岁”的口号。此后，各国在人工神经网络研究方面的投资逐渐增加，相关研究得到迅速发展。

1987 年，美国神经计算机专家尼尔森（R. H. Nielsen）提出了对向传播神经网络（Counter Propagation Network，CPN），该网络具有分类灵活、算法简练的优点，可用于模式分类、函数逼近、统计分析和数据压缩等领域。

1993 年，美国斯坦福大学教授肖汉姆（Y. Shoham）提出面向 Agent 的程序设计（Agent Oriented Programming，AOP）。他认为，AOP 是一种基于计算的社会观点的新兴程序设计风格和计算框架，其主要思想是利用 Agent 理论研究提出的能表示 Agent 性质的意识态度来直接设计 Agent 和对 Agent 编程。

1995 年，瓦普尼克（V. Vapnik）提出支持向量机（Support Vector Machine，SVM）理论，它是基于统计学习理论的一种机器学习方法，最初设计用于二元分类，是一种非概率二元线性分类器。

1997 年，麦克昆（W. McCune）提出了定理证明系统，机器运行了 8 天时间，成功地证明了 1930 年提出的未被证明的数学难题 Robbins 问题，即所有的 Robbins 代数都是布尔代数。

1998 年，IBM 的“深蓝”计算机战胜了卫冕国际象棋冠军加里·卡斯帕罗夫（见图 7-18），成为第一台夺冠的国际象棋博弈计算机系统，也是人工智能第一次战胜了人类的顶级国际象棋棋手。

图 7-18　IBM 的“深蓝”计算机战胜了国际象棋冠军

目前，人工智能技术正在向大型分布式人工智能、大型分布式多专家协同系统、广义知识表达、综合知识库（知识库、方法库、模型库、方法库的集成）、并行推理、多种专家系统开发工具、大型分布式人工智能开发环境和分布式环境下的多智能体（Agent）协同系统等方向发展。

尽管如此，从目前来看，人工智能仍处于学科发展的早期阶段，其理论、方法和技术都不太成熟，人们对它的认识也比较肤浅，甚至连人工智能能否归结、如何归结也还是个问号。这些都还有待于人工智能工作者的长期探索。

7.3　人工智能的研究内容

7.3.1　智能感知

1. 模式识别

人们在日常生活中不时地对环境中的事物进行识别。比如，辨认出房子、道路、树木，辨识出汽车、电动车、自行车，认出熟人的面孔，听出电话中的熟人的声音，区分出发动机声、喇叭声，闻出泄露的煤气味、变质食品的异味等。一般地，把自然界或社会生活中的相同或相似的事物称为模式。在对个别的具体事物实例进行观察的基础上，人可以获得对此类事物整体性质和特点的认识，从而具备正确辨认此类事物的能力，即具备模式识别能力。

在计算机系统中，模式识别就是用计算机实现类似人脑的模式识别能力，也称计算机模式识别或机器识别。这里，“模式”可以理解为一种相同或相似的事物，即模式类；也可以理解为对具体的个别事物进行观测所得到的观测数据，即样本。本质上，模式是指对一种相同或相似事物进行大量观测而得到的数据所具有的性质和特点，即模式分布。以手写体数字图像识别问题为例，10 个数字对应着 10 种模式类，图 7-19 显示了手写体数字 0 的 200 种图像样本。从图 7-19 中可以看到，图像样本的变化非常复杂，模式分布研究也非常具有挑战性。

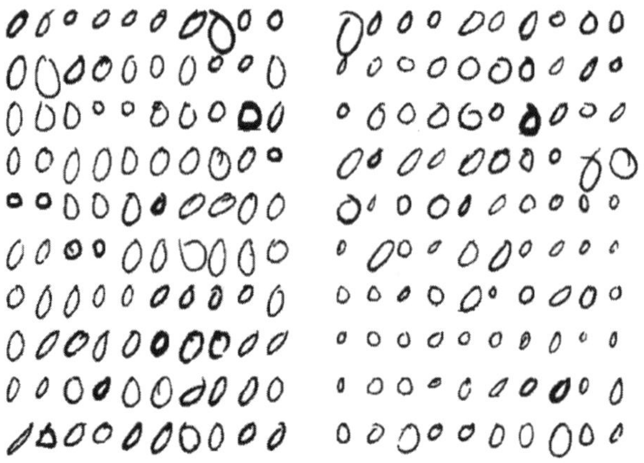

图 7-19　手写体数字图像样本示例

目前，模式识别不断发展，一些具体应用遍及遥感、生物医学成像、工业产品的无损检测、指纹鉴定、文字和语音识别等领域，其中生物特征识别成为模式识别的新高潮，包括语音识别、文字识别、图像识别、人物景象识别和手语识别等；人们还要求通过识别语种、乐种和方言来检索相关的语音信息，通过识别人种、性别和表情来检索所需要的人脸图像；通过识别指纹（掌纹）、人脸、签名、虹膜和行为姿态识别身份。人工智能普遍利用小波变换、模糊聚类、遗传算法、贝叶斯理论和支持向量机等方法进行识别对象分割、特征提取、分类、聚类和模式匹配。模式识别是一个不断发展的新科学，它的理论基础和研究范围也在不断发展。

2. 计算机视觉

视觉是人类智能的重要组成部分，人类获取的信息中 70%～80%来自视觉。计算机视觉是信息科学领域具有挑战性的重要分支之一，是一门研究如何使计算机学会“看”世界的科学，也就是利用机器（通常指数字计算机）对图像进行自动处理并报告“图像是什么”的过程。根据 David A. Forsyth 和 Jean Ponce 的定义，计算机视觉借助于几何、物理和学习理论来建立模型，从而使用统计方法来处理数据的工作。它是指在透彻理解相机性能与物理成像过程的基础上，通过对每个像素值进行简单的推理，将多幅图像中可能得到的信息综合成相互关联的整体，确定像素之间的联系以便将它们彼此分割开，或推断一些形状信息，进而使用几何信息或概率统计计数来识别物体。计算机视觉如图 7-20 所示。

图 7-20　计算机视觉

计算机视觉通常可分为低层视觉与高层视觉两类。低层视觉主要执行预处理功能，如边缘检测、动目标检测、纹理分析，通过阴影获得形状、立体造型、曲面色彩等，其目的是使被观察的对象更凸显出来。高层视觉则主要是理解所观察的形象，需要掌握与对象相关的知识。计算机视觉的前沿课题包括实时图像的并行处理；实时图像的压缩、传输与复原；三维景物的建模识别；动态和时变视觉等。

目前，计算机视觉已经在很多领域有着广泛的应用。例如，无人驾驶中的道路识别、路标识别、行人识别；人脸识别，无人安防；违章检测中的车辆车牌识别；智能识图；医学图像处理；工业产品检测等，都使我们的生产生活变得智能化、便捷化。

3. 自然语言理解

自然语言是指人们日常使用的语言（在这里还包括书面文字和语音视频等），人们熟知的汉语、日语、韩语、英语、法语等语言都属于此范畴。据统计，就计算机应用于信息处理而言，用于数学计算的信息处理仅占 10%，用于过程控制的信息处理不到 5%，其余 85%都用于语言文字的信息处理。

自然语言处理（Natural Language Processing，NLP）是计算机科学与人工智能领域的一个重要的研究与应用方向，是一门融语言学、计算机科学、数学于一体的科学。自然语言处理是指利用计算机对自然语言的形、音、义等信息进行处理，即对字、词、句、篇章的输入、输出、识别、分析、理解、生成等的操作和加工。它是计算机科学领域和人工智能领域的一个重要的研究方向，研究用计算机来处理、理解及运用人类语言，可以实现人与计算机的有效交流。

目前，自然语言处理发展前景十分广阔，主要研究领域如下。

- 文本方面：基于自然语言理解的智能搜索引擎和智能检索、智能机器翻译、自动摘要与文本综合、文本分类与文件整理、自动判卷系统、信息过滤与垃圾邮件处理、文学研究与古文研究、语法校对、文本数据挖掘与智能决策、基于自然语言的计算机程序设计等。
- 语音方面：机器同声传译、智能远程教学与答疑、语音控制、智能客户服务、机器聊天与智能参谋、智能交通信息服务、智能解说与体育新闻实时解说、语音挖掘与多媒体挖掘、多媒体信息提取与文本转化、残疾人智能帮助系统等。图 7-21 为自然语言处理（NLP）与聊天机器人图。

图 7-21　自然语言处理（NLP）与聊天机器人

7.3.2 智能推理

1. 搜索技术

人们总要搜寻解决问题的原理，这就需要对之进行专门的研究。搜索，是指为了达到某一目标，而连续进行找寻的过程，它是人工智能的基本技术之一。事实上，许多智能活动的过程，甚至所有智能活动的过程，都可看作或抽象为一个“问题求解”过程。而所谓“问题求解”过程，实质上就是在显式的或隐式的问题空间中进行搜索的过程，即在某一状态图，或者与或图，或者某种逻辑网络上进行搜索的过程。搜索技术也是一种规划技术。因为对于有些问题，其解就是由搜索而得到的“路径”。

搜索技术也是人工智能中发展最早的技术。早期的人工智能研究成果，如通用问题求解系统、几何定理证明、博弈等都是围绕着如何有效搜索，以获得满意的问题求解进行的。搜索有两种基本方式：一种是盲目搜索，即不考虑给定问题的具体知识，而根据事先确定的某种固定顺序来调用操作规则，盲目搜索技术主要有深度优先搜索、广度优先搜索；另一种是启发式搜索，即考虑问题可应用的知识，动态地优先调用操作规则，从而让搜索变得更快。因此，启发式搜索是搜索技术中的重点。

2. 问题求解

人工智能最早的尝试是求解智力难题和下棋程序，后者又称为博弈程序。1997 年 5 月，一台名为“深蓝”的计算机挑战国际象棋世界冠军卡斯帕罗夫，最终以一定的优势取得了胜利，成为首个在标准比赛时限内击败国际象棋世界冠军的计算机系统。这个事件的发生让我们看到了人工智能的前途，也让我们知道了人工智能未来的发展趋势。今天的计算机程序能够下锦标赛水平的各种方盘棋、十五子棋、国际象棋和围棋，并取得计算机棋手战胜国际象棋冠军和围棋冠军的成果。

另一种问题求解程序能够进行各种数学公式计算，其性能达到很高的水平，并正在为许多科学家和工程师所应用。纽厄尔（Newell）与西蒙（Simon）合作完成的 GPS 能够求解 11 种不同类型的问题。1993 年美国开发了一个叫作 MACSYMA 的软件，能够进行比较复杂的数学公式符号运算。

3. 自动定理证明

数学领域中对臆测的定理寻求一个证明或反证，一直被认为是一项需要智能才能完成的工作。证明定理时，不仅需要具有根据假设进行演绎的能力，而且需要具有某些直觉的技巧。例如，为了求证一个定理时，数学家会熟练地运用他的丰富的专业知识，猜测需要先证明哪几个引理，精确判断出已有的哪些定理会在这个定理的证明过程中起作用，并可以把这个定理证明分解为若干子问题，对子问题可分别独立地进行求解。

自动定理证明，又叫机器定理证明。它是数学和计算机科学相结合的研究课题，是人工智能中最先进行研究并得到成功应用的一个研究领域，同时它也为人工智能的发展起到了重要的推动作用。1965 年，罗宾逊提出了一阶谓词演算，这是自动定理证明的具有重大突破性进展的分辨率原则。1976 年，在美国伊利诺伊大学两台高速计算机上证明了 124 年来都没有得到解决的“四色问题”，这表明利用电子计算机有可能把人类思维领域中的演绎推理能力推进到前所未有的境界。1976 年年底，中国数学家吴文俊开始对可判定问题进行初步探究。他成功地设计了一个决策算法和相应的程序，有效地解决了初等几何和初等微分几何中的某一大类问题，其研究处于国际领先地位。后来，我国数学家张景中等人进一步推导出“可读性证明”的机器证明方法，再一次轰动了国际学术界。

自动定理证明有着更深刻的理论价值，其应用范围也并不仅仅局限于数学领域，许多日常生活中非数学领域的任务，都可以经过一定的转化从而变成相应的定理证明问题，或者与定理证明相关的问题，如医疗问诊、信息检索、问题求解等许多非数据领域问题也都可以转化为定理证明问题。

4. 专家系统

专家系统出现在20世纪70年代，因其在计算机科学和现实世界中的贡献，被视为人工智能中最成功、最古老、最知名和最受欢迎的领域。

专家系统是基于知识的系统。专家系统的奠基人费根鲍姆教授把专家系统定义为：“专家系统是一种智能的计算机程序，它运用知识和推理来解决只有专家才能解决的复杂问题。”也就是说，专家系统是一种模拟专家决策能力的计算机系统。作为一种计算机系统，专家系统继承了计算机快速、准确的特点，在某些方面比人类专家更可靠、更灵活，可以不受时间、地域及人为因素的影响。所以专家系统的专业水平能够达到甚至超过人类专家的水平。

目前，专家系统广泛应用在工程、科学、医药、军事、商业等方面，而且成果相当丰硕，甚至在某些应用领域，还超过人类专家的智能与判断。

解释型专家系统能够根据感知数据，经过分析、推理，给出相应解释，如化学结构说明、图像分析、语言理解、信号解释、地质解释、医疗解释等。有代表性的解释型专家系统有DENDRAL（化学结构说明）、PROSPECTOR（地质解释）等。

诊断型专家系统能根据取得的现象、数据或事实推断出系统是否有故障，并能找出产生故障的原因，给出排除故障的方案。这是目前开发、应用得最多的一类专家系统，如医疗诊断、机械故障诊断、计算机故障诊断等。有代表性的诊断型专家系统有PUFF（肺功能诊断系统）、PIP（肾脏病诊断系统）、DART（计算机硬件故障诊断系统）等。

预测型专家系统能根据过去和现在信息（数据和经验）来推断可能发生和出现的情况，如天气预报、地震预报、市场预测、人口预测、灾难预测等。

设计型专家系统能根据给定要求进行相应的设计，如工程设计、电路设计、服装设计、建筑及装修设计、机械设计及图案设计等。对于这类系统，一般要求在给定的限制条件下能给出最佳的或较佳的设计方案，有代表性的设计型专家系统有XCON（计算机系统配置系统）、KBVLSI（VLSI电路设计专家系统）等。

规划型专家系统能按给定目标拟定总体规划、行动计划、运筹优化等，适用于机器人动作控制、军事规划、城市规划、生产规划、工程规划等，这类专家系统一般要求在一定约束条件下能以较小的代价达到给定的目标，有代表性的规划型专家系统有NOAH（机器人规划系统）、SECS（帮助化学家制定有机合成规划的专家系统）、TATR（帮助空军制订攻击敌方机场计划的专家系统）等。

7.3.3 智能行动

1. 智能检索

当今计算机科学与技术研究的焦点问题是信息获取技术，如何将人工智能技术与智能信息检索技术进行很好的融合，是人工智能走向广泛实际应用的契机与突破口。

所谓“检索”，简单地说，就是指从文献资料、网络信息等信息集合中查找达到所需要的信息资料过程。“智能检索”是由抽词检索与全文检索发展而来的，它是对检索词具有较高判断、理解和处理能力的人工智能型的多媒体检索系统，可分为文本智能检索技术、图像智能检索技术、视频智能检索技术。

目前，智能检索系统还有以下 3 个缺陷：第一，难以建立一个能够理解用自然语言表达的询问系统；第二，假设成功预设机器能够理解的形式化询问来规避语言理解问题，如何依据存储的事实给出答案的问题成为我们面临的第二个难题；第三，需要理解的问题和给出的答案都可能超出该学科领域建立的数据库所涵盖的知识。科技的发展、短时间内自然科学知识的激增、智能检索系统的研究与优化为今后科技的持续快速发展保驾护航。

2. 组合调度问题

有许多实际问题属于最佳调度或最佳组合问题如推销员旅行问题就属于这一类问题。推销员旅行问题是指推销员从某个城市出发，遍访他所要访问的城市一次，回到他出发的城市，求推销员最短的旅行路线。该问题一般化为求解对若干节点组成的一个图，寻找一条最小耗费的路径，使这条路径对每个节点穿行一次的问题。

在大多数组合调度问题中，随着求解问题规模的增大，求解程序都面临着组合爆炸问题。在推销员旅行问题中，问题规模可用需要穿行的城市数目来表示。随着求解问题规模的增大，问题求解程序的复杂性（用于求解程序运行所需的时间和空间或求解步数）可随问题规模按线性关系、多项式关系或指数关系增长。

组合调度问题中有一类问题称为 NP 完全问题，NP 完全问题是指用目前知道的最好的方法求解，求解问题需要花费的时间（也称为问题求解的复杂性）随输入问题规模增大以指数关系增长。推销员旅行问题就是一个 NP 完全问题。至今还不知道求解 NP 完全问题是否有花费时间较少的方法。

组合调度问题的求解方法已经广泛应用于与生产计划与调度、通信路由调度、汽车运输调度、列车的编组与指挥、空中交通管制及军事指挥系统等，如在空中交通控制系统方面，一个大型机场每天控制、管理数千架飞机的起降、导航，靠人工控制很困难。空中交通控制系统能够帮助飞机进行起降，以最大限度地保证安全和最小的延迟时间。

3. 智能控制

智能控制（Intelligent Control）是把人工智能技术引入控制领域，建立智能控制系统，是一类无须或者用尽量少的人工干预就能够独立地驱动智能机器实现其目标的自动控制。它采用 AI 理论及技术与经典控制理论（频域法）、现代控制理论（时域法）相结合，研制智能控制系统的方法和技术。它是 AI 与控制论及工程控制论等科学相结合的产物。

1965 年，美籍华人科学家傅京孙首先提出把人工智能的启发式推理规则用于学习控制系统。十多年后，建立实用智能控制系统的技术逐渐成熟。1971 年，傅京孙提出把人工智能与自动控制结合起来的思想。1977 年，美国人萨里迪斯（G. N. Saridis）提出把人工智能、控制论和运筹学结合起来的思想。1986 年，我国的蔡自兴教授提出把人工智能、控制论、信息论和运筹学结合起来的思想。根据这些思想已经研究出一些智能控制的理论和技术，可以构造用于不同领域的智能控制系统。

智能控制具有两个显著的特点：首先，智能控制同时具有知识表示的非数学广义世界模型和传统数学模型混合表示的控制过程，并以知识进行推理，以启发来引导求解过程。其次，智能控制的核心在高层控制，即组织级控制。其任务在于对实际环境或过程进行组织，即决策和规划，以实现广义问题求解。典型系统介绍如下。

- 监管系统。现在大的办公楼和商业大厦变得越来越复杂，监管系统可以帮助控制能源、电梯、空调等，并进行安全检测、计费、顾客导购等。
- 智能高速公路。这也是一种智能监控系统，它能优化已有高速公路的使用；通过广播交通的警告，将大量的车辆导向可代替的路线；控制车流的速度与空间；帮助选择出发点到目的地的最优路线。
- 银行监控系统。American Express 是美国一家大的银行公司，用户信用卡的使用由于恶性透支和欺骗行为每年损失 1 亿美元。需要解决的问题是：如何在短时间内判断是否允许顾客使用他的信用卡？一般情况下需要一个系统在 90s 内做出判断。这个过程中操作人员需要根据 16 屏信息在 50s 内做出决定，这对人来说不太可能。后来银行研制了一个 Authorize Assistant 系统，它使原来 16 屏信息减为 2 屏。第一屏给出应做出什么样决定的建议，第二瓶给出解释支持决定的有关信息。这个系统的使用为该银行每年减少数千万美元的损失。

4. 人机交互系统

人机交互主要研究人和计算机之间的信息交换，主要包括人到计算机和计算机到人的两部分信息交换，是人工智能领域的重要外围技术。人机交互是与认知心理学、人机工程学、多媒体技术、虚拟现实技术等密切相关的综合学科。传统的人与计算机之间的信息交换主要依靠交互设备进行，主要包括键盘、鼠标、操纵杆、数据服装、眼动跟踪器、位置跟踪器、数据手套、压力笔等输入设备，以及打印机、绘图仪、显示器、头盔式显示器、音箱等输出设备。人机交互技术除了传统的基本交互和图形交互外，还包括触摸交互、语音交互和体感交互等。

这里，触摸交互应用最为广泛。随着触摸屏的广泛应用和发展，出现了触摸屏手机、触摸屏计算机、触摸屏相机、触摸屏电子广告牌等各种发明和创新，触摸屏越来越接近人们，真正达到了“触摸”的程度。触摸屏以其方便、简单、自然、节省空间、响应速度快等优点，被人们广泛接受，成为人机交互最方便的来源。

语音交互是将人类语音的词汇内容转换成计算机可读的输入，如击键、二进制代码或字符序列。不可否认的是，语音识别是未来最有前途的人机交互方式。特别是目前各种可穿戴智能设备，通过对话发出命令来产生交互是最有效、最可行的，如图 7-22 所示。

体感技术又称动作识别技术、手势识别技术。说到动作感应，很多人认为它属于未来，就像科幻电影里的东西。但这一概念在游戏领域由来已久，三大游戏制造商都推出了自己的动作感应控制器，如微软的 Kinect 和索尼的 PSMove，而任天堂的 Wii 一直是一款动作感应游戏机。运动感应技术是几乎所有交互式运动感应娱乐产品的核心技术，是下一代先进人机交互技术的核心。运动感应技术主要通过光学技术来感知物体的位置，通过加速度传感器感知物体的运动加速度，从而判断物体的运动，进而进行交互活动。图 7-23 所示为体感交互图。

图 7-22 语音交互

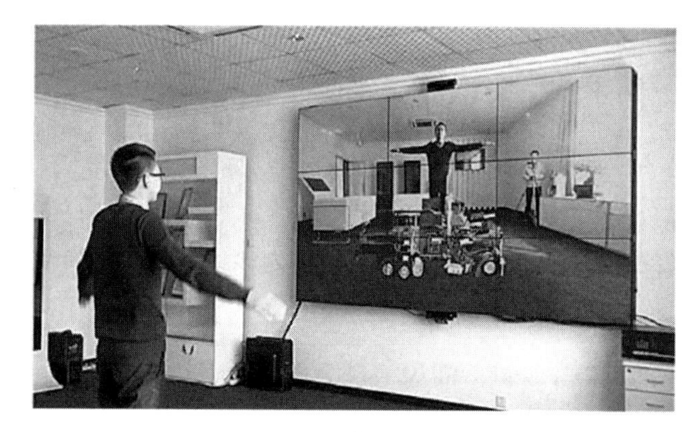

图 7-23 体感交互

5. 智能机器人

机器人学是机械结构学、传感技术和人工智能相结合的产物。1948 年美国研制成功第一代遥控机械手，17 年后第一台工业机器人诞生，从此相关研究不断取得进展。机器人的发展经历了以下几个阶段：第一代为程序控制机器人，它以“示教—再现”方式，一次又一次学习后进行再现，代替人类从事笨重、繁杂与重复的劳动；第二代为自适应机器人，它配备有相应的感觉传感器，能获取作业环境的简单信息，允许操作对象的微小变化，对环境具有一定适应能力；第三代为分布式协同机器人，它装备有视觉、听觉、触觉多种类型传感器，在多个方向平台上感知多维信息，并具有较高的灵敏度，能对环境信息进行精确感知和实时分析，协同控制自己的多种行为，具有一定的自学习、自主决策和判断能力，能处理环境发生的变化，能和其他机器人进行交互。

从功能上来考虑，机器人学的研究主要涉及两个方面：一方面是模式识别，即给机器人配备视觉和触觉，使其能够识别空间景物的实体和阴影，甚至可以辨别出两幅图像的微小差别，从而完成模式识别的功能；另一方面是运动协调推理。机器人的运动协调推理是指机器人在接受外界的刺激后，驱动机器人行动的过程。

目前，机器人学的研究方向主要是研制智能机器人，智能机器人将极大地扩展机器人的应用领域。智能机器人本身能够认识工作环境、工作对象及其状态，根据人类给予的指令和自身的知识，独立决定工作方式，由操作机构和移动机构实现任务，并能适应工作环境的变化。但目前的机器人离人们心目中的能够做各种家务、任劳任怨，还会揣摩主人心思的所谓“机器仆人”的目标相去甚远，因为机器人所表现的智能行为都是由人预先编好的程序决定的，机器人只会做人类指定它做的事。人的创造性、随机应变、当机立断等特性都难以在机器人身上体现出来。因此，要想使机器人融入人类的生活，目前看来还是比较遥远的事情。

【案例】美国“大狗”机器人

2008 年 3 月，美国官方公布了一段关于军用机器人的录像，视频中的机器人名为“大狗”(Big Dog)，拥有惊人的活动能力和适应性。这个“大狗”机器人吸引了众多关注的目光，它的视频也在互联网上造成轰动。

“大狗”机器人拥有非常强的平衡能力，无论是在陡坡、崎岖路段，还是在冰面或者雪地上，它都能够行走自如，甚至在被人猛地踹上一脚后，“大狗”也能迅速调整恢复身体的平衡。

最新款“大狗”可以攀越 35°的斜坡，可承载 40 多千克的装备，相当于其自重的 30%,“大狗”还可以自行沿着简单的路线行进，或是被远程控制。图 7-24 为美国“大狗”机器人图。

图 7-24　美国“大狗”机器人

6. 分布式人工智能与 Agent

人类活动大部分都涉及社会群体，大型复杂问题的求解需要多个专业人员或组织协作完成。自 20 世纪 70 年代后期以来，随着计算机网络、计算机通信和并行程序设计技术的发展，分布式人工智能（Distributed Artificial Intelligence，DAI）的研究逐渐成为一个新的研究热点。

分布式人工智能主要研究在逻辑或物理上分散的智能系统之间如何相互协调各自的智能行为，实现问题的并行求解，分为分布式问题求解（Distribution Problem Solving，DPS）和多智能体系统（Multi-Agent System，MAS）两种类型。其中，DPS 研究如何在多个合作和共享知识的模块、节点或子系统之间划分任务，并求解问题。MAS 则研究如何在一群自主的 Agent 之间进行智能行为的协调，共享有关问题和求解方法的知识，协作进行问题求解。两者的共同点在于研究如何对资源、知识和控制等进行划分。两者不同点在于 DPS 往往需要有全局问题、概念模型和成功标准；而MAS则包含多个局部的问题、概念模型和成功标准。DPS的研究目标在于建立大粒度的协作群体，通过各群体的协作实现问题求解，并采用自顶向下的设计方法。MAS采用自底向上的设计方法，首先定义各自分散自主的Agent，然后研究怎样完成实际任务的求解问题；各个Agent之间的关系并不一定是协作的，也可能是竞争甚至是对抗关系。

Agent在英语中是个多义词，国内学术界将Agent翻译为“主体”“智能体”“智能代理”等，并无统一的译法，由于这些译法都无法反映Agent的本意，更多的是直接引用英文原文。

在计算机和人工智能领域中，Agent可以看作是一个实体，它通过传感器感知环境，通过执行器作用于环境。对于人类Agent，眼睛、耳朵等器官如同传感器，手、脚和嘴等如同执行器。对于机器人Agent，由摄像头、红外传感器等传感设备感知外界，由各种各样的马达作为执行器作用于外界。对于软件Agent，使用经过编码的二进制符号序列作为感知与动作的表示。Agent通过传感器和执行器与环境的交互作用，如图7-25所示。

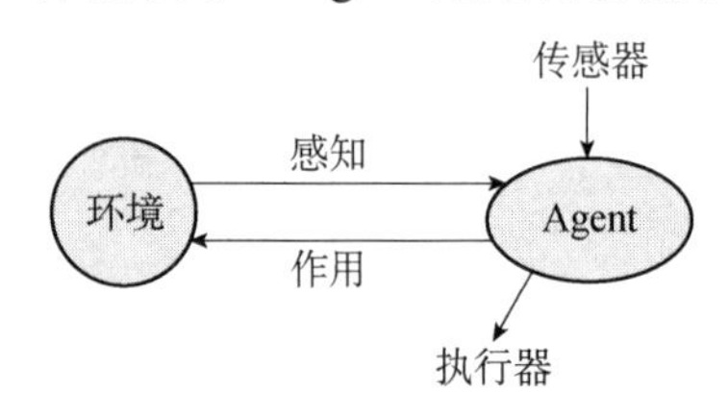

图7-25 Agent与环境的交互作用

Agent概念的出现并不单单是因为人们认识到了应该把人工智能各个领域的研究成果集成为一个具有智能行为概念的“人”，更重要的原因是人们认识到人类智能的本质是一种社会性智能。人工智能研究者从模仿人智能的角度出发，借用描述人的概念对Agent赋予特定的含义，如心智状态中的信念、意图、承诺等。伍德里奇（M. J. Wooldridge）等人认为可以从狭义和广义两个方面去理解Agent，提出了Agent的弱概念和强概念。

Agent的弱概念，它从广义的角度来规定Agent的特性，几乎所有被称为Agent的软件或硬件系统都具有以下的特性：自主性、社交能力、预动性和反应能力，其中自主性是最重要的特征。Agent的强概念是指Agent除了具有弱概念的特性外，还应具有人类的某些特性，如知识、信念、意图、目的、承诺等心智状态。

随着Agent技术的逐步成熟和有关研究的逐步深入，Agent已经被应用于很多领域之中。就目前而言主要包括如下一些应用领域：

- 电信领域。该领域主要是利用Agent的自主性、协作性、可移动性和自适应性去解决复杂系统和网络管理方面的任务，包括负载均衡、故障预测、问题分析和信息综合等。
- 兴趣匹配。Agent更多应用于商业网站向用户提供建议。例如，MIT多媒体实验室的研究人员在这个领域做了很多的工作，相应的研究成果也曾被用于亚马逊书店和一些销售唱片与影碟的网站中。
- 用户助理。这类应用通常以协助用户更好地完成特定的任务为目的，因此所使用的Agent都体现在用户界面层次，为用户完成某些特定的任务提供相应的信息或者建议。
- 组织结构。通常需要由多个Agent来构造一个类似于人类组织的系统，不同的Agent代表着系统内的不同角色，通过这些Agent之间的通信和协作来完成具体的任务，目前主要应用于电子商务领域。例如，一个典型的多Agent供应链系统中就包含购买者Agent、供应商Agent和中介Agent等多种Agent。
- 信息处理。Agent可以通过利用一些相关知识来达到完成特定信息检索的目的，这些知识包括各个信息源都包含哪些信息，如何访问这些信息，甚至这些信息源的可靠性和准确

性等。Agent 还能够对发送给用户的信息进行过滤或者排序。另外，决策支持系统通常都需要大量综合性的信息，以及对信息经过深度加工的结果和知识。在这类系统中 Agent 能够监控系统的一些关键信息，在系统可能出现问题的时候，警告相应的操作员，并在数据挖掘技术和决策支持模型的协助下，为复杂的决策提供有效的支持。

- 移动计算。Agent 的自适应性将使网络服务能够灵活有效地适应于各种类型的数据通信模式和移动终端，而且 Agent 的离线计算能力还能为移动应用提供自然有效且稳定的离线计算模式，即使在移动用户断开与网络的连接之后，Agent 仍然能够继续完成尚未完成的任务，并在移动用户再次连上网络之后再把结果反馈给用户。除此之外 Agent 还能够为移动用户提供友好个性化的界面来为用户提供个性化的服务。

7. 人工生命

人工生命的概念是由美国圣达菲研究所非线性研究组的 Langton 于 1987 年提出来的。人工生命（Artificial Life，AL）通过计算机和精密机械等手段人工模拟生命系统，造出能够表现自然生命系统行为特征的仿真系统以供生命科学的研究。很早以前，有科学家认为生命仅仅是一种表现形式，我们可以通过人工的方法以另一种表现形式来体现生命。1987 年，第一次国际人工生命会议的召开标志着人工生命这一全新研究领域的诞生。宏观上讲，人工生命和人工智能有相似之处，它们都是工程技术和生命科学的结合，两者相互联系、相互制约。但从微观上看，两者还是有一定差别的，前者主要模拟生命的繁衍、进化和突变过程，而后者主要模拟的是人脑推理、规划、学习、判断等思维活动。

人工生命学科的研究内容包括生命现象的仿生系统、人工建模与仿真、进化动力学、人工生命的计算理论、进化与学习综合系统及人工生命的应用等。

比较典型的人工生命研究有计算机病毒、计算机进程、进化机器人、自催化网络、细胞自动机、人工核苷酸和人工脑等。

8. 博弈

博弈（Game Playing）是一个有关对策和斗智问题的研究领域。例如，下棋、打牌、战争等这一类竞争性智能活动都属于博弈问题。早在 1956 年，人工智能的先驱之一——亚瑟·塞缪尔（Arthur Samuel）就研制出跳棋程序，这个程序能够从棋谱中进行学习，并能从实战中总结经验。

到目前为止，人工智能对博弈的研究多以下棋为对象，但其目的并不是让计算机与人下棋，而主要是给人工智能研究提供一个试验场地，对人工智能的有关技术进行检验，从而促进这些技术的发展。博弈研究的一个代表性成果是 IBM 公司研制的 IBM 超级计算机“深蓝”。“深蓝”被称为世界上第一台超级国际象棋计算机，该机有 32 个独立运算器，其中每一个运算器的运算速度都在每秒 200 万次以上，机内还装了一个包含 200 万个棋局的国际象棋程序。“深蓝”于 1997 年 5 月 3 日至 5 月 11 日在美国纽约曼哈顿同当时的国际象棋世界冠军苏联人卡斯帕罗夫对弈 6 局，结果“深蓝”获胜。

7.4 本章小结

本章主要讨论了什么是人工智能的问题。人工智能是研究使计算机来模拟人的某些思维过程和智能行为的学科，是人类智能在计算机上的模拟。人工智能作为一门学科，经历了孕育期、形成期、发展期和综合集成期，并且还在不断发展。

目前，人工智能主要研究的学派包括符号主义、连接主义和行为主义。人工智能的研究还必须与具体领域结合，主要包括智能感知、智能推理和智能行动等诸多方面。

思考题

1．什么是人工智能？

2．为什么能够用计算机模拟人的智能？

3．现在人工智能有哪些学派？它们的认知观是什么？

4．举例说明计算机游戏是如何产生娱乐效果的。

5．查阅人工智能文献，调研现在计算机是否能够解决下列任务？

（1）打正规的乒乓球比赛。

（2）在杭州市中心开车。

（3）在市场上购买可用一周的杂货。

（4）在 Web 上购买一周的杂货。

（5）发现并证明新的数学定理。

（6）写一则有内涵的有趣故事。

（7）完成复杂的外科手术。

【提示】对于现在不可实现的任务，试着找出困难所在，并预测这些困难是否能被克服。对于可实现的任务，阐述其关键技术。

参考文献

[1] 战德臣，张丽杰．大学计算机——计算思维与信息素养[M]．3 版．北京：高等教育出版社，2019．

[2] 邓磊，战德臣，姜学锋．新工科教育中计算思维能力培养的价值探索与实践[J]．高等工程教育研究．2020，（02）

[3] 陈国良，李廉，董荣胜．走向计算思维 2.0[J]，中国大学教学，2020（4）．

[4] [英]维克托・迈尔—舍恩伯格，肯尼斯・库克耶 著．大数据时代：生活、工作与思维的大变革[M]．盛杨燕，周涛，译．杭州：浙江人民出版社，2013．

[5] 夏文斌．新文科建设的目标、内涵与路径[J]．高教研究，2021/05

[6] 何明等．大数据导论——大数据思维与创新应用[M]．北京：电子工业出版社，2019．

[7] 郭艳华，马海燕．计算机与计算思维导论[M]．北京：电子工业出版社，2014．

[8] 周勇．计算思维与人工智能基础[M]．北京：人民邮电出版社，2019．

[9] 王玉龙，方英兰，王虹芸．计算机导论-基于计算思维视角[M]．4 版．北京：电子工业出版社，2017．

[10] 曾翰颖．计算思维的培养：以二进制为例[J]．电脑知识与技术，2019．10（28）：212-214．

[11] 尹建新 大学计算机基础案例教程——Windows 7+Offfice2010（微课版）[M]．北京：电子工业出版社，2019．

[12] 嵩天，礼欣，黄天羽．Python 语言程序设计基础[M]．2 版．高等教育出版社，2017．

[13] 谭浩强．C 程序设计[M]．五版．北京：清华大学出版社，2017．

[14] [美]托马斯 H．科尔曼著．算法基础：打开算法之门[M]．王宏志译．北京：机械工业出版社，2015．

[15] 谢希仁．计算机网络[M]．7 版．北京：电子工业出版社，2017．

[16] 武志学．大数据导论：思维、技术与应用[M]．北京：人民邮电出版社，2019．

[17] 姚海鹏，王露瑶，刘韵洁，等．大数据与人工智能导论[M]．北京：人民邮电出版社，2020．

[18] 孟宪伟，许桂秋．大数据导论[M]．北京：人民邮电出版社，2019．

[19] 朝乐门．数据科学[M]．北京：清华大学出版社，2016．

[20] 周苏，王文．大数据及其可视化[M]．北京：中国铁道出版社，2016．

[21] 何光威．大数据可视化[M]．北京：电子工业出版社，2018．

[22] 林子雨．大数据技术原理与应用[M]．2 版．北京：人民邮电出版社，2017．

[23] 薛志东．大数据技术基础[M]．北京：人民邮电出版社，2018．

[24] 杨正洪．大数据技术入门[M]．2 版．北京：清华大学出版社，2020．

[25] 杨毅．大数据技术基础与应用导论[M]．北京：电子工业出版社，2018．
[26] 杨尊琦．大数据导论[M]．北京：机械工业出版社，2018．
[27] 陈为，沈则潜，陶煜波．数据可视化[M]．北京：电子工业出版社，2013．
[28] 杨旭，汤海京，丁刚毅．数据科学导论[M]．2 版．北京：北京理工大学出版社，2017．
[29] 宋晖，刘晓强．数据科学技术与应用[M]．北京：电子工业出版社，2018．
[30] 史忠植．人工智能 M]．北京：机械工业出版社，2016．
[31] 王万良．人工智能及其应用[M]．3 版．北京：高等教育出版社．2016．
[32] 王士同．人工智能教程[M]．北京：电子工业出版社，2001．
[33] 朱福喜．人工智能[M]．3 版．北京：清华大学出版社，2016．
[34] 蔡自兴．人工智能基础[M]．2 版．北京：高等教育出版社，2005．
[35] 贲可荣，毛新军，张彦铎．人工智能实践教程[M]．北京：机械工业出版社，2016．
[36] 贲可荣，张彦铎．人工智能[M]．2 版．北京：清华大学出版社，2013．
[37] 焦李成．简明人工智能[M]．西安：西安电子科技大学出版社，2019．
[38] 王文敏．人工智能原理[M]．北京：高等教育出版社，2019．
[39] 党建武．人工智能[M]．北京：电子工业出版社，2012．
[40] 周苏，张泳．人工智能导论[M]．北京：机械工业出版社，2020．
[41] 王东云，刘新玉．人工智能基础[M]．北京：电子工业出版社，2020．
[42] 苏秉华，吴红辉，滕悦然．人工智能（AI）应用[M]．北京：化学工业出版社，2020．
[43] 李国勇，李维民．人工智能及其应用[M]．北京：电子工业出版社，2009．
[44] 马飒飒，张磊，张瑞，等．人工智能基础[M]．北京：电子工业出版社，2020．
[45] 李铮，黄源，蒋文豪．人工智能基础[M]．北京：人民邮电出版社，2021．
[46] 胡云冰，何桂兰，陈潇潇．人工智能导论[M]．北京：电子工业出版社，2021．
[47] 斯华龄．电脑人脑化-神经网络-第六代计算机[M]．北京大学出版社，1993．